建筑概论

郭呈周　焦志鹏　主编

哈爾濱工業大學出版社

内 容 提 要

本书包括绪论，民用建筑概述，建筑施工图识读，基础与地下室，墙体，楼板与地面，建筑门窗，楼梯与电梯，屋顶，变形缝，预制装配式建筑，工业建筑概述，建筑材料概述等内容。本书是根据我国最新修订的各类建筑结构等设计规范、规程和标准编写成的，力求引用数据、构造做法等为最新，并考虑我国不同地区的气候特点，取材恰当、内容简练、图文并茂、易懂易学。

本书可作为建设行业建筑设备类专业的高职、中职教材，也可作为上述专业技术人员的参考用书。

图书在版编目(CIP)数据

建筑概论/郭呈周，焦志鹏主编. —哈尔滨：哈尔滨工业大学出版社，2009.4(2020.4 重印)

ISBN 978-7-5603-2898-0

Ⅰ.建…　Ⅱ.①郭…②焦…　Ⅲ.建筑学-概论　Ⅳ.TU

中国版本图书馆 CIP 数据核字(2009)第 037742 号

策划编辑　李艳文
责任编辑　张　瑞
封面设计　刘长友
出版发行　哈尔滨工业大学出版社
社　　址　哈尔滨市南岗区复华四道街 10 号　邮编 150006
传　　真　0451－86414749
网　　址　http://hitpress.hit.edu.cn
印　　刷　哈尔滨圣铂印刷有限公司
开　　本　787mm×1092mm　1/16　印张 13.5　字数 312 千字
版　　次　2009 年 5 月第 1 版　2020 年 4 月第 5 次印刷
书　　号　ISBN 978－7－5603－2898－0
定　　价　32.80 元

前 言

《建筑概论》是建设行业建筑设备类专业的基础课程之一。其主要任务是使学生熟悉各种建筑构配件的名称、作用,熟悉房屋建筑一般的构造做法,领会建筑构造原理,了解主要建筑材料的性能和用途,并着重掌握建筑施工图的识读方法,能够熟练地阅读建筑施工图,了解本专业与土建专业的关系,以便在以后的工作中相互协调配合。

本书是在原《建筑概论》基础上,参照国家现行最新的规范、规程、标准等编写而成的。一些新材料、新技术的运用,也迫切要求对原教材进行重新编写。本书可作为建筑设备类专业的高职、中职教材或自学用书,也可作为上述专业技术人员的参考书。

本书共分为建筑施工图识读、建筑构造和建筑材料简介三大部分。建筑施工图识读部分深入浅出、易懂易学,旨在解决设备类专业技术人员阅读建筑施工图问题。建筑构造部分以建造量大的民用建筑构造为主,考虑到我国幅员辽阔,不同气候地区都有自己的特点以及成熟的经验做法,在编写过程中,力求做到取材恰当、南北兼顾、内容精简、目的性强、深入浅出、图文并茂;结合专业特点,以介绍性、叙述性、增加学生知识面为宗旨,去掉了过多的构造要求,使学习过程变得轻松愉快。建筑材料部分简单介绍了常见的建筑材料最基本的特性和用途,没有过多的实验,更适合设备类专业的学生及技术人员的学习与参考。

本书由河南工业大学土木建筑学院郭呈周副教授和河南匠人国际建筑规划设计顾问有限公司焦志鹏高级工程师主编,河南工业大学土木建筑学院牛淑杰、吴强高级工程师和河南建筑职业技术学院梅杨讲师参编。编写分工如下:绪论、第1章、第2章、第3章、第6章、第7章由焦志鹏编写;第4章、第8章由牛淑杰编写;第5章、第9章由吴强编写;第10章、第11章由郭呈周编写;第12章由梅杨编写;全书由郭呈周修改定稿。

由于编者水平所限,时间仓促,书中不妥之处在所难免,欢迎使用本书的广大师生和读者提出批评和指正,以便再版时修订或补充。

编 者

2009年1月

目　录

绪　论

0.1　本课程的性质、内容、任务和学习方法

《建筑概论》课程是供热通风与空调专业的一门相关课。

本课程的内容主要包括建筑施工图识读、建筑构造以及建筑材料三大部分。它的主要任务是使学生熟悉各种建筑构配件的名称、作用，熟悉房屋建筑一般的构造做法，领会建筑构造原理，了解主要建筑材料的性能和用途，着重掌握建筑施工图的识读方法，能够熟练地识读建筑施工图，并了解本专业与土建专业的关系，以便在以后的工作中相互协调配合。

供热通风与空调工程，也包括其他的安装工程（给水排水、电气设备等），与建筑专业有着十分密切的关系。随着科技的进步、人民生活水平的不断提高，建筑的功能也在发展、变化，对供热通风与空调、给水与排水、电气设备等设备安装工程的要求越来越高。安装工程各专业必须了解建筑材料、建筑构造以及建筑构造原理，了解本专业管道设备与房屋建筑各部分（如基础、墙体、楼地面、梁、门窗等）的关系，领会它们之间什么情况下会出现矛盾，或对建筑构配件产生不利影响，并在此基础上考虑本专业管道设备如何布置。这些问题最终都集中在建筑施工图的识读上，集中在我们是否能够正确阅读相关的建筑施工图。如果不能正确阅读建筑施工图，就很难保证本专业与其他专业之间不出现这样那样的矛盾和问题，工程建设质量也就很难保证。因此，我们学习建筑概论课程的主要目的，从某种意义上讲就是学会如何正确识读建筑施工图。

建筑材料是工程建设最基本的物质基础，没有建筑材料就没有房屋建筑的存在。各种各样的建筑材料以及由建筑材料制作的建筑构配件等建筑制品，按照一定的规律，根据建筑物使用方面的需要，通过一定的方法有机地组织到一起，这就是建筑构造研究的内容，而那些使用上的需要以及所遵循的规律就是构造原理。

建筑概论课程是一门综合性较强的应用技术课程。它既不像数学课程那样有很强的系统性和逻辑性；又不像散文诗歌那样朗朗上口、引人入胜，它的叙述性、介绍性较强。初学者会感到内容缺乏连续性，但实际上它也有自己内在的规律。在内容安排上基本是一章一个新内容，章与章之间没有必然的联系。从第 1 章到第 10 章是民用建筑部分，也是本教材的重点：其中第 1 章为民用建筑概述；第 2 章为建筑施工图的识读，是学习建筑概论课程的重中之重；第 3 章到第 10 章为民用建筑构造，是按照房屋建筑构造组成的六大部分，自下而上讲述的。第 11 章为工业建筑概述；第 12 章是建筑材料概述。只要肯下功夫，摸清规律，并坚持理论联系实际，建筑概论其实并不难学。学习时应注意以下几个方面的问题：

(1)从具体的建筑构造方法入手,掌握常用的建筑构造方法;
(2)在掌握构造方法的基础上,领会一般的构造原理;
(3)理论联系实际,利用课内外时间多看多实践,在实践中印证所学知识;
(4)多想、多动手,建立空间感,达到正确阅读建筑施工图和领会设计意图的能力;
(5)拓展知识面,了解建筑材料、建筑技术、建筑构造的发展。

0.2 建筑的发展史

自地球上有了人类,也就有了人类的建筑活动。只不过早期所谓的“建筑”是很简单朴素的,可能只是利用天然洞穴稍加改造,也可能是在树上用树枝、树叶搭建的“窝”。传说中的“有巢氏”也许就是干阑式建筑的创造者。随着生产力的不断提高,建筑的功能、材料、技术、艺术形式等也变得日益复杂起来。民族、地域、自然条件、文化的不同,逐渐在建筑上得到了反映,形成多姿多彩的世界建筑文化。

0.2.1 中国的古建筑

中国的古建筑具有卓越的成就和独特的风格,在世界建筑史上占有重要地位。随着时间的推移,有些古代文明已经衰退甚至于消失,而中国的建筑文化仍然具有独特的魅力,是值得我们骄傲的珍贵文化遗产。

中国古建筑经历了原始社会、奴隶社会和封建社会三个历史阶段。在原始社会,由于生产力的低下,发展是极其缓慢的,我们的祖先从穴居、巢居开始,经过漫长的探索,逐步掌握营造地面房屋的技术,创造了原始的木屋架建筑,满足了基本的生存需求。到了奴隶社会,大量的奴隶劳动和青铜器工具的使用,使得建筑活动有了巨大发展,出现了宏伟的都城、宫殿、宗庙、陵墓等建筑类型,夯土墙和木构架建筑已初步形成,在宫殿建筑上甚至出现了彩绘。到了封建社会,经过长期的发展与衍变,中国古建筑逐步形成了自己的风格,成为成熟的、独特的建筑体系。诸如城市规划理论,园林、民居、宫殿、坛庙建筑,建筑空间处理手法,建筑艺术与材料、建筑艺术与技术相结合等方面,都有独特的创造性。

战国时期的《周礼·考工记》就有关于都城制度的记载:“匠人营国,方九里,旁三门,国中九经九纬,经涂九轨,左祖右社,面朝后市”。这段话一般解释为:都城九里见方,每边开辟三座城门,纵横各九条道路,南北方向的道路宽度达九条车轨,东面为祖庙,西面为社稷坛,前面是朝廷宫殿,后面是市场和居民区。可见在城市建设方面,其型制建设是具有相当的规范性的。著名的都城有:汉长安(公元前 202 年建)、北魏洛阳(公元 493 年建)、隋大兴(公元 583 年建,唐朝称长安城)、隋唐洛阳(公元 605 年建)、元大都(公元 1267 年建)、明南京(公元 1366 年建)、明清北京(公元 1421 ~ 1553 年建),在中国古代建筑史上都占有重要地位。

北京的明清故宫是宫殿建筑的杰出代表。从高大雄伟的天安门(皇宫紫禁城的城门)开始,经端门、午门、太和门,方到达外朝的精华所在——三大殿建筑(太和殿、中和殿、保和殿),再往后是后廷的生活区建筑群,一直到神武门结束,整个紫禁城金碧辉煌,鳞次栉比,蔚为壮观,无论建筑单体还是建筑群组合都具有很高的艺术价值。

我国幅员辽阔，民族众多，地理位置、气候等自然环境差别很大，形成各地的民居形式也多种多样，异彩纷呈。比如北京的四合院、闽南的土楼、云南的一颗印住宅等等，都有各自鲜明的个性特征。

在明清时期，江南一带出现了一大批著名的私家园林建筑，造园理论也得到了很好的发展。像无锡的寄畅园，苏州的留园、拙政园、狮子林，上海的豫园等等，都是传统园林建筑的典范。再加上北京的颐和园、圆明园，承德的避暑山庄等规模宏大的皇家园林，其造园手法及其理论都具有很高的艺术价值，至今仍然值得学习和借鉴。

总之，我国各时期古建筑遍布中华大地，灿若星辰，是我们每个炎黄子孙的骄傲与自豪。

0.2.2　外国的古建筑

除中国之外，还有其他一些国家同样具有古老的建筑文化。

东亚的日本和朝鲜自古就同中国有亲密的文化交流，尤其到了我国的唐朝是鼎盛时期。因此，它们的古建筑在平面布局、结构形式、造型以及细部装饰上，都保留着较为浓郁的中国唐代建筑的风格特点。

印度次大陆和东南亚也有独特的建筑成就，大多数国家受印度文化的影响很深，婆罗门教、佛教、伊斯兰教等宗教建筑都曾产生过一些杰出的建筑物，随着印度佛教传入中国，中国的佛塔也是受印度文化影响的产物。

古埃及的金字塔、中美洲玛雅人的建筑、西亚伊斯兰国家的建筑等等，各文明古国的传统建筑在世界建筑史上都留下了辉煌的一笔。最值得一提的应当是古希腊和古罗马的建筑，它们的建筑成就如此之巨大，对西方国家的建筑文化的影响如此之久远，是其他建筑体系所不及，这也就奠定了古希腊和古罗马建筑的历史地位。

古希腊泛指公元前8世纪起，在巴尔干半岛、小亚细亚和爱琴海的岛屿上建立的很多小奴隶制国家，也包括它们向外移民又在意大利、西西里和黑海沿岸建立的许多国家。古希腊有相对较为先进的政治制度，是欧洲文化的摇篮。古希腊的建筑是西欧建筑的开拓者。它的一些建筑型制、石梁石柱结构构件及其组合的艺术形式，建筑物和建筑群设计的艺术原则，深深地影响着欧洲两千多年的建筑史。恩格斯这样评价希腊人："他们无所不包的才能与活动，给他们保证了在人类发展史上为其他任何民族所不能企求的地位"（《马克思恩格斯选集》，三卷）。马克思评价古希腊的艺术和史诗时，除了至今仍然能够给我们艺术享受外，"而且就某方面来说还是一种规范和高不可及的范本"（《马克思恩格斯选集》，三卷）。大多用在庙宇上的建筑物四周的围廊，它的柱子、额枋和檐部逐渐发展、改进，在形式、比例等方面有了成套的做法，形成一种定制，后来的罗马人称之为"柱式"（Ordo）。柱式有两种：流行于小亚细亚先进共和城邦里的爱奥尼柱式（Ionic）和意大利西西里一带寡头制城邦里的多立克柱式（Doric）。后来在欧洲建筑中广泛使用，也是我们现在所说的"欧式建筑"不可或缺的构件。雅典卫城建筑群是古希腊最具有代表性的典范之作。

古罗马直接继承了古希腊晚期的建筑成就，并大大地向前推动了一步。建筑鼎盛时期是公元1～3世纪，重大建筑活动遍布帝国各地，创造了一大批流芳百世的建筑。拱券技术是古罗马的光辉成就，它把墙体解放出来，使大空间建筑成为可能，像运用环行拱和放射拱技术的剧场、角斗场遍布各城，拱券加穹顶技术的万神庙是古罗马穹顶技术的最高代表，它的穹顶直径达到 43.3 米。古罗马人发展并定型了柱式，建筑理论著作也十分繁荣，流传至今的《建筑十书》具有很高的学术价值。

在这之后欧洲进入了漫长的中世纪，欧洲的中世纪指自罗马帝国以后直到 14～15 世纪资本主义萌芽出现以前的这段时期。其建筑成就主要集中在宗教建筑上，君士坦丁堡的圣索菲亚大教堂是拜占庭建筑的代表，而以法国为中心的哥特式建筑是西欧建筑的主要成就。意大利出现资本主义萌芽后，思想文化领域开始了文艺复兴运动，建筑也随之进入一个崭新的阶段。此时的意大利领导着欧洲建筑的新潮流，众星璀璨，繁花似锦，造就了一大批不朽的建筑和学识渊博的建筑师。当时的建筑理论也十分活跃，所谓的“复兴”也就是古希腊古罗马的复兴，他们的创作灵感和范本，正是古希腊和古罗马的建筑及其理论。17 世纪文艺复兴后的意大利，建筑现象十分复杂，后人的评价也是毁誉均有，被称作“巴洛克”式建筑，炫耀财富，追求财富，趋向自然，常常玩弄曲线、曲面，建筑创作走向了矫揉造作。一般认为文艺复兴之后法国的古典主义代表了欧洲建筑的主流，典范之作是鲁佛尔宫和凡尔赛宫，之后出现了“洛可可”(主要表现在室内装饰上)。

18 世纪 60 年代到 19 世纪末，在欧美建筑创作中又流行着一种复古思潮，如古典复兴(以区别于文艺复兴)、浪漫主义与折中主义。它们极力推崇古希腊艺术的优美典雅，古罗马艺术的雄伟壮丽，许多人攻击巴洛克与洛可可的繁琐和造作，认为古希腊、古罗马的建筑才是新时代建筑的基础。美国的国会大厦、巴黎的星形广场凯旋门就是古典复兴的作品。

经过多方面和诸多流派的积极探索，世界建筑史进入了现代建筑时代。

0.2.3 现代建筑

工业革命以后，新材料、新技术、新的施工工艺逐渐在建筑领域得到运用，尤其钢材、混凝土、玻璃的运用，建筑创作的自由度也大大提高，复古的建筑形式已经与现代的建筑材料、新的结构类型产生了矛盾，钢筋混凝土结构或钢结构的建筑物外是石材的古典柱子，形式与内容是不一致的。于是，新建筑运动脱颖而出，成为主流，他们注重建筑的功能，注意发挥新型建筑材料和建筑结构的性能特点，充分考虑建筑的经济性，主张创造新的建筑风格，认为建筑空间比平面和立面更重要，废弃表面的外加装饰，认为建筑美的基础是建筑处理的合理性与逻辑性。这些观点一般称为建筑中的“功能主义”(Functionalism)，或“理性主义”(Rationalism)，或“现代主义”(Modernism)。现代建筑派的代表人物有德国的格罗皮乌斯、密斯·凡·德·罗(二战后去了美国)、法国的勒·柯布西耶、美国的赖特等。

应该说在当时的历史条件下，现代主义的观点是正确的，但随之而来的是摒弃装饰的“火柴盒”式建筑到处泛滥，建筑没有地域、没有民族、没有文化、没有国家的差别，被戏称为“国际式”建筑，前些年我国的建筑也应属于这一类。

现代建筑逐渐步入了困境，出现其他一些建筑流派也成为一种历史必然。今天，世界建筑已经呈现一种百花齐放的态势，这也正是建筑文化的需要。随着科技的进步，更先进的建筑材料、结构类型、施工工艺的运用,建筑业也必将迎来一个又一个春天。

我们必须面对这样一个现实,尽管我国有着辉煌的古建筑文明,在世界建筑史上有着及其重要的地位,但是,由于种种历史原因,自现代建筑以来的建筑业确实是落后于西方国家的。虽然改革开放以来,我国各行各业的发展是巨大的,建筑业的发展速度同样也是空前的,但今天这种差距仍然存在。如何赶上并超过先进国家,使我们的建筑事业创造新的辉煌,是落在我们每个人肩上的历史重任。

复习思考题

1.建筑概论课程的内容和任务是什么?

2.如何学习建筑概论课程?

3.我国的古建筑在哪些方面有非常独特的成就?

4.对欧洲国家影响最大的古老文明是哪些古代文明?

5.如何面对当前的建筑形势?

第1章　民用建筑概述

建筑按使用性质分为工业建筑、民用建筑和农业建筑。

工业建筑指供人们从事各类工业生产的建筑物。包括生产用房、辅助用房、动力用房、库房等。本教材的第11章简单介绍了单层工业厂房建筑。

民用建筑指供人们居住、生活、工作和从事文化、商业、医疗、交通等公共活动的建筑物。民用建筑的范畴较广，建造量大，可以说，在城市里除了工业建筑以外，所有建筑都是民用建筑。本教材主要以讲述民用建筑为主。

民用建筑包括两大类：一是居住建筑，指供人们居住、生活的建筑，包括住宅、宿舍和公寓等；二是公共建筑，公共建筑包括办公类建筑、教育科研类建筑（学校建筑和科研建筑）、文化娱乐类建筑、体育类建筑、商业服务类建筑、旅馆类建筑、医疗福利类建筑、交通类建筑、邮电类建筑、司法类建筑、纪念类建筑、园林类建筑、市政公用设施类建筑以及综合性建筑（兼有以上两种或两种以上的功能）等十四类。

农业建筑是指供人们从事农牧业生产（如种植、养殖、畜牧、贮存等）的建筑，如畜舍、温室、塑料薄膜大棚等。农业建筑的结构和构造都比较简单，一般不作为研究的范畴，因此又有“工业与民用建筑”的说法。

1.1　民用建筑的分类与等级

1.1.1　民用建筑的分类

1.按主要承重结构的材料分

(1)生土－木结构

以土坯、板柱等生土墙和木屋架作为主要承重结构的建筑，称为生土－木结构建筑。这种结构类型的造价低，但耐久性差。农村现在也很少采用。

(2)砖木结构

以砖墙（或砖柱）、木屋架作为主要承重结构的建筑，称为砖木结构建筑。这种结构类型与生土－木结构相比，耐久性要好些，造价也不太高，多用于次要建筑、临时建筑。

(3)砖混结构

以砖墙（或柱）、钢筋混凝土楼板和屋顶作为主要承重结构的建筑，称为砖混结构建筑（即砖－钢筋混凝土结构）。目前采用较多，但普通黏土砖这种砌体材料，浪费大量能源和耕地，急需淘汰。有些城市已开始禁止使用普通黏土砖，可以用各种砌块及空心砖替代普通黏土砖。

(4)钢筋混凝土结构

主要承重构件全部采用钢筋混凝土材料的建筑，称为钢筋混凝土结构建筑。室内空间可以较大，层数也可以较高，适用于大型公共建筑、高层建筑以及大跨度工业建筑，是目前采用得较多的一种结构形式。

(5)钢结构

主要承重构件全部采用钢材制作的建筑，称为钢结构建筑。它有自重轻、受力好等优点，多用于超高层建筑、大跨度并有振动荷载的工业厂房。

2.按承重结构的承重方式分

(1)墙承重式

竖向承重构件全部用墙体来承受楼板和屋顶等传来的荷载，称为墙承重式建筑。生土－木结构、砖木结构、砖混结构以及钢筋混凝土剪力墙结构都属于这一类结构形式。

(2)骨架承重式

用梁与柱组成的骨架来承受全部荷载的建筑称为骨架式建筑。骨架可以是钢筋混凝土或钢，由于这种结构的墙体不承重，内部空间划分灵活，可用于大空间建筑、高层建筑以及荷载大的建筑。

(3)内骨架承重式

内部用梁柱、四周用墙体承重的建筑称为内骨架承重式建筑。利用外墙承重可以节省建筑物外围的承重骨架，但内外受力不一致，现在采用得较少。

(4)空间结构承重式

用空间结构承受荷载的建筑称为空间结构承重式建筑。这类建筑一般是室内空间要求较大而又不允许设柱子，比如体育馆类建筑，它的屋盖就可以采用网架、悬索、壳体等空间结构的形式。

3.按规模和数量分

(1)大量性建筑

大量性建筑指建造数量较多的居住建筑和中小型公共建筑。

(2)大型性建筑

大型性建筑指建造数量少但体量大的公共建筑，如体育馆、航空港、火车站等。

除此之外，《高层民用建筑设计防火规范》GB 50045—95(2005 年版)中，关于高层建筑有如下规定：住宅十层及十层以上、公共建筑 24 m 以上即是高层建筑。《住宅设计规范》GB 50096—1999(2003 年版)中规定，住宅按层数划分有低层(1～3 层)、多层(4～6 层)、中高层(7～9 层)、高层(10 层及以上)之分。可见，分类方法不同，民用建筑的种类也多种多样。

1.1.2　民用建筑的等级

1.民用建筑按重要性分为五等

房屋建筑等级见表 1.1。

表 1.1 房屋建筑等级

等级	适用范围	建筑类别举例
特等	具有重大纪念性、历史性、国际性和国家级的各类建筑	国家级建筑:如国宾馆、国家大剧院、大会堂、纪念堂;国家美术、博物、图书馆;国家级科研中心、体育、医疗建筑等 国际性建筑:如重点国际科教文、旅游贸易、福利卫生建筑;大型国际航空港等
甲等	高级居住建筑和公共建筑	高等住宅;高级科研人员单身宿舍;高级旅馆;部、委、省、军级办公楼;国家重点科教建筑;省、市、自治区重点文娱集会建筑、博览建筑、体育建筑、外事托幼建筑、医疗建筑、交通邮电类建筑、商业类建筑等
乙等	中级居住建筑和公共建筑	中级住宅;中级单身宿舍;高等院校与科研单位的科教建筑;省、市、自治区级旅馆;地、师级办公楼;省、市、自治区一级文娱集会建筑、博览建筑、体育建筑、福利卫生建筑、交通邮电类建筑、商业类建筑及其他公共建筑等
丙等	一般居住建筑和公共建筑	一般职工住宅;一般职工单身宿舍;学生宿舍;一般旅馆;行政企事业单位办公楼;中学及小学科教建筑;文娱集会建筑、博览建筑、体育建筑、县级福利卫生类建筑、交通邮电类建筑、商业类建筑及其他公共建筑等
丁等	低标准的居住和公共建筑	防火等级为四级的各类民用建筑,包括住宅建筑、宿舍建筑、旅馆建筑、办公楼建筑、教科文类建筑、福利卫生类建筑、商业类建筑及其他公共建筑等

2.民用建筑按防火性能和耐火极限分为四级

火灾会对人民的生命和财产安全构成极大的威胁,建筑设计、建筑构造等方面必须有足够的重视,我国的防火设计规范是采用防消结合的办法,相关的防火规范主要有:《建筑设计防火规范》GB 50016—2006 和《高层民用建筑设计防火规范》GB 50045—95(2005 年版)。

燃烧性能指组成建筑物的主要构件在明火作用下,燃烧与否以及燃烧的难易程度。按燃烧性能建筑构件分为不燃烧体(用不燃烧材料制成)、难燃烧体(用难燃烧材料制成或带有不燃烧材料保护层的燃烧材料制成)和燃烧体(用燃烧材料制成)。

耐火极限是指建筑构件遇火后能够支持的时间。对任一构件进行耐火试验,从受到火的作用起,到失去支持能力、或完整性被破坏、或失去隔火作用,达到这三条任何一条时为止的这段时间,用小时表示,就是这个构件的耐火极限。

组成各类建筑物的主要结构构件的燃烧性能和耐火极限不同,建筑物的耐火极限和耐火等级也不同。对建筑物的防火疏散、消防设施的限制也不同。建筑物的耐火等级根据它的主要结构构件的燃烧性能和耐火极限,划分为一、二、三、四 4 个耐火等级。

3.民用建筑按耐久年限分为四级

根据建筑主体结构的耐久年限分以下四级:

(1)一级耐久年限,100 年以上,适用于重要的建筑和高层建筑。

(2)二级耐久年限,50 ~ 100 年,适用于一般性建筑。

(3)三级耐久年限,25~50 年,适用于次要建筑。

(4)四级耐久年限,15 年以下,适用于临时建筑。

1.2　民用建筑的构造组成

一般的民用房屋主要由基础、墙或柱子、楼地层、楼梯、屋顶、门窗等几部分组成。图 1.1 是一民用建筑的剖视图。

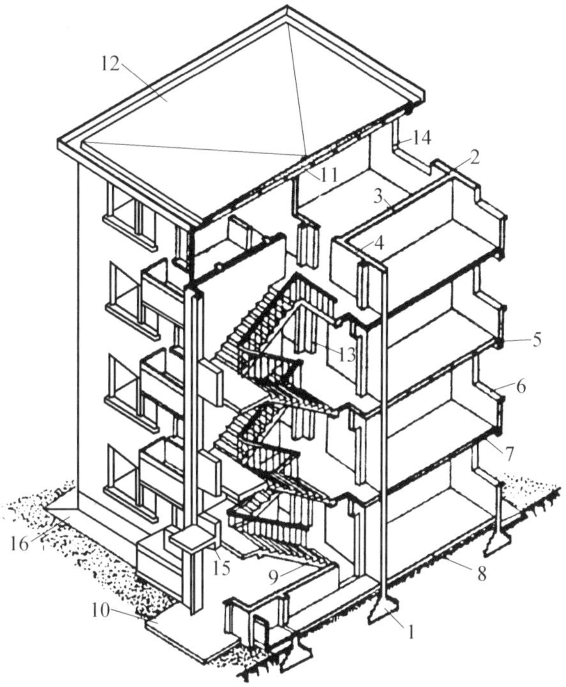

图 1.1　民用建筑的构造组成

1—基础;2—外墙;3—内横墙;4—内纵墙;5—过梁;6—窗台;7—楼板;8—地面;
9—楼梯;10—台阶;11—屋面板;12—屋面;13—门;14—窗;15—雨篷;16—散水

1.基础

基础是建筑物埋在地下的放大部分。基础最终承受建筑物所有的荷载并把这些荷载传给地基土,因此基础是建筑物的重要组成部分,应该坚固、稳定、耐地下水及所含化学物质的侵蚀、经得起冰冻。

2.墙与柱

墙(或柱子)是建筑物的垂直承重构件,承受楼板层和屋顶传来的荷载并传给基础。建筑物的外墙同时也是围护结构,阻隔雨水、风雪、寒暑等自然现象对室内的影响;内墙把室内空间分隔成不同的房间,避免相互干扰,这是墙体的分隔作用。

墙与柱应该坚固、稳定。墙还应能够保温(隔热)、隔声、防水等。

3.楼板层

楼板层是建筑物的水平承重构件,承受楼面荷载并传给墙或柱子,包括楼板、地面和顶棚三部分。除承重外，楼板在垂直方向上把建筑空间分成若干层，起到分隔空间的作用；同时，楼板对墙体的稳定性也起到支撑作用。

楼板层应具有一定的强度和刚度，并应耐磨、隔声。

4. 楼梯

楼梯是建筑物联系上下各层的垂直交通设施。除了平时供人们上下楼使用外，在地震、火灾等紧急状态，供人们紧急疏散。因此，建筑物的高度不同，对疏散要求不同，楼梯的防火等级、防火性能以及与之相适应的构造处理也不同。

楼梯应坚固、安全、有足够的通行能力、坡度要合适。

5. 屋顶

屋顶是建筑物顶部的承重和围护结构，由屋面、承重结构和保温（隔热）层三部分组成。屋面的作用是阻隔雨水、风雪对室内的影响，并将雨水顺利排除。承重结构则承受屋盖的全部荷载并传给墙或柱子。保温（隔热）层的作用是防止冬季室内热量的散失（夏季太阳辐射热进入室内），使室内有一个相对稳定的热环境。

屋顶应能防水、排水、保温、隔热，它的承重结构应有足够的强度和刚度。

6. 门与窗

门是供人和家具设备进出建筑物及其房间的建筑配件。紧急状态要经过门进行紧急疏散，同时，还兼有采光和通风的作用。门应坚固、隔声，并有足够的宽度和高度。

窗的作用是采光、通风、供人眺望。窗应有合适的、足够的面积。

外墙上的门窗还应防水、防风沙、保温、隔热。

建筑物除以上六大部分构造组成外，还有其他一些配件和设施，如雨篷、散水、通风道、烟道、垃圾道、壁柜、壁龛等，也是建筑物必不可少的组成部分。

1.3 建筑的标准化与模数协调

1.3.1 建筑工业化与标准化

为了适应经济建设的需要，加快工程项目的建设周期，实现建筑业的工业化，就必须改变传统的分散式、手工式的生产方式，用集中的、大工业的生产方式进行生产。建筑工业化包括三个方面的内容：建筑设计的标准化、构配件生产的工厂化、建筑施工的机械化。再加上“秦砖汉瓦”式墙体的改革，称为“三化一改”。像大板建筑、滑模施工、升板建筑、砌块建筑、盒子建筑等形式，在一定程度上提高了施工速度，是建筑工业化的有益探索，要达到真正意义上的建筑工业化，显然这些还很不够，需要进一步探讨、革新。

建筑设计的标准化是建筑工业化的前提，建筑标准化包括两个方面：一是建筑设计的标准问题，也就是制定各种各样的建筑法规、规范、标准、定额与指标，使建筑设计有标准可依；二是建筑的标准设计问题，也就是根据上述各项设计标准，而设计出通用的建筑构件、配件、单元甚至标准房屋，以供选用。

1.3.2 建筑模数协调

要达到设计的标准化，实现建筑工业化，就必须使建筑构配件、组合件具有较大的通用性和互换性。也就是说,建筑物各部分的尺寸统一协调是建筑工业化的基础。为此,我国制订了《建筑模数协调统一标准》GBJ 2—1986,规定了模数和模数协调原则。

1.建筑模数

(1)基本模数和导出模数

基本模数是建筑模数协调中所选用的基本尺寸单位。基本模数的数值为 100 mm,用 M 表示,即 1 M = 100 mm。

导出模数分为扩大模数和分模数。

扩大模数是基本模数的整数倍,基数有 3 M、6 M、12 M、15 M、30 M、60 M,相应的尺寸为 300 mm、600 mm、1 200 mm、1 500 mm、3 000 mm、6 000 mm;分模数是整数除基本模数的数值,基数有 1/10 M、1/5 M、1/2 M,相应的尺寸为 10 mm、20 mm、50 mm。

(2)模数数列及其适用范围

模数数列是以选定的模数基数为基础而展开的数值系统,以确保不同类型的建筑物及其各组成部分间的尺寸统一协调。如 3 M 数列有:300 mm、600 mm、900 mm、1 200 mm、1 500 mm。

不同的数列的适用范围不同,如分模数主要用于缝隙、构造节点、构配件截面等处,扩大模数主要用于开间与进深、柱距与跨度等较大尺寸的协调。在模数协调标准中规定了各种模数数列的适用范围。

2.模数协调

建筑模数协调,主要是建筑物及其构配件与组合件以及建筑物装备之间和它们自身的模数尺寸协调。其中定位是协调的基础之一,建筑中是把建筑放在模数化的空间网格中,运用定位线和定位轴线进行定位的。

复习思考题

1.建筑按使用性质分为哪几类?其中民用建筑分为哪些类型?

2.民用建筑按主要结构的承重材料分为哪几类?

3.民用建筑按承重方式分为哪几类?

4.民用建筑的级别都有哪些分法?

5.什么是建筑的耐火极限?什么是燃烧性能?建筑有几个耐火等级?

6.房屋有哪些主要组成部分?各部分的作用是什么?

7.什么是建筑工业化?

8.什么是模数?什么是基本模数?什么是分模数和扩大模数?

第2章 建筑施工图识读

建筑工程的施工图纸,包括土建部分和建筑设备两大部分。其中土建部分指建筑和结构两个专业的施工图。设备部分则包含给排水、采暖通风与空调、电气等几个专业的施工图。

建筑专业是其他专业的前提,建筑施工图是掌握其他专业施工图的基础。

建筑设备专业学习建筑概论的主要目的,就是要学会如何阅读建筑施工图,在此基础上了解并领会一些常用的建筑构造做法及构造原理,促进本专业课程的理解与学习。因此,学习识读建筑施工图是很重要的,是本专业工作得以顺利进行的基本保证。

2.1 定位轴线与建筑施工图

2.1.1 定位轴线

建筑的定位轴线是建筑施工图的一个重要内容。建筑的结构和构件的位置定位及其确定尺寸,都需要通过定位轴线来完成,建筑施工放线更离不开定位轴线。

尽管定位轴线只是为方便制图与识图,并在施工时便于定位各种构件的一种辅助线,它本身并没有多大实际意义,但是定位轴线的作用却是不容忽视的。认识定位轴线及其所起的作用,对建筑施工图的识读是很重要的。

所谓定位轴线,就是指确定建筑物结构或构件的位置及其标志尺寸的基线,是施工放线的依据。

第1章介绍了模数以及模数协调,对于定位轴线来说,它的间距就必须符合模数数列的有关规定。一般情况下,定位轴线的间距应符合扩大模数3 M(即300 mm)的模数数列。建筑构配件的位置以及尺寸,就是通过它们与定位轴线间的关系来定位的。

普通建筑物的房间,平面形状以矩形居多,房间在平面上沿着纵横两个方向展开,组合成一个建筑物。建筑物的各种构配件也自然有纵横两个方向。比如,竖向承重构件的墙体有纵横两个方向;水平承重构件的梁板也是如此。这样,定位轴线所形成的网格也是矩形的,由纵向定位轴线和横向定位轴线所形成的网格称为轴网(见图2.1)。

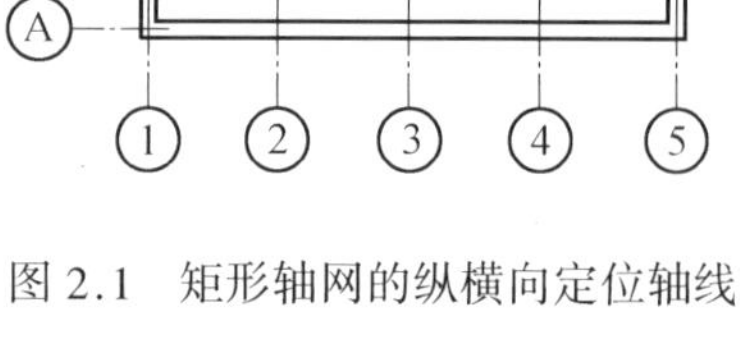

图2.1 矩形轴网的纵横向定位轴线

纵向定位轴线间的距离称为建筑物的进深(或叫做跨度);横向定位轴线间的距离称为建筑物的开间(或叫做柱距)。

水平跨越构件(指楼板、梁等)的标志尺寸,通过看纵横向定位轴线间的距离可以得到。比如,一座教室的轴线尺寸是 9 900 mm × 6 600 mm,它是由 3 个 3 300 mm 的开间组成,进深方向 6 600 mm,那么这座教室在 3 个开间内所用楼板的标志长度都是 3 300 mm,中间开间梁的标志长度是 6 600 mm。我们说定位轴线间的距离应符合模数,也就是房屋的开间(柱距)和进深(跨度)应符合模数,只有这样建筑构件才能标准化,并最终实现建筑工业化。

建筑制图中,定位轴线以点划线表示,它的编号写在正对该定位轴线的直径为 8 ~ 10 mm的圆圈内。横向定位轴线的编号用阿拉伯数字自左向右注写,纵向定位轴线用大写拉丁字母自下向上注写(见图 2.1)。但"I"、"O"、"Z"三个字母不得使用,以免与阿拉伯数字"1"、"0"、"2"相混淆。对于附加轴线(一般指次要的定位轴线)可用分数的表示方法来编号:分母表示该轴线前一定位轴线的编号,分子表示该分轴线的编号(见图 2.2)。1 号轴线和 A 号轴线之前的附加轴线也用分数表示,它们的分母分别用 01、0A 表示。

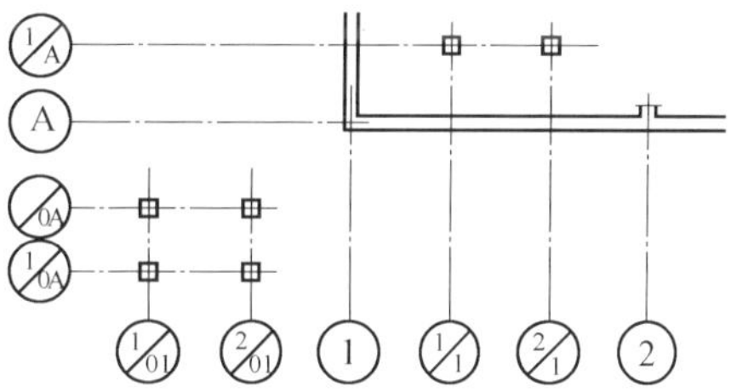

图 2.2　附加轴线的表示方法

当建筑物的平面较复杂时,标注轴线也可以采用分区编号的形式。注写形式为分区号——该区的轴线编号(见图 2.3)。

绘制建筑详图时,有时同一个详图适用于多个地方,那么该详图所适用处的定位轴线就应同时注出。这样就出现了一条定位轴线多个编号情况。详图定位轴线的注法如图 2.4 所示。也有些通用详图,由于适用的位置太多,定位轴线也可采取只画轴线圈而不注写编号的办法。

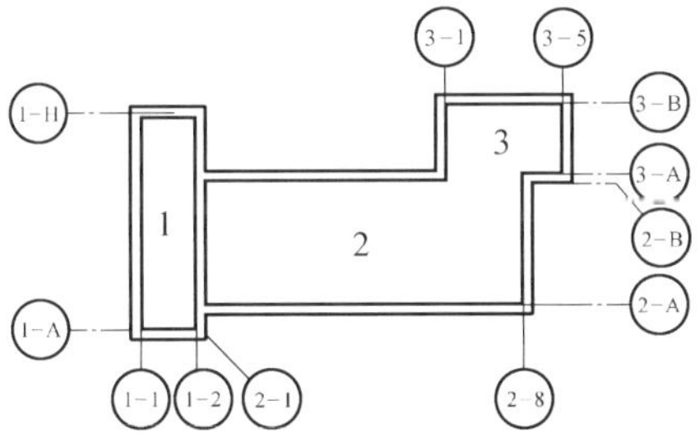

图 2.3　定位轴线分区编号

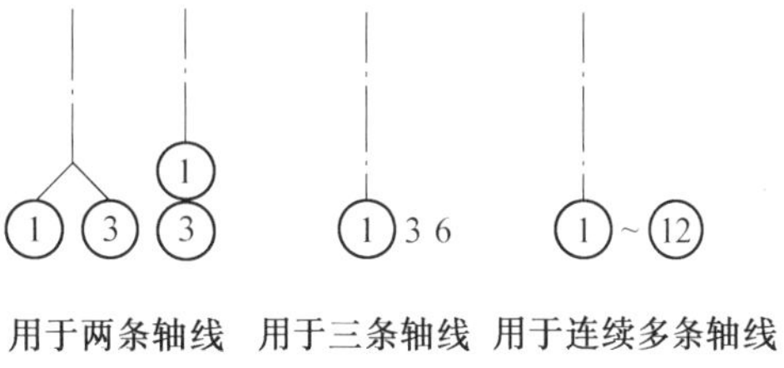

图 2.4　详图轴线的编号

有的建筑物,由于本身造型较复杂,平面形状多变的原因,无法采用普通的矩形轴网,而只能采用其他形式的异形轴网(图 2.5)。常见的异形轴网有弧形轴网、环形轴网、平行四边形轴网、三角形轴网、不规则轴网等。有的建筑物是采用两种或两种以上的轴网组合在一起。总之,建筑平面及造型越不规则、越复杂,定位轴线所形成的轴网也就越复杂。阅读建筑施工图时,只要真正理解定位轴线的含义,再复杂的轴网,再不规则的平面,也是不难识读的。

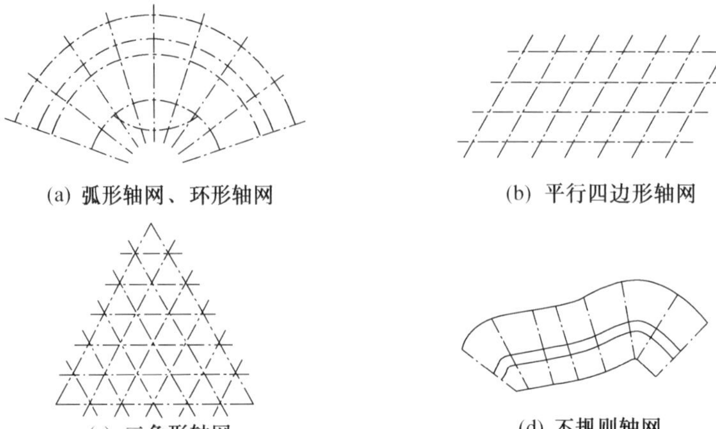

(a) 弧形轴网、环形轴网　　(b) 平行四边形轴网

(c) 三角形轴网　　(d) 不规则轴网

图 2.5　轴网的形式

2.1.2　建筑施工图的内容

一套完整的建筑施工图,包括图纸目录、设计说明、门窗表、采用标准图集目录、总平面图、各层平面图、立面图、剖面图、大样详图等内容。

图纸目录是指整套图纸的总目录。其他专业有各自的图纸目录,或者图纸内容较少时,也可以只编写建筑施工图部分的目录。

建筑设计说明就是以文字及表格的形式对本工程基本情况的介绍,一般包括建筑特点、设计依据、平面形式、位置、层数、建筑面积、结构类型、构造做法(包括内外装修、屋面、楼梯、散水、踏步、门窗、油漆等)以及施工要求等内容。设计说明的内容,多为无法用图样表达,或更适合用文字表达的内容,它对了解本工程的基本情况非常有用。阅读建筑施工图时首先要阅读建筑设计说明。

门窗表是对本工程项目所有门窗的统计表。门窗表的统计主要有利于土建施工及预决算的编制,与供热通风与空调以及其他设备专业的关系不太大。

采用标准图集目录是把本工程项目所采用的标准图集的编号汇集到一起,以方便预决算和组织施工时收集资料。简单的工程项目也可以不列出。

建筑总平面图是表示本工程在整个基地中所处位置及周围环境的平面布置图样。总平面图主要包括本工程与周围建筑物的间距、相互关系、指北针(或风玫瑰)、建筑朝向、硬地与绿化、道路与广场等内容。总平面图是按照一定的图例,用不同的线型从上往下所作的正投影图。当工程项目较大时,总图也可以由总图专业人员专门绘制,而每个子项单体工程的建筑施工图不再重复绘制总平面图。

建筑平面图指用一假想水平剖切平面过略高于窗台位置剖切,移去上面部分,所得的水平剖面图。有底层(首层)、二层、三层……顶层平面图。中间各层如果都相同的话,可以用一个平面图代替,称为标准层平面图。被剖切部分(如墙体、柱子等)的轮廓线用粗实线表示,没有剖切到的可见部分(如室外的散水、台阶、花台、雨篷等)用细实线绘出,被遮盖构件用虚线表示。平面图反映房屋的平面形状、房间大小、相互关系、墙体厚度、门窗形式和位置等情况。因此,平面图是建筑施工图中最基本的图样之一。对设备各专业来讲,也是最为重要的建筑施工图内容。

建筑立面图是在与房屋立面平行的投影面上所作的正投影图。立面图可根据建筑朝向命名为东、南、西、北立面图,可按正背向命名为正、背、左侧、右侧立面图,也可以按建筑物两端的定位轴线编号来命名。立面图主要反映了建筑物的外形轮廓,室外构配件的形状及相互关系,外部装修的材料和颜色及构造做法,门窗洞口、檐口及其他部位的标高等内容。

建筑剖面图是指用一假想垂直于楼板层的剖切平面剖切建筑物,所得到的正投影图。剖面图主要用以表示房屋的内部结构、分层情况、楼层等部位的标高以及各构配件的竖向关系等内容。比例较大时剖面图表达的内容也较详细,并可用多层构造引出线的方法标注楼地面和屋面的构造做法。

建筑大样详图是指建筑细部做法的节点大样图。由于平面图、立面图、剖面图的比例过小,显示不出来细部的真实构造做法,只能通过大样详图来完成。

对于设备各专业来讲,掌握建筑平立剖面图的识读方法,并具有熟练阅读的能力,就基本满足自己工作的需要,当必须知道建筑的细部构造以及尺寸关系时,则需要阅读大样详图部分的内容。

2.1.3　建筑施工图的阅读顺序

为便于阅读,施工图的排列是有一定顺序的。阅读图纸时若按照这个顺序进行,并前后对照,相互印证,就会事半功倍。

一个工程项目的施工图纸一般包括建筑施工图、结构施工图、供热通风与空调施工图、给排水施工图、电气施工图等内容。建筑施工图排在最前,其次是结构施工图,然后是设备各专业的施工图。

建筑施工图(简称建施)包括很多图样,也是按一定的次序排列的。一般依次为封面、首页、总平面图、平面图、立面图、剖面图和大样详图。有时也会见缝插针,在中间的某张图纸中加画一些节点详图。为方便看图,一般尽量将相关的节点详图放在所索引的那张图中。这个安排比较符合人们看图纸的顺序。

首页中一般有图纸目录、建筑设计说明、门窗表、采用建筑标准图集目录及其编号等内容。若总平面图不太复杂时也可以放于首页。

建筑施工图在图纸的标题栏中,图别一项应注明“建施”,图号一项应按图纸的排列次序进行编号。其他专业的施工图也是如此。

2.2　总平面图的识读

建筑总平面图是表示本工程在整个基地中所处位置及周围环境的平面布置图样。

拟建工程在基地中处于什么位置,基地的地形地貌,建筑的朝向,拟建建筑物的层数,标高情况,周围环境等,在总平面图中都有所反映。

总平面图中使用的图例,一般都符合《总图制图标准》GBT 50103—2001的规定(见图2.6)。

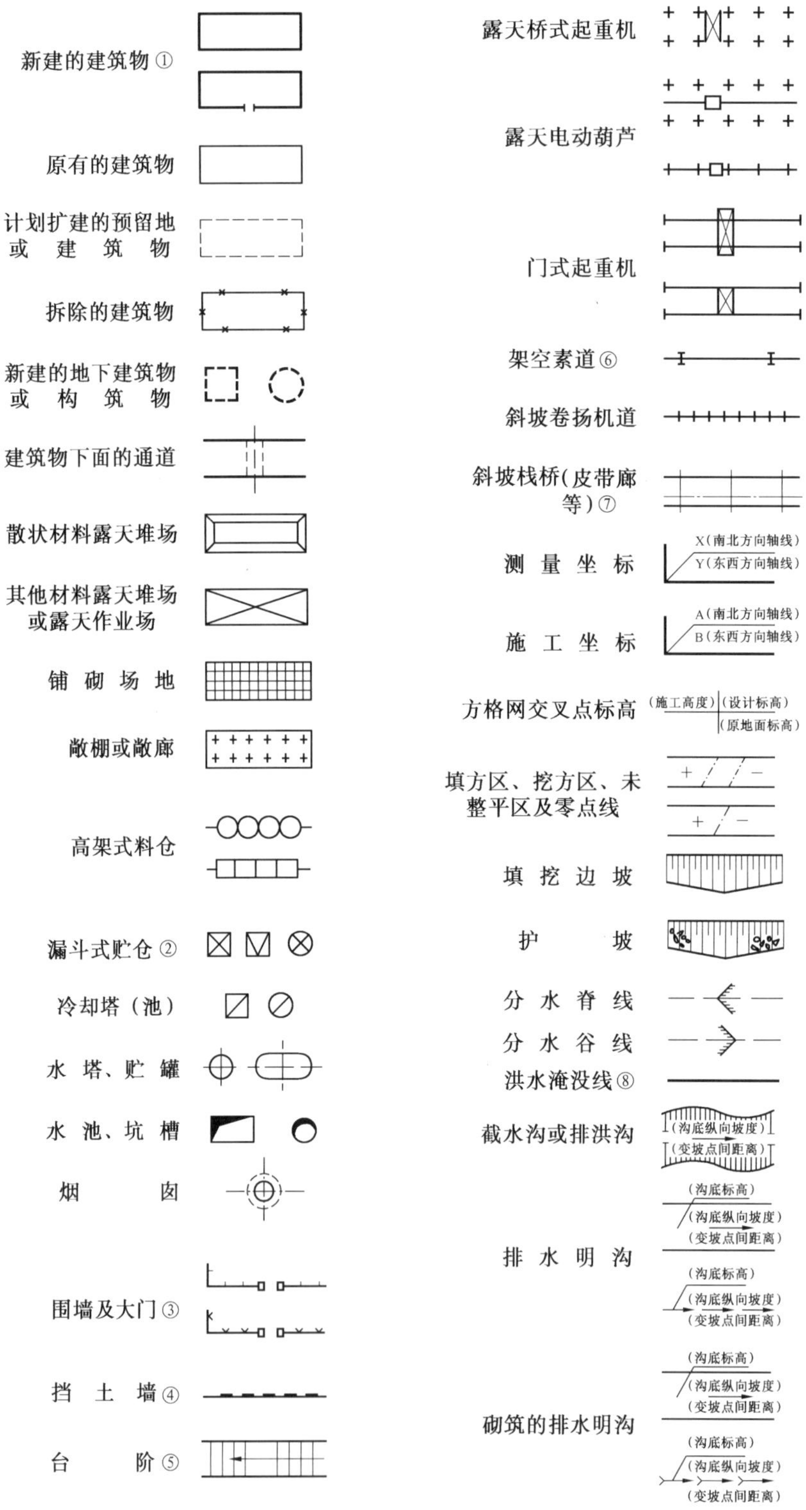
新建的建筑物①
原有的建筑物
计划扩建的预留地或建筑物
拆除的建筑物
新建的地下建筑物或构筑物
建筑物下面的通道
散状材料露天堆场
其他材料露天堆场或露天作业场
铺砌场地
敞棚或敞廊
高架式料仓
漏斗式贮仓②
冷却塔（池）
水塔、贮罐
水池、坑槽
烟囱
围墙及大门③
挡土墙④
台阶⑤
露天桥式起重机
露天电动葫芦
门式起重机
架空索道⑥
斜坡卷扬机道
斜坡栈桥(皮带廊等)⑦
测量坐标
X(南北方向轴线)
Y(东西方向轴线)
施工坐标
A(南北方向轴线)
B(东西方向轴线)
方格网交叉点标高
(施工高度)
(设计标高)
(原地面标高)
填方区、挖方区、未整平区及零点线
填挖边坡
护坡
分水脊线
分水谷线
洪水淹没线⑧
截水沟或排洪沟
(沟底纵向坡度)
(变坡点间距离)
排水明沟
(沟底标高)
(沟底纵向坡度)
(变坡点间距离)
砌筑的排水明沟
(沟底标高)
(沟底纵向坡度)
(变坡点间距离)

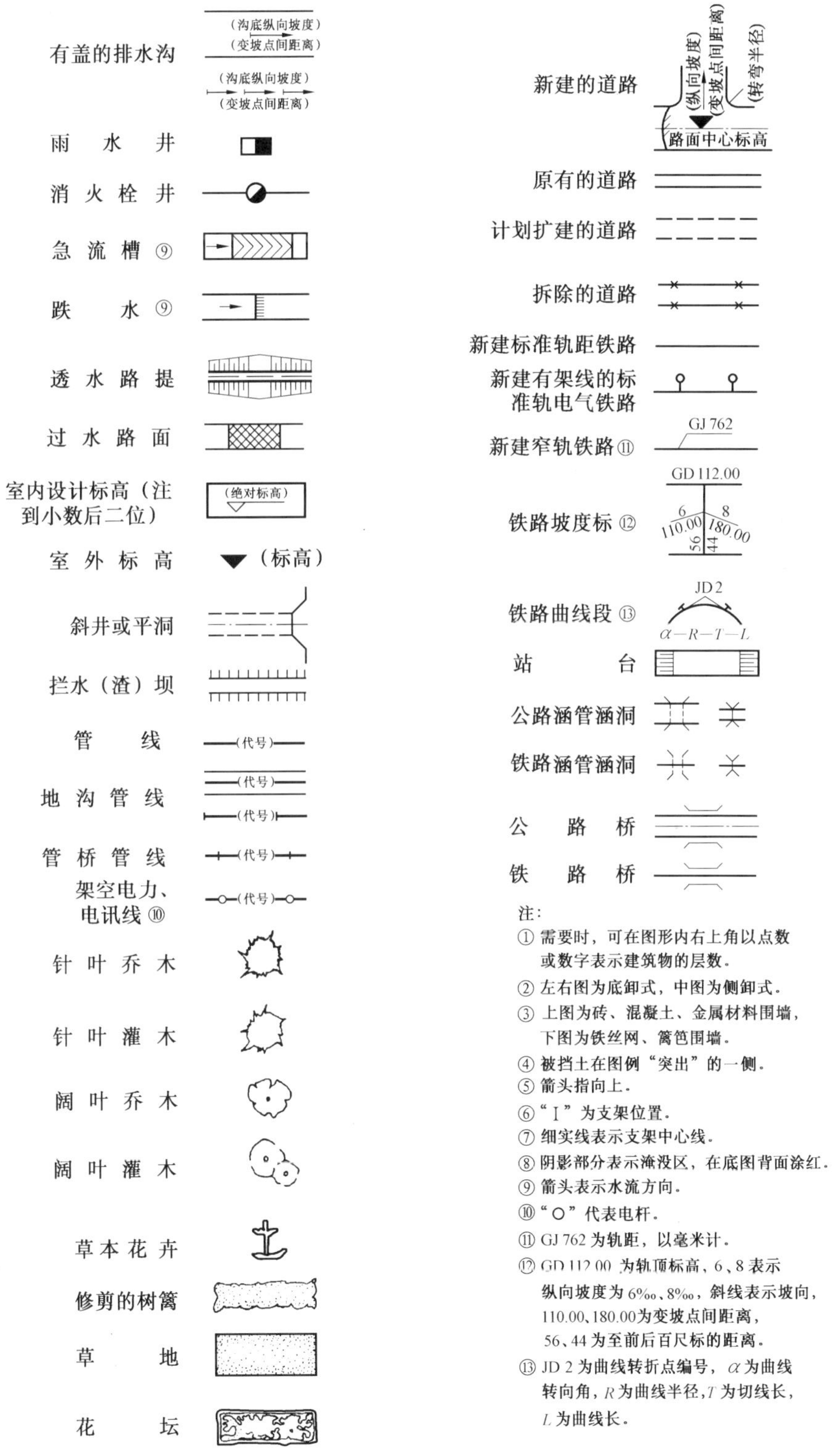

注：

① 需要时，可在图形内右上角以点数或数字表示建筑物的层数。

② 左右图为底卸式，中图为侧卸式。

③ 上图为砖、混凝土、金属材料围墙，下图为铁丝网、篱笆围墙。

④ 被挡土在图例“突出”的一侧。

⑤ 箭头指向上。

⑥“I”为支架位置。

⑦ 细实线表示支架中心线。

⑧ 阴影部分表示淹没区，在底图背面涂红。

⑨ 箭头表示水流方向。

⑩“○”代表电杆。

⑪ GJ 762 为轨距，以毫米计。

⑫ GD 112.00 为轨顶标高，6、8 表示纵向坡度为 6‰、8‰，斜线表示坡向，110.00、180.00为变坡点间距离，56、44 为至前后百尺标的距离。

⑬ JD 2 为曲线转折点编号，α 为曲线转向角，R 为曲线半径，T 为切线长，L 为曲线长。

图 2.6　常用总平面图例

阅读总平面图时，主要注意以下几个方面：

1. 查看比例、图例以及相关的文字说明

总平面图常用的比例为1:500或1:1 000，所绘区域特别大时也可以用1:2 000的比例。图中使用的图例如图2.6所示。文字说明部分也应认真阅读。

总平面图中所标注的尺寸，全部以米为单位。

2. 看明白工程名称和性质、地形地貌以及周围环境情况

在总平面图中，有关拟建项目的工程名称、平面形状、层数、地形地貌、周围环境等都会反映出来，看图时要认真阅读。

3. 仔细核对图中的标高

总平面图中的标高为绝对标高，是以青岛市的平均黄海海平面作为零基准点。尤其山区的地形，标高更为复杂，要认真读懂室外标高的变化情况以及室内标高与室外标高的关系。

标高也是以米为单位，一般精确到小数点后三位。

4. 弄清建筑物的朝向

通过查看总图中的指北针或风玫瑰图，可以确定建筑物的朝向。朝向问题对采暖负荷的计算有很大影响，对于居住建筑尤为重要，暖通专业必须弄清建筑的朝向。

5. 弄清道路绿化等周围环境情况

对于设备专业来说，必须了解拟建建筑物的周围环境情况。比如，基地的给排水管网的走向、标高与来源，供热设施及其位置、供热方式、管网的敷设方式，供电设施的位置、布线方式、用电负荷情况等等。

2.3 平面施工图的识读

平面图是建筑施工图中最基本的图样之一。建筑设备各专业所需要的条件图，就是来自于建筑施工图的平面图。所以，学会阅读建筑平面施工图，从平面图中正确了解有关的建筑信息是很重要的。

与总平面图相类似，在平面、立面和剖面建筑施工图中，无法用实形来表达建筑门窗、楼电梯等建筑的构配件，也要采用一些建筑图例来表示。

图2.7是现行国家标准中的常用建筑构造图例。

现以一个学生宿舍楼的建筑平面图(图2.8)说明其识读方法。

阅读建筑平面施工图时，主要注意以下几个方面。

2.3.1 查明标题，了解概况

在阅读建筑施工图之前，首先应大致浏览一遍图纸，从而了解工程概况、结构类型、平面形状、楼梯电梯、出入口、房间布局、建筑高度与层数等情况。通过底层平面图的指北针或风玫瑰了解建筑的朝向。并尽量把建筑设计说明阅读一遍，以掌握图样中未显示的信息。这样，会使你对整套图纸有一个总的印象，对正式阅读整套建筑施工图是大有益处的。

接下来就可以按照图纸的排列顺序,从平面图开始,仔细阅读整套建筑施工图。

2.3.2　查看图名及比例,分清是哪一层平面图

在平面图的下方有该平面图的图名和比例,图纸的标题栏也会显示本张图纸的所有图样。建筑平面施工图常采用 1:100 的比例,有时也用 1:150 或 1:200 的比例。平面图的排列次序,一般是底层平面图在前,依次为二层、三层……顶层平面图,最后是屋顶平面图。中间楼层如果一样的话可以用一个代替,叫做标准层平面图。

阅读平面施工图时,通过楼梯的平面形式也可以看出该平面图是底层、中间层,还是顶层平面图。楼梯的上下行箭头都是以本楼层的地坪标高为基准面的,梯跑向上的用箭头示意并在箭尾处注写“上”;梯跑向下的用箭头示意并在箭尾处注写“下”。由于每层的平面图都是过略高于窗台处水平剖切的,所以往上去的楼梯段被剖断,建筑施工图中用折断线来表示。因此,楼梯在平面施工图中的表示方法为:

(1)底层楼梯平面只有被折断的向上去的梯段,和箭尾处标有“上”的上行箭头;

(2)中间层楼梯平面既有被折断的向上去的梯段部分,又有向下去的未被折断的梯段,因此既有上行箭头,又有下行箭头,并分别在其箭尾处标注有“上”和“下”;

(3)顶层楼梯平面只有向下去的梯段和箭尾处标有“下”的下行箭头。

楼梯出屋面的建筑物,顶层楼梯和中间层楼梯是没有区别的。同样道理,带有地下室的建筑物,底层楼梯和中间层楼梯也没有区别。

各层楼梯的平面图见图 2.7。

除图名以及楼梯部分的区别外,在底层平面图中还表示出了台阶、散水、坡道等室外设施,二层以上各层平面图则不需要显示这些。建筑物出入口的雨篷一般在二层平面图中显示,以上各层也不需要显示。同样道理,有屋顶平台时也仅在最接近的上一层平面图中显示,以上的各层平面图都不再显示。也就是说,绘制平面施工图时,仅表示紧邻的下一楼层平面的可见部分,不再显示下面其他楼层平面的可见部分。

从图 2.8 可以看出,该平面图为底层平面图,所用比例为 1:100。

2.3.3　了解定位轴线的编号及其间距

定位轴线是确定建筑物结构或构件的位置及其标志尺寸的基线,是施工放线的依据。不仅建筑构配件的位置和尺寸需要定位轴线来定位,在供热通风与空调专业以及其他设备专业的施工图中,设备的布置、预留洞的设置、管道的敷设也要靠定位轴线来定位。因此要仔细查清各定位轴线的编号情况及开间、进深尺寸。

从图 2.8 可以看出,该宿舍楼共有 10 条横向定位轴线,4 条纵向定位轴线;房间的进深为 5 400 mm,走道宽 2 100 mm,9 个均为 3 600 mm 的开间;建筑物的主入口位于南侧的正中开间,正对主入口有一部楼梯,东山墙处还设有一个疏散出口,卫生间及盥洗间设在建筑物的西侧山墙处。

2.3.4　查看建筑物各部尺寸

建筑平面施工图中标注尺寸是它的一个主要内容。外墙的门窗等外部尺寸标注在平

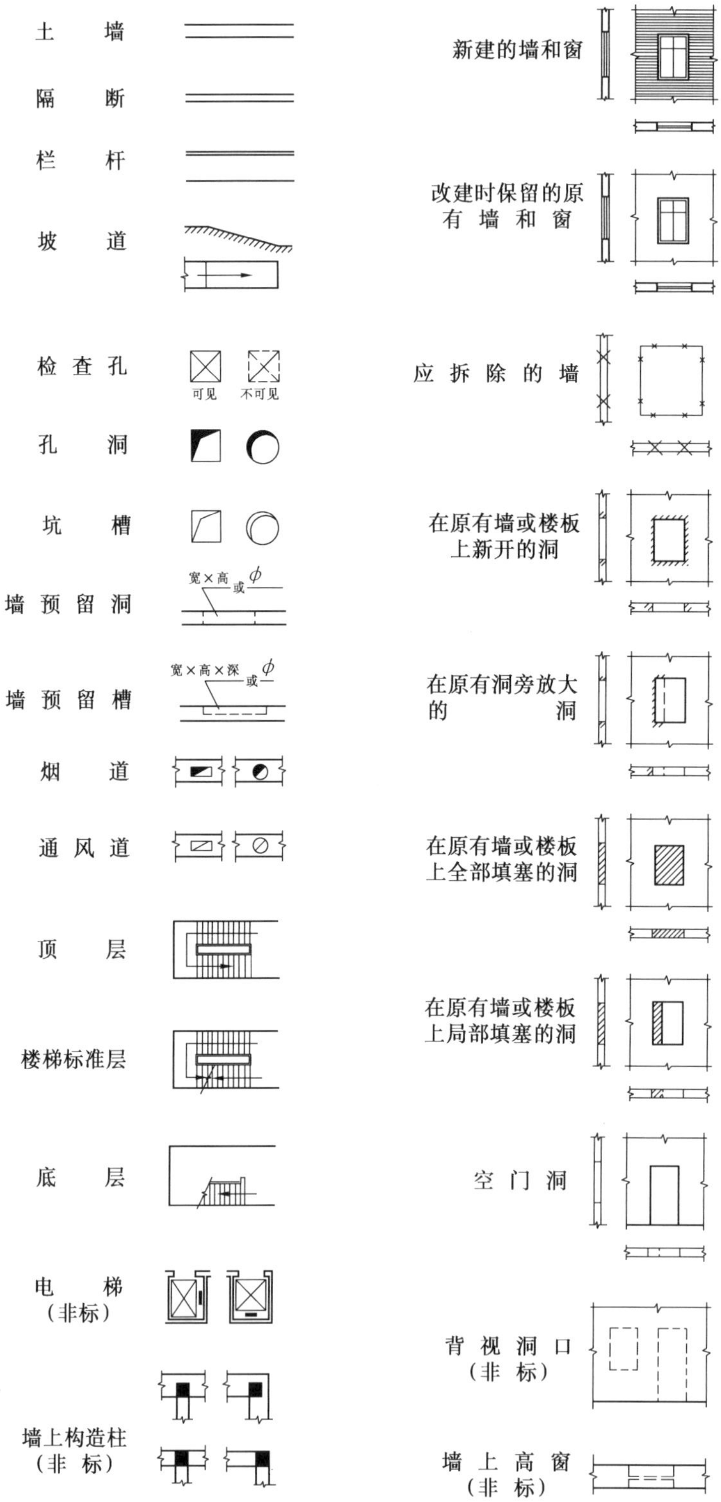
土　　墙
隔　　断
栏　　杆
坡　　道
检 查 孔
可见
不可见
孔　　洞
坑　　槽
墙 预 留 洞
宽×高
或
φ
墙 预 留 槽
宽×高×深
或
φ
烟　　道
通 风 道
顶　　层
楼梯标准层
底　　层
电　　梯
（非标）
墙上构造柱
（非 标）
新建的墙和窗
改建时保留的原有 墙 和 窗
应 拆 除 的 墙
在原有墙或楼板上新开的洞
在原有洞旁放大的　　　洞
在原有墙或楼板上全部填塞的洞
在原有墙或楼板上局部填塞的洞
空 门 洞
背 视 洞 口
（非 标）
墙 上 高 窗
（非 标）

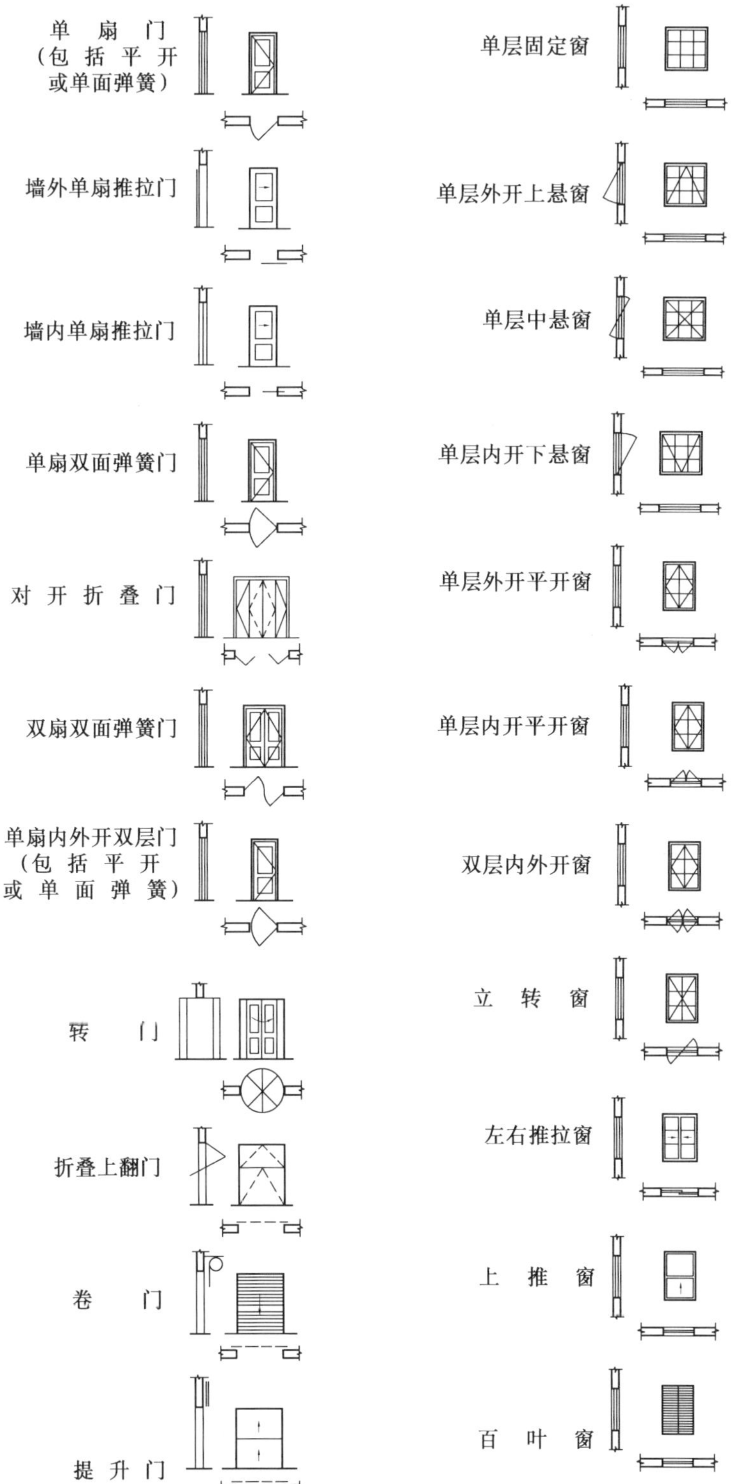

图 2.7　常用建筑构造及配件图例

面外围，内部的门窗、建筑设施等内部尺寸标注于平面内。阅读时要认真查看每一个尺寸。

建筑平面施工图中的尺寸单位都是毫米，只有楼层标高以米为单位。

建筑施工图外部尺寸主要标注外墙上的门窗的洞口宽度和位置，一般应标注三道尺寸，三道尺寸线的间距为 8~10 mm。这三道尺寸线分别为：

①第一道尺寸。指最里面(离建筑物最近)的尺寸线，标注外墙上门窗洞口宽度和窗间墙尺寸以及细部构造尺寸。

②第二道尺寸。定位轴线间的距离，即房屋的开间(柱距)与进深(跨度)尺寸。

③第三道尺寸。也叫外包尺寸。房屋外轮廓的总尺寸，即从一端到另一端的外墙总长度或总宽度。严格来讲应指从一侧外墙外边缘到另一侧外墙外边缘，有时也简化为最外侧两条定位轴线的距离。

建筑的内部尺寸应注明内墙上的门窗洞口宽度和位置、墙体厚度、设备的大小和位置等。

从图 2.8 可以看出，该建筑物的总长为 32 640 mm，总宽为 13 140 mm；每个开间外墙有居中布置的 1 500 mm 宽 C-1 窗一樘，内墙有居中布置的 1 000 mm 宽的 M-1 门一樘，出入口为居中布置的 M-2 建筑外门各一樘。

2.3.5 查阅建筑平面图中各部分的楼地面标高

建筑平面施工图中应标注建筑标高。

各层楼地面及阳台、卫生间不同标高处都应标注标高。错层、跃层或其他楼地面有较大高差时，一般都设有踏步或坡道联系；卫生间、厨房、阳台等处与同层楼地面高差较小处，不用设置踏步，但高差处应用细实线加以显示。

标高一般精确到小数点后三位，底层室内主要房间地坪标高一般定为 ±0.000，低于 ±0.000 的前边加"-"号；高于 ±0.000 的可省去"+"号。

通过查阅建筑平面施工图中的标高，结合立面图、剖面图，可以了解建筑物的每层的空间高度以及室内空间的变化情况。

从图 2.8 可以看出，该宿舍楼的底层室内标高为 ±0.000，盥洗间、卫生间比同层地面低 20 mm，建筑标高为 -0.020。

2.3.6 查看门窗位置、型号及编号

平面图常用图例表示形状较复杂的门窗、设备等(参见图 2.7)。

建筑物的门窗，平面图中只是表示出位置以及洞口宽度，它的洞口高度、窗台高等应从立面图或剖面图中查阅。另外，门窗表中显示了有关门窗的详细资料，通过门窗的编号对应门窗表可以查出每一樘门窗的洞口高度以及材料等，无法选用标准图的建筑施工图中一般还有门窗大样。

门的代号为"M"，如 M-1，M-2，…窗的代号为"C"，如 C-1，C-2，…门连窗的代号一般用"MC"表示，如 MC-1，MC-2，…此外，根据建筑物的复杂程度，也可能会有玻璃幕墙、玻璃隔断等，都应一并编号并列于门窗表中。

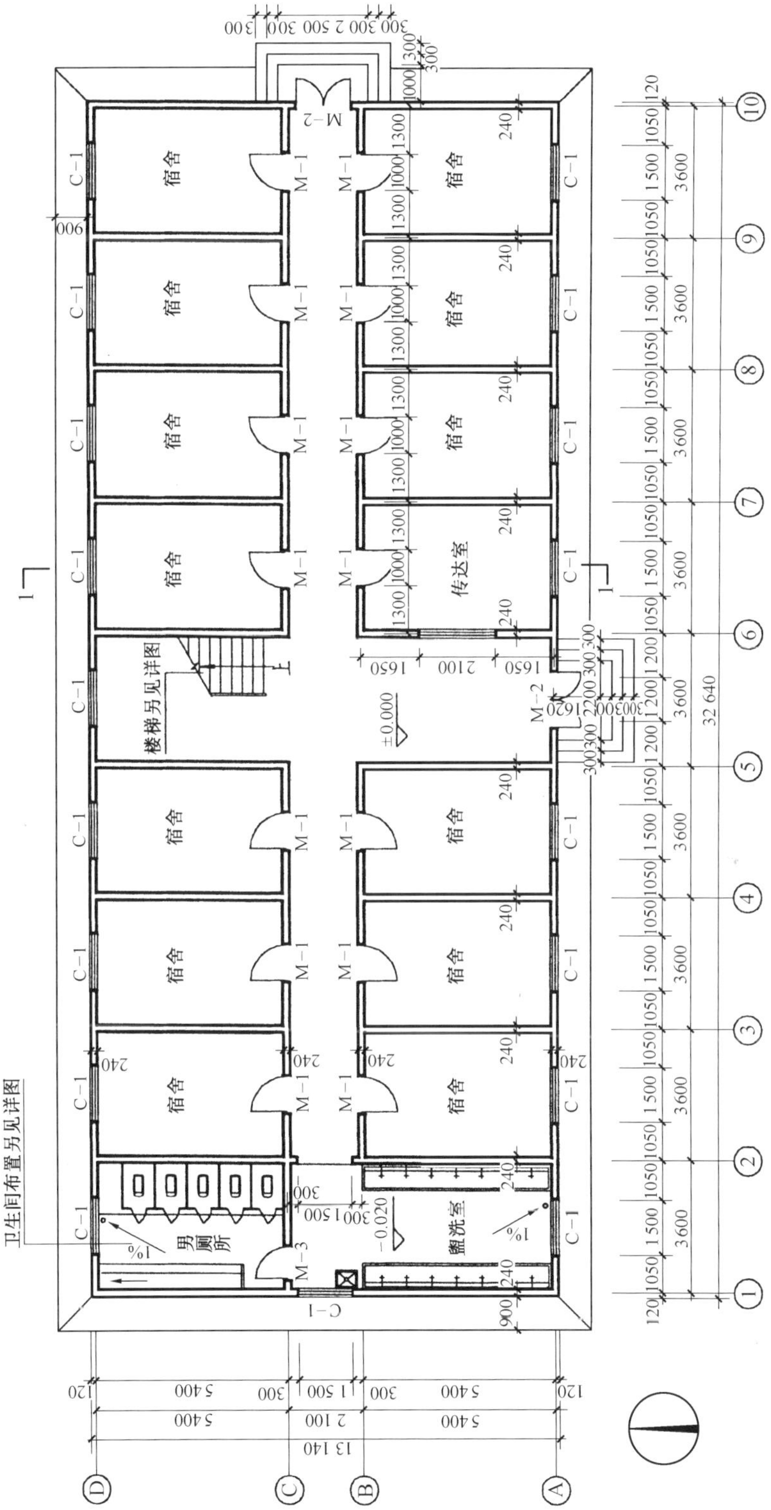

底层平面图 1:100

图2.8　建筑平面施工图

2.3.7 平面图中要显示其他专业对土建所要求的预留洞

在建筑施工图中,建筑专业和其他专业所需要的预留洞,平面尺寸及标高都应有所显示。比如,半暗装暖气片的壁龛,墙上暗装消火栓的洞槽,暗装电表箱的洞槽等等,在建筑施工图中都会正确显示其位置和尺寸。

在设计过程中,各专业互相协调,每个专业所需要的预留洞最终由建筑专业标注于建筑图上。施工过程中,同样各工种要相互配合,在建筑施工图中查阅每个专业的预留洞。

2.3.8 注意相关设施的情况

比如,室外台阶、花池、散水、明沟等的位置和尺寸等,在底层平面图中都有所反映。要注意这些相关的设施,避免发生冲突。

2.3.9 底层平面图上应标注有剖面图的剖切位置符号,查看剖面图时应相互对应

剖面图的剖切符号是标注于底层平面图中的,要注意与剖面图相互对照。

阅读建筑平面施工图时,要注意各层平面图之间的区别,各层平面的楼梯的平面形式、楼面标高、室外设施等是不同的,在底层平面图还标有指北针。同时,又要注意各层平面图的相互结合,前后对照,真正理解各层的平面布局,运用所学知识,发挥空间想象能力,真正掌握该建筑物的空间关系。这是阅读建筑施工图的关键,对迅速掌握其他专业施工图的识读也是大有好处的。

2.4 立面施工图的识读

建筑立面图是在与房屋立面平行的投影面上所作的正投影图。

在建筑立面施工图中,主要反映了建筑物的外部造型和轮廓,室外构配件的形状及相互关系,门窗洞口、檐口、阳台等的标高,建筑外部装修的材料和颜色以及构造做法,等等。在建筑立面图的两端应标注出建筑端部的定位轴线及其编号。立面图比较直观,雨篷、阳台、立面门窗等建筑外部构配件都反映其实形,各部分的轮廓线从线型的粗细上也进行了区分。另外,建筑立面施工图中的尺寸也比平面施工图少,主要标注立面标高。有关外装修的材料、构造做法一般也标注于立面施工图中。

阅读建筑立面施工图时,只要结合平面施工图和有关剖面施工图,加上立面图直观的特性,一般来讲是比较容易的。

现以上例中学生宿舍楼的建筑立面施工图为例(图 2.9),说明立面图的识读。

2.4.1 查看图名和比例

与平面施工图相同,在每个立面图的下方都有该立面图的图名和比例。从图纸的标题栏也可查出本张图纸的内容。要分清该立面图到底是哪个立面,以便跟平面图相对照一起识读。另外根据建筑两端的定位轴线编号也能够看出是该立面到底是哪个立面。建筑立面施工图常常采用 1:100 的比例,有时也可采用稍小的比例。

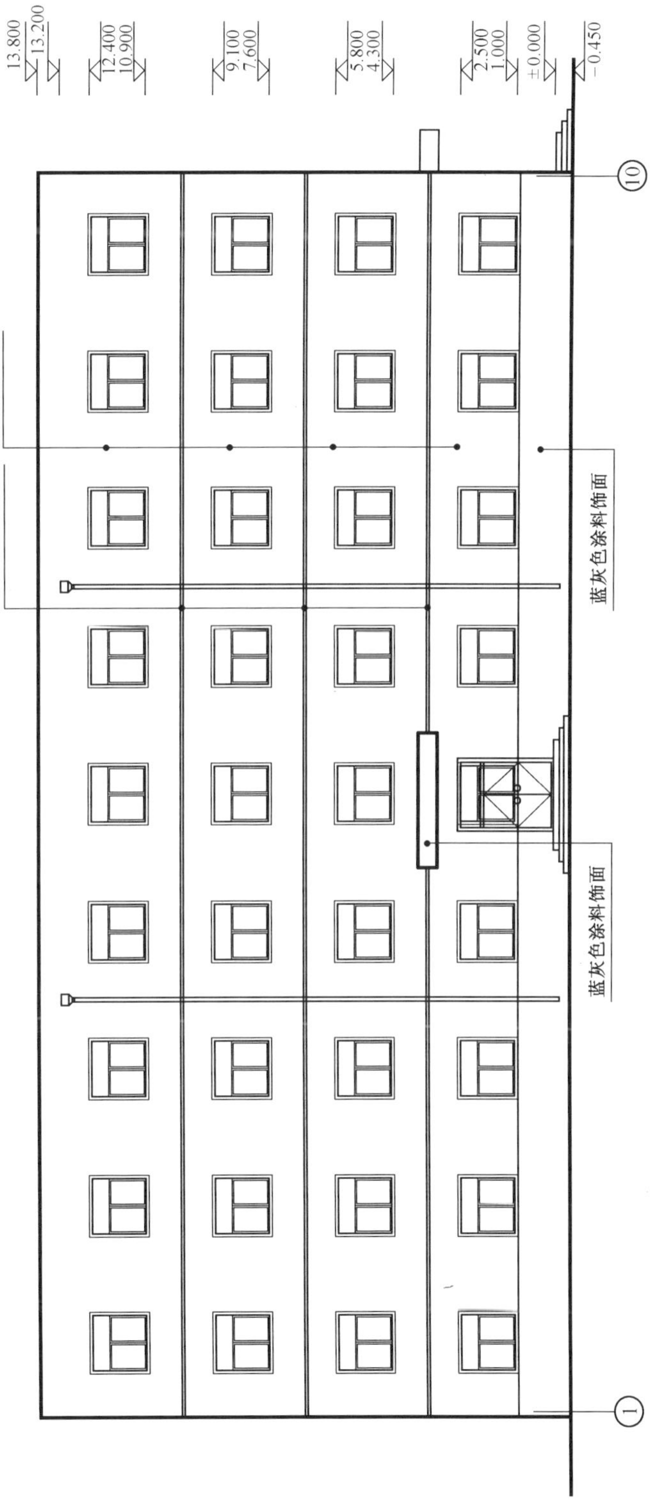

南立面图 1:100

图 2.9　建筑立面施工图

从图 2.9 可以看出，该立面图为南立面图，即 1 轴线到 10 轴线的立面图，比例为 1∶100。

2.4.2 查看立面的外形，对照平面领会细部形状

建筑的屋面形式、檐口、立面门窗、雨篷、阳台、台阶坡道等室外设施及构造做法，在立面施工图中都会反映出来。阅读时要结合平面施工图，领会每一个有变化地方的凹凸关系及形状，甚至细部做法。当通过立面图表达不清楚时，还会用大样详图进一步表达细部，这时要结合详图来识读，力求达到能看懂立面图的每一个细节。

从图 2.9 可以看出，该立面图比较简单，没有过多的凹凸，容易识读。

2.4.3 查看立面图中主要部位的标高

建筑立面施工图的一个主要作用就是标注有关标高。比如，室外设计地坪、室内楼地面、屋面檐口、门窗洞口、阳台栏板扶手、雨篷等的标高，在立面施工图中都会反映出来。阅读图纸时要注意这些主要部位的标高，尤其与本专业密切相关的一些建筑标高。

室内楼地面的建筑标高，是指楼地面面层上表面的标高，与结构标高是有区别的；而屋面的建筑标高，是指屋面结构层上表面的标高，此处的建筑标高与结构标高是相同的。

在图 2.9 的立面图中，显示了各层窗洞口的标高、檐口标高、底层地面标高以及室外地坪标高。该建筑物的室内外高差为 450 mm。

2.4.4 结合详图查看外部装修材料和做法

在建筑立面施工图中一般都标注出了外部装修材料及做法，比如外墙用的什么装饰材料，都有哪些细部装饰等，有时需要选标准图或绘制详图才能表达清楚，这样就需要结合有关的大样详图来阅读建筑立面施工图。

从图 2.9 可以看出，建筑主体为白色涂料饰面，并在接近层高处设有涂深蓝色油漆的分格缝；勒脚部分、雨篷为蓝灰色涂料饰面。

对于供热通风与空调以及其他设备专业来讲，立面施工图远没有平面施工图重要。但学习阅读建筑立面，对空间想象能力的培养，以及整个识读施工图能力的训练，是很有必要的。尤其是一些建筑立面变化丰富，构件凹凸较多，体量关系复杂的建筑物，学习时更应多加体会，以提高自己的识图能力。

2.5 剖面施工图的识读

建筑剖面施工图主要是用来表示房屋的内部结构、分层情况、楼层等部位的标高以及各构配件的竖向关系的。绘制剖面图的一个主要目的就是标注各部分的建筑标高。

建筑剖面图常采用 1∶100 的比例。识读建筑剖面图时，关键要分清剖切部分和可见部分的区别：剖切部分的轮廓线应用粗实线表示，而可见部分用细实线表示。为区分钢筋混凝土的梁和楼板和砌体结构的墙体，常把被剖切到的钢筋混凝土构件涂黑。

采用较大比例的剖面施工图时，所表达的内容也更为详细，图样表达得也更为具体。

这时,被剖切到的建筑材料,要用建筑材料符号加以表示,并可用多层构造引出线的方法标注被剖切到的楼地面和屋面的构造做法。

常用建筑材料的剖切符号如图 2.10 所示。

一套建筑施工图中,剖面图的多少应根据建筑物的复杂程度而定,普通的建筑物仅作一个横剖面图就能满足需要,建筑空间较复杂时可增加剖面的数量。剖面的剖切位置要合适,一般选在门窗洞口、楼梯间、雨篷或其他空间有变化处。它的命名要与平面图上剖切符号的编号相一致。

现仍以上例学生宿舍楼的建筑剖面施工图为例(图 2.11),说明剖面图的识读。

2.5.1　首先弄清剖面图的剖切位置、投影方向以及剖切构件和可见构件

建筑剖面施工图,要对照平面施工图一起阅读,才能弄清剖面图的剖切位置和剖视方向,领会剖面图中所反映的内容,哪些构件是剖切到的,哪些构件是可见的。在底层平面图中,表示出了该剖面图具体的剖切位置、剖视方向以及剖面图编号。

所有剖切到的构件轮廓线为粗实线,没有剖切到的可见部分用细实线表示。阅读剖面施工图,必须弄清这种关系。在较大比例的施工图中,还会显示出各种剖切构件的材料符号,并绘出墙面抹灰层、楼地面、顶棚抹灰、屋面做法等面层的厚度,只不过这些构造层次的轮廓线仍用细实线表示。

剖面图中,剖切到的主要墙体等的定位轴线及其编号都应绘出,并标注出它们之间的距离。从这一点也能够验证剖面图的剖视方向。

结合图 2.8,从图 2.11 可以看出,该剖面图为横剖面,两道纵向外墙以及该外墙上的 C-1 窗,两道纵向内墙以及该内墙上的 M-1 门,均为剖切构件。投影方向为自东向西。

2.5.2　查看建筑物主要结构构件的结构类型、位置以及它们之间的相对位置关系

在建筑剖面施工图中,梁板是如何铺设的,梁板与墙体的连接,屋面、楼板、梁的结构形式以及与墙柱的关系等,都会反映出来。看懂剖面图的这些关系,可以加深对该建筑物结构情况的认识。

2.5.3　查看各部分的尺寸关系和建筑标高

查看各部分的尺寸关系和主要建筑标高,是建筑设备专业阅读剖面施工图的主要目的。

首先,查看建筑室内外地坪高差。为防止室外的雨水倒流入室内,也为了防止室内过于潮湿,一般情况下,建筑的室内地坪要高于室外地坪。室内外的高差最少不应小于 150 mm。民用建筑常常采用 450 mm、600 mm、750 mm、900 mm 等室内外地坪高差。

其次,查看各楼层标高以及屋面或檐口标高。楼层的建筑标高是指楼地面的面层上表面处的标高,屋面标高指屋面结构层上表面的标高,檐口标高指屋面檐口处的标高。通过这些建筑标高可以知道建筑物的层高,这直接关系到管道的敷设所占的空间高度是否合适,是设备专业必须要知道的。

最后,查看建筑物总高和细部的一些标高。比如阳台、雨篷、门窗洞口等。

与平面图一样,剖面图的竖向尺寸也应标注三道尺寸线:

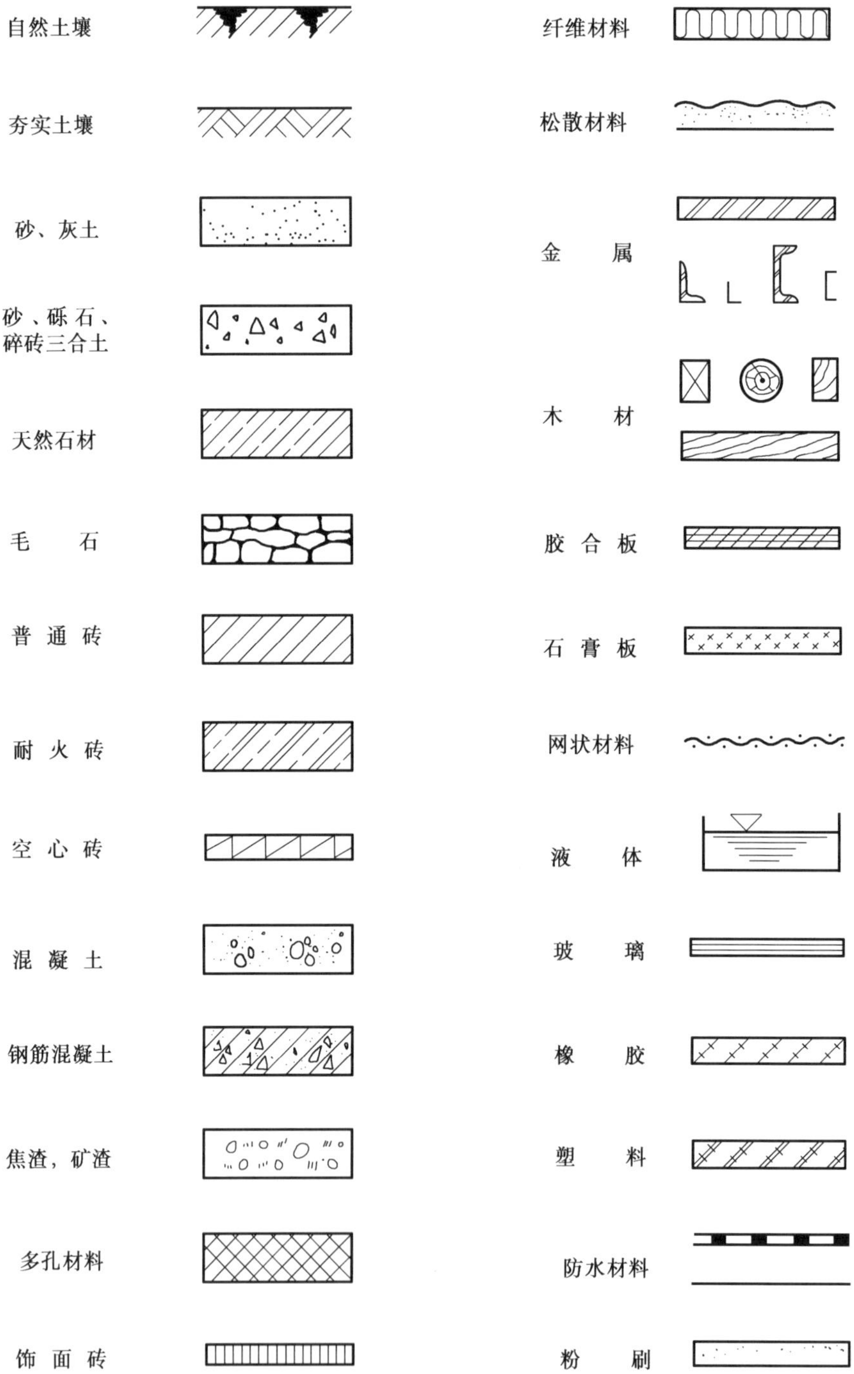

图 2.10　常用建筑材料图例

①第一道尺寸线。指离建筑物最近的尺寸线，标注外墙上门窗洞口高度和窗间墙尺寸或其他细部构造尺寸。

②第二道尺寸线。标注建筑物的层高。

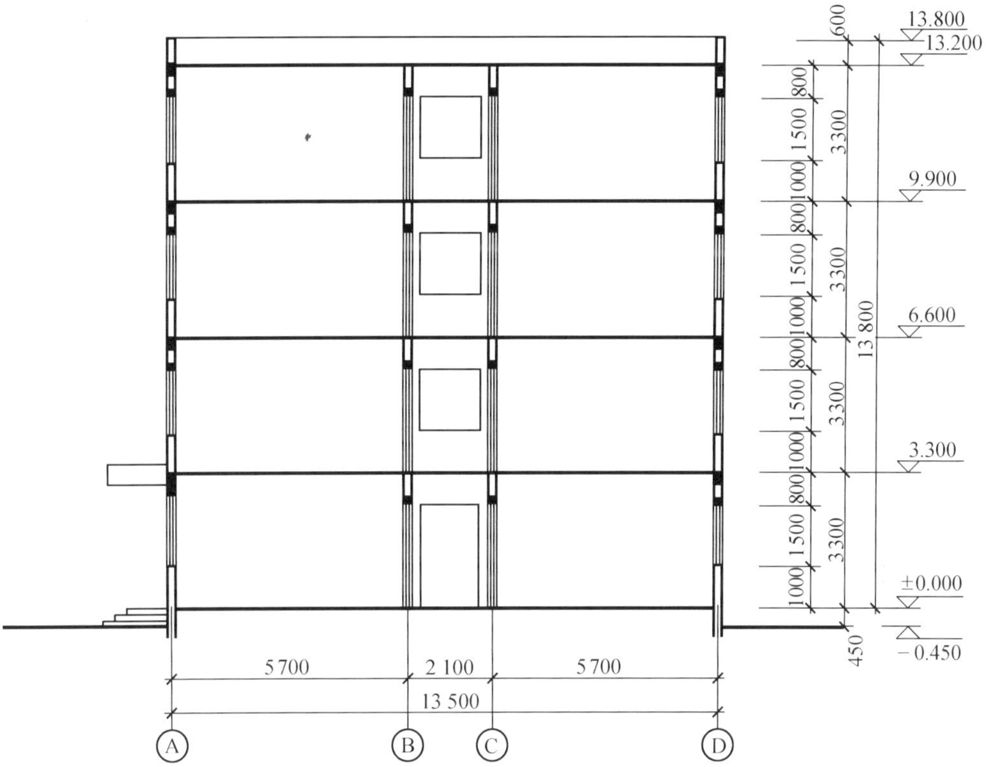

图 2.11　建筑剖面施工图

③第三道尺寸线。标注建筑物的总高度。指室外设计地坪到屋面檐口的高度。

从图 2.11 可以看出,该宿舍楼为四层,层高 3 300 mm,室内外高差 450 mm,女儿墙高 600 mm,建筑总高 13 800 mm。C-1 窗高 1 500 mm,窗台高 1 000 mm,窗洞口到上层楼面 800 mm。

2.6　大样详图的识读

为满足施工的要求,把平、立、剖面图中一些细部的建筑构造用较大比例的图样详细绘出,即是建筑节点详图(或叫大样详图)。

绘制详图的比例,一般有 1:50、1:20、1:10、1:5、1:2、1:1 等。由于详图的比例较大,在平面详图和剖面详图中,剖到的材料应该用不同的材料符号表示出来。各种材料符号见图 2.10。

详图的绘制深度,要求构造表达清楚,尺寸标注齐全,文字说明准确,轴线标高与相应的平、立、剖面图一致。不是特别复杂的,用一个详图即可表达清楚其构造做法;复杂的需要的详图也较多。

与平、立、剖面图相对应,详图也有平面详图、立面详图、剖面详图之分。凡是有详图的，具体的构造做法都应以详图为准。所以，大样详图是建筑施工图的重要组成部分。

一般房屋常见的详图主要有：檐口详图、墙身构造节点详图、楼梯详图、厨房及卫生间平面布置详图、阳台详图、门窗详图、建筑装饰详图、雨篷详图、台阶详图等。图 2.12 是一个墙身节点详图。

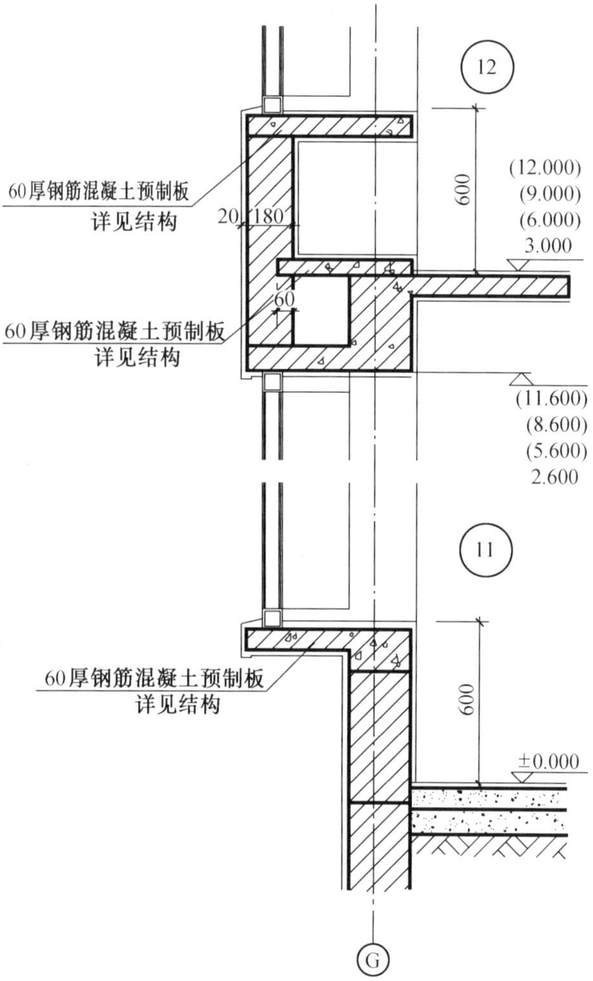

图 2.12　墙身节点详图

建筑施工图需要详图的数量是比较多的。对于一些常见的构造做法，为减少每套建筑施工图中详图的数量，常常编制成标准图，以供每个工程项目选用。适用范围较广的有国标、地区标(指中南地区、华北地区等)、省标等国家及地方的通用标准图，可供全国、某地区、某省份范围内的工程项目选用。小范围的有针对某一工程项目编制的通用图，使用范围仅仅是该项工程。无论是选用的标准图还是绘制的大样详图，为阅读的方便，都应有索引符号和详图符号进行编号。

索引符号是表示图上该部分另有详图表示的意思。它由用细实线绘制的直径为10 mm的圆和过圆心的水平细直线以及引出线组成 。在圆圈的上半圆和下半圆中均标有阿拉伯数字，上半圆中的数字表示详图的编号，下半圆的数字表示该详图所在图纸的编号。当详图与被索引的图样在同一张图纸上时，下半圆中用一短平实线表示。如果选用标准图中的详图时，在圆的水平直径延长线上加注标准图集的编号。详图索引符号如图 2.13 所示。

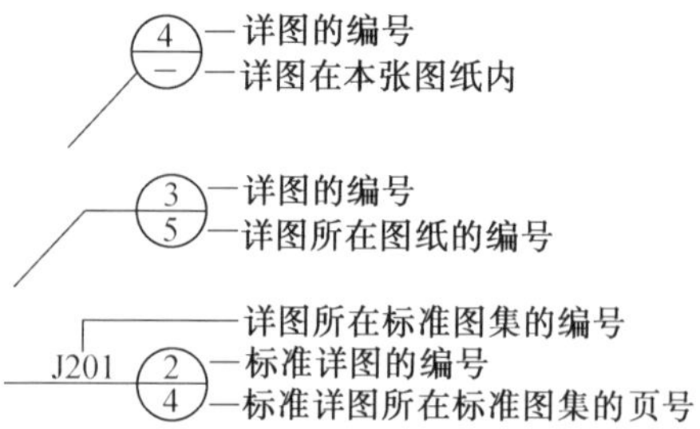

图 2.13　详图索引符号

当详图为剖面详图或断面详图时，在索引符号引出线的一侧，有一表示剖切位置的短粗实线，这个短粗实线在引出线的哪一侧，就表示该剖面(或断面)详图是从哪个方向所作的投影，如图 2.14 所示。

详图符号表示详图的位置和编号。是一直径为 14 mm 的粗实线圆圈，并在圆圈内标有阿拉伯数字或字母。当详图与被索引的图样在同一张图纸内时，圆圈内的阿拉伯数字就是该详图的编号;当详图与被索引的图样不在同一张图纸内时,圆圈内有一细实线分为上下半圆,上半圆内数字或字母为该详图编号,下半圆为被索引详图所在的图纸号,如图 2.15 所示。

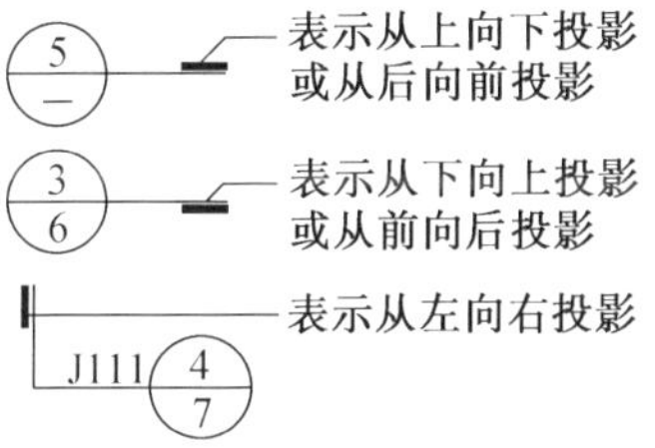

图 2.14　局部剖面详图的索引符号

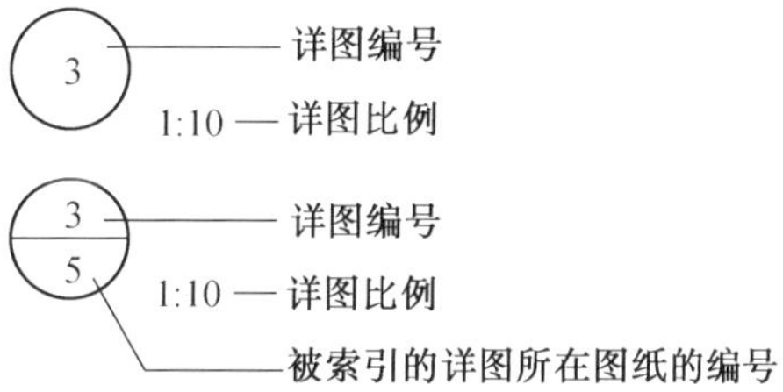

图 2.15　详图符号

大样详图比例较大,剖切构件的建筑材料都用相应的符号表示,构造层次较多时可用分层构造引出线加以说明,再加上大样详图的尺寸、标高标注的非常详细,读懂建筑大样详图并不困难。必须注意的是:根据详图的编号以及被索引图样的索引符号,弄清详图所在的位置,以及与周围相关构造的关系,做到先由整体到局部,再由局部回到整体中去。

图 2.16 是一个卫生间的平面布置大样详图举例。

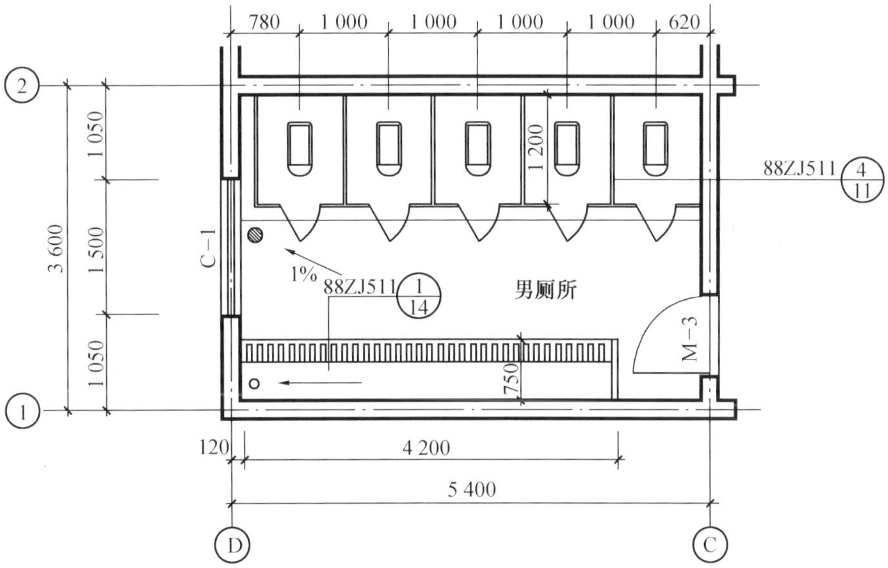

图 2.16　卫生间平面布置详图

复习思考题

1.熟悉常用的建筑图例。
2.定位轴线如何编号？需要分区时如何编号？
3.都有哪些字母不可以作为定位轴线的编号？
4.一套建筑施工图一般如何排序？
5.建筑设计说明一般都有哪些内容？
6.总平面图都包括哪些内容？
7.建筑平面图是怎样得来的？
8.怎样阅读建筑平面施工图？
9.怎样阅读建筑立面施工图？
10.怎样阅读建筑剖面施工图？
11.建筑详图的索引符号以及详图符号有哪些规定？

第3章　基础与地下室

3.1　地基与基础

3.1.1　地基和基础的概念

基础是建筑物墙体或柱子埋在地下的扩大部分，它是建筑的一个组成部分。

基础直接与下面的土层接触，作用是承受房屋的荷载(包括房屋的自重以及房屋内部的人、家具、设备，屋顶的积雪、房屋受到的风荷载等所有荷载)，并把荷载传给它下面的土层。可以看出，建筑物的基础是非常重要的。

地基指的是基础下面承受荷载的那部分土层。建筑的所有荷载最终都通过基础传给了地基土来承受，地基土层必须有足够的承载能力。地基和基础共同保证建筑物的坚固、耐久、安全。

尽管地基对建筑的正常使用十分重要，但地基不是建筑物的组成部分。

地基在保持稳定的条件下，每平方米所能承受的最大垂直压力称为地基的承载力(或叫地耐力)。当基础传来的荷载超过地基承载力时，地基将出现较大的沉降变形、滑动甚至于破坏。一般应该将基础与地基接触部分的尺寸扩大，尽量扩大基础的底面积，也就是扩大建筑物与地基土的接触面积，以减小地基单位面积上所受到的压力，使它在地基承载力的允许范围之内，才能保证房屋的使用安全。这就是我们所说的基础的"大放脚"。

地基在荷载作用下会产生应力和应变，并随土层深度的增加而减少。地基中压力需要计算的那部分土层称为持力层。持力层以下的那部分土层称为下卧层。

3.1.2　地基的分类

建筑物的地基是支承基础的土体或岩体，由各种各样的地基土组成的。这里所说的"土"是广义的一个概念。

地基土可分为岩石、碎石土、砂土、粉土、黏性土和人工填土等。

岩石土根据粒径大小又分块石(或漂石)、碎石(或卵石)、角砾(或圆砾)等。

砂土根据粒径大小又分砾砂、粗砂、中砂、细砂和粉砂。

黏性土根据塑性指数的大小又可分为黏土和粉质黏土。

粉土是界于砂土和黏土之间的地基土，是一种最为常见的地基土类型。

人工填土根据组成及其成因可分为素填土、杂填土、冲填土。

根据地基土的情况，地基可分为天然地基和人工地基两大类。

天然地基是指天然土层具有足够的地基承载力，不需经人工改良或加固就可以直接在上面建造建筑物的地基。上述的岩石、碎石土、砂土、粉土和黏性土等，一般情况下都可以作为天然地基。

人工地基是指地基土层的承载力较差，无法直接在上面建造建筑物，而必须经过人工加固才能在上面建造建筑物的地基。如杂填土、冲填土、淤泥或其他高压缩性土层。人工加固地基的方法有很多种，如压实法、换土法、挤密法、排水固结法、化学加固法、加筋法、热学法、桩基础等。常用的有压实法、换土法、挤密法、桩基础。

另外，所说的天然地基或人工地基，都是相对而言的，它与上部的荷载有很大关系。比如，建造一座多层或低层建筑时，因上部荷载不大而不需要人工加固地基，此时的地基称为天然地基；如果建造的是高层建筑，可能就需要进行人工加固，这时就成了人工地基。

3.2 基础的类型、材料与构造

基础是将结构所承受的各种作用传递到地基上的结构组成部分。根据分类方法的不同，基础有多种类型。

基础按照所用的材料及受力特点分，有无筋扩展基础和扩展基础两种类型。无筋扩展基础系指由砖、毛石、混凝土或毛石混凝土、灰土和三合土等材料组成的墙下条形基础或柱下独立基础，包括砖基础、毛石基础、混凝土基础、灰土基础、三合土基础等。扩展基础系指柱下钢筋混凝土独立基础和墙下钢筋混凝土条形基础。基础按照构造形式分，有条形基础、独立基础、整片基础(满堂基础)、桩基础等。

3.2.1 按材料及受力特点分类

1.无筋扩展基础

通过试验得知，凡是用抗压强度高而抗拉、抗剪强度低的材料砌筑的基础，比如砖基础，都具有共同的特征，它们的破坏是有一定规律的，总是沿一定角度 α 破坏(图 3.1)，只不过材料不同 α 角也不相同。这个角度 α 称为刚性角，并存在下面的关系：基础挑出的宽度 b_2 与高度 H_0 的比值是刚性角 α 的正切值($\tan \alpha$)，即

$$\tan \alpha = b_2/H_0$$

满足了上式要求，基础宽度就落在刚性角以内，故无筋扩展基础也称刚性基础或大放脚基础。

换句话说，所有的无筋扩展基础都要受刚性角 α 的限制，要想增加无筋扩展基础的底面积，就要增加基础的出挑宽度，而要想增加宽度就必须相应的增加基础的高度，否则，无筋扩展基础就会因底部受拉而破坏。随着基础高度的增加，基础的埋置深度也增加，这样，土方量、人工费、工程造价也随之而增加。因此无筋扩展基础的使用就有一定局限性。

工程中就是通过控制基础的宽高比来控制刚性角 α 的。

(1)砖基础

砖基础取材容易，价格低廉，但砖的强度、耐久性、耐水性、抗冻性都比较差。一般用于地基土质好、地下水位低的低层和多层砖木结构和砖混结构的墙承重式建筑。

砖基础的大放脚应砌筑成台阶式逐级放大，工程中有两种砌筑方法，都能满足刚性角

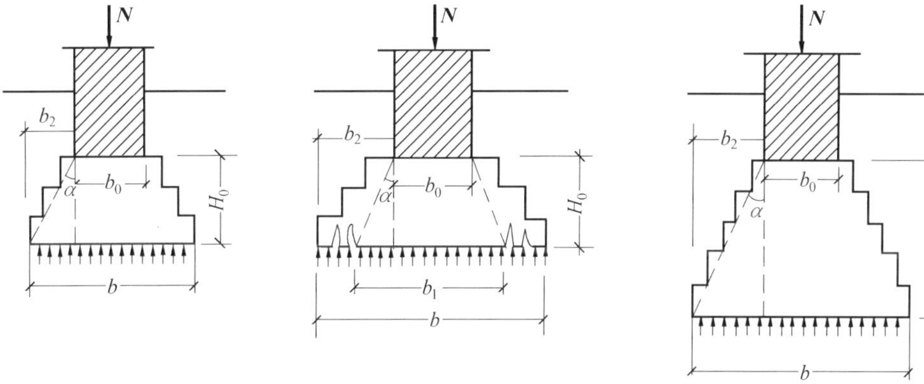

(a) 基础的 b_2/H_0 在允许范围内，基础底面不受拉

(b) 加大宽度，b_2/H_0 值超过允许范围，基础受拉而开裂破坏

(c) 高宽同时加大，b_2/H_0 值仍在允许范围内

图 3.1　无筋扩展基础的受力特点

的限制。一是采用每二皮砖挑出 1/4 砖和一皮砖挑出 1/4 砖相间砌筑；二是采用每二皮砖挑出 1/4 砖。基础砌筑前在基槽底部先铺 20 mm 厚砂垫层。

砖基础的构造见图 3.2。

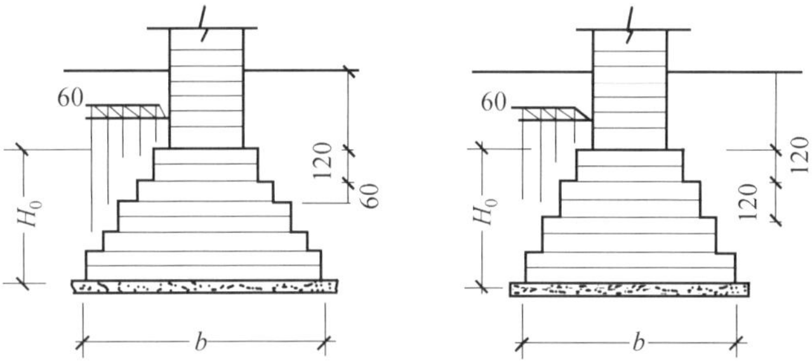

(a)二皮砖与一皮砖间隔挑出 $\frac{1}{4}$ 砖　　(b) 二皮砖挑出 $\frac{1}{4}$ 砖

图 3.2　砖基础的构造

(2)毛石基础

毛石基础是用中部厚度不小于 150 mm 的未经加工的块石和水泥砂浆砌筑而成的。由于石材强度高、抗冻、耐水性好，水泥砂浆也是耐水材料，毛石基础可用于地下水位较高、冻土深度较深地区的低层和多层建筑。用于取材较近地区的工程时造价也较砖基础低。

毛石基础多为阶梯形截面。当基础底面宽度 $b \leqslant 700$ mm 时，可以做成矩形截面。

毛石基础的构造见图 3.3。

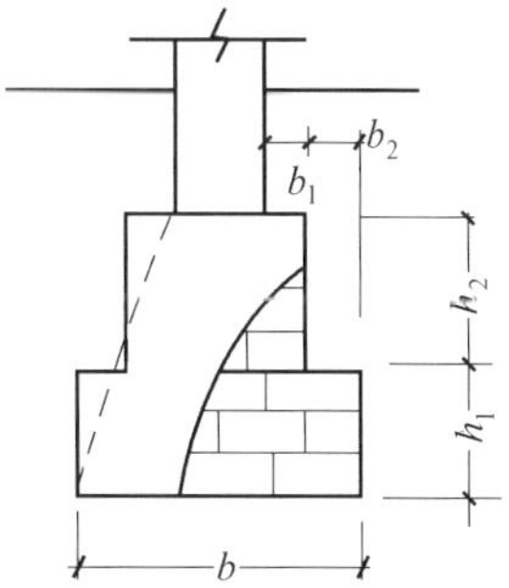

图 3.3　毛石基础的构造

(3)混凝土基础

混凝土基础坚固耐久，耐水性、抗冻性也好，刚性角也最大（$\alpha = 45°$），常用于有地下水和冰冻作用的建筑物基础。

混凝土基础的截面有矩形、阶梯形，当底面宽度 $b \geqslant$ 2 000 mm时还可以做成锥形。锥形断面能节约混凝土的用量,从而减轻基础自重。

有时为节省混凝土,常常在混凝土中加入粒径≤300 mm 的毛石,这种混凝土称为毛石混凝土。毛石混凝土基础所用毛石尺寸不得大于基础宽度的 1/3,毛石体积占全部基础总体积的 20%～30%,并且必须均匀分布。

混凝土基础的构造见图 3.4。

(4)灰土基础和三合土基础

灰土基础是指在砖基础下的灰土垫层作为基础的一部分考虑,并把它的承载力计算在内(图 3.5),这样可以节省一部分砌体材料。完全用灰土是无法做基础的,这一点必须弄清楚,三合土基础也是这个道理,是指砖基础下的三合土垫层考虑其承载力的基础。

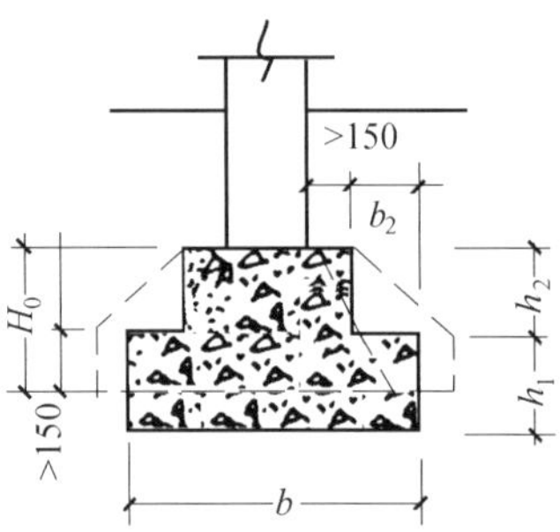

图 3.4　混凝土基础的构造

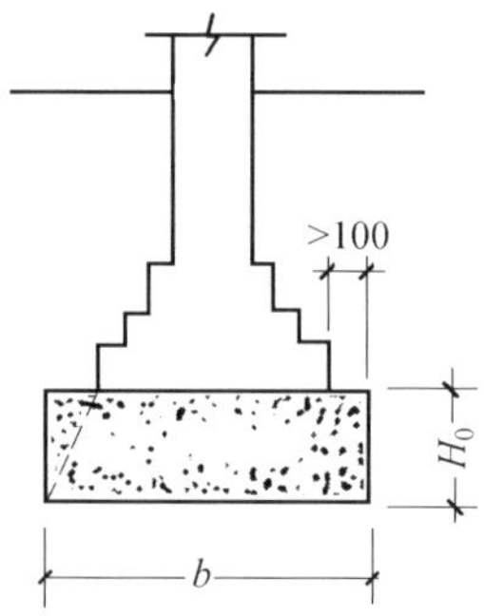

图 3.5　灰土基础的构造

灰土是由石灰和黏土加适量水拌和夯实而成的。根据石灰和黏土的体积比不同有三七灰土和二八灰土。施工时灰土每层虚铺 220 mm,夯实后厚度在 150 mm 左右,为一步,建筑物的上部荷载不同可选用不同的步数。

三合土是由石灰、砂、骨料(碎砖或石子)按一定体积比(一般为 1:3:6 或 1:2:4)加水拌和夯实而成的。做法与灰土也基本相同,或者采取先铺骨料、再撒石灰和砂的拌和物、后灌水洇实的方法施工。

灰土基础与三合土基础尽管可节省砖砌体,但抗冻性、耐水性差,只能用于地下水位以上、冻结深度以下。现在一般用得较少。

2.扩展基础

无筋扩展基础受刚性角的限制,这是由于无筋扩展基础本身的材料所决定的。如果基础采用抗压、抗拉、抗剪和抗弯能力都很强的材料,就不会受到刚性角的限制,基础即使要做得底面积较大,高度也不会太大,这种基础就称为扩展基础。

扩展基础一般是指用钢筋混凝土制作的基础。钢筋和混凝土联合工作,利用钢筋承受拉力,基础就可以承受剪力和弯矩。钢筋混凝土基础的受力较为合理,可以做得比较薄,又称为扩展基础(图 3.6)。钢筋混凝土基础下一般要做 70～100 mm 厚的混凝土垫层。

3.2.2　按基础的构造形式分类

1.条形基础

条形基础呈连续的带状,因此又叫带形基础。

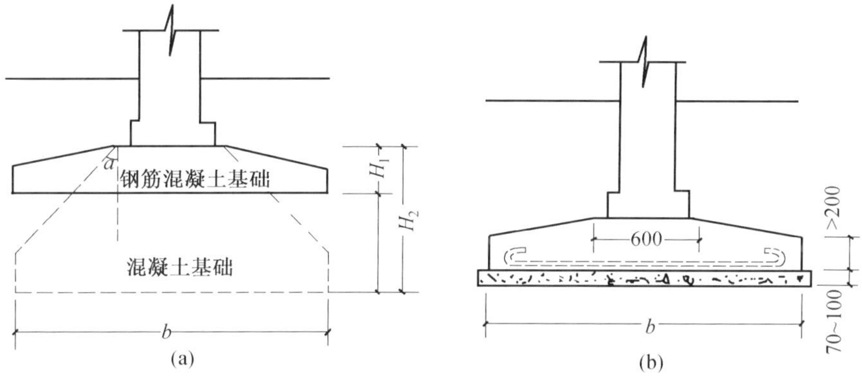

图 3.6　钢筋混凝土基础

条形基础一般是用在墙体承重结构的墙下,砖混结构的中小型建筑常用刚性基础,地基软弱时也可采用钢筋混凝土基础;剪力墙结构的高层建筑一般用钢筋混凝土条形基础。当地基土比较软弱时,骨架承重结构的柱下也可以采用条形基础。

条形基础的构造形式见图 3.7。

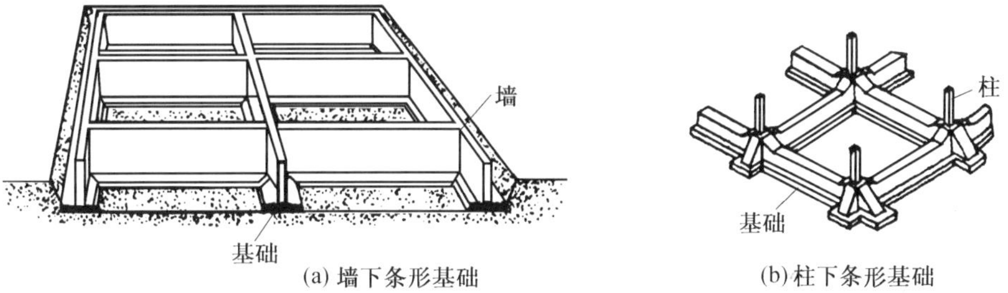

(a) 墙下条形基础　　(b) 柱下条形基础

图 3.7　条形基础

2.独立基础

独立基础呈柱墩形,因此又叫单独基础(图 3.8)。

独立基础一般是用在柱下,称柱下独立基础。墙下独立基础较少,只有基础需要埋得很深,而大面积开挖基槽不经济,或因受相邻建筑物的影响等因素无法大面积开挖时,可做成独立基础,在基础上放基础梁,然后在基础梁上砌筑墙体。

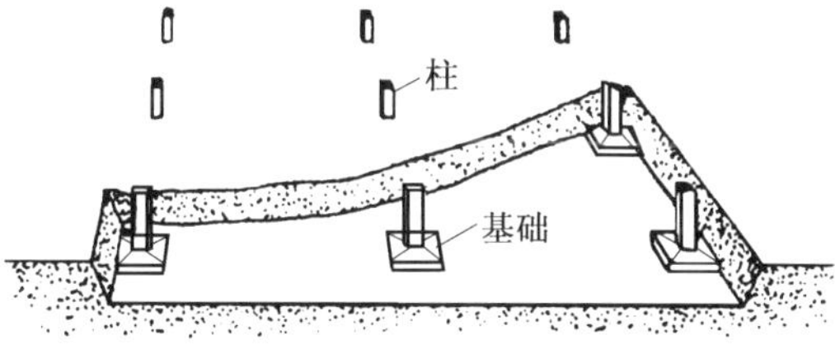

图 3.8　独立基础

3.整片基础

整片基础包括筏式基础和箱形基础两种类型(图 3.9)。

筏式基础也叫满堂基础、片筏基础,简称筏基。筏式基础一般用在墙下,也可用在柱下。

筏式基础因底面积较大,所以比条形基础的承载力要高一些,一般用于地基相对比较软弱的建筑物。它就像倒着放的楼盖,有板式和梁板式之分。板式筏基板面平整,尤其利用筏基作为地下室的底板时较为有利,但板厚较大;梁板式筏基受力合理,但板面上有梁,

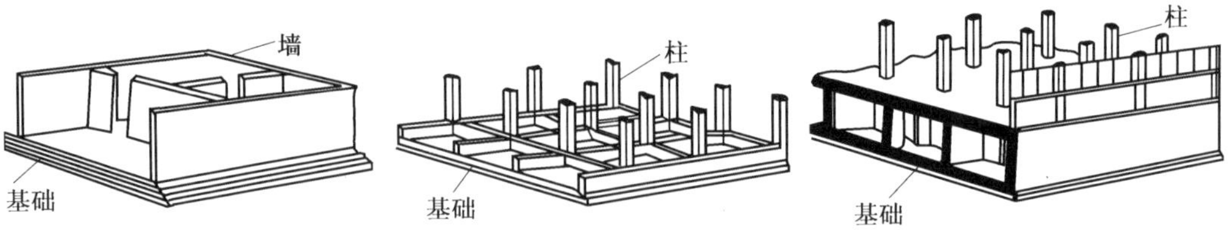

(a) 板式筏基　　(b) 梁板式筏基　　(c) 箱形基础

图 3.9　整片基础

如果用作地下室的地面时需进行处理。

如果把基础用钢筋混凝土浇筑成箱子的形式，由底板、顶板和侧墙组成，这样的基础就叫箱形基础。箱形基础内部空间可用作地下室。

对于高层建筑，基础一般需要埋得较深，为了增加建筑物的刚度和稳定性，提高基础的承载力，可以将地下室的底板、顶板和侧墙浇注在一起，形成箱形基础。箱形基础与筏式基础相比，无论它的承载力还是抵抗变形的能力都大大提高，因此，箱形基础一般用于荷载较大的高层建筑。

4.桩基础

当建筑物的上部荷载很大，并且地基土的上部软弱土层很厚，如果将基础埋在软弱土层不能满足要求，而如果采用对软弱土层进行人工处理又有困难或者不经济时，建筑物的基础可以考虑采用桩基础的形式。

桩基础可以节省基础材料，减少土方工程量，改善工人的劳动条件，缩短施工工期。尤其严寒地区在冬期施工，能省去开挖冻土的繁重劳动，但桩基础的造价相对较高。

桩的种类很多，按材料分有木桩、钢筋混凝土桩、钢桩等，目前大多采用钢筋混凝土桩；按断面形式分有圆形、方形、环形、六边形、工字形等，圆形桩用得较多；按入土方法不同分有打入桩、振入桩、压入桩、灌注桩。前三种一般是钢筋混凝土预制桩，灌注桩又分振动灌注桩、钻孔灌注桩、爆扩灌注桩。按传力的方式不同分为端承桩和摩擦桩两种形式。

通过桩尖将上部荷载传给较深坚硬土层的桩基础称为端承桩。端承桩适用于表层软弱土层不太厚而下部就是坚硬土层的地基情况，见图 3.10(a)。

主要通过桩与四周土层的摩擦力传递荷载的桩基础称为摩擦桩。摩擦桩适用于表层软弱土层较厚而坚硬土层相对较深的地基情况，见图 3.10(b)。

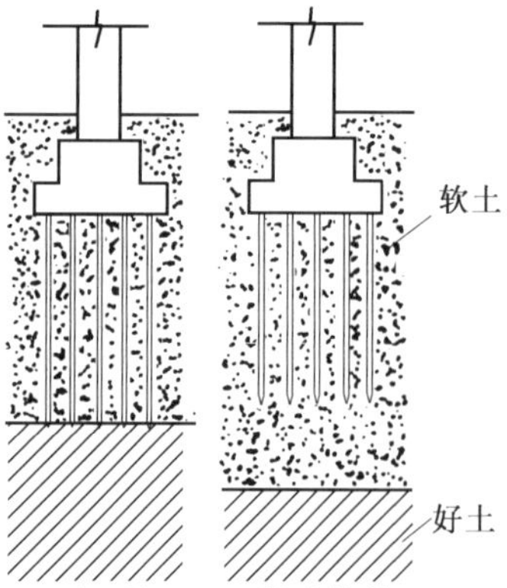

(a) 端承桩　　(b)摩擦桩

图 3.10　桩基础示意图

钢筋混凝土预制桩在工厂或施工现场预制，然后通过机械打入、压入、振入土中。预制桩制作简便，容易保证质量，承载力大，不受地下水位变化的影响，耐久性好，但自重大，运输吊装不便，施工时有较大振动和噪声，在市区对周围房屋有一定影响，并且造价也较高。

振动灌注桩是将端部带有活瓣桩尖或预制桩尖的钢

管通过机械沉入土中，至设计标高后，边灌注混凝土边慢慢拔出钢管，同时边锤击或振动钢管使混凝土密实，混凝土在孔中形成桩。桩的直径一般为 300 mm。振动灌注桩的优点是造价较低，根据地质情况桩顶标高容易控制，但施工时会产生噪声和振动。

钻孔灌注桩是使用钻孔机械在桩位上钻孔，取出孔中的土，然后在孔中灌注混凝土，形成混凝土灌注桩。如果在孔中先放入钢筋骨架再灌注混凝土，就成为钢筋混凝土灌注桩。为了增大桩端的阻力，钻孔到设计标高时，利用扩孔刀具加大底部直径，灌注混凝土后成为带扩大桩端的灌注桩，这种桩称为扩底灌注桩(图 3.11)。钻孔桩的优点是振动和噪声较小，施工方便，造价较低，对周围房屋没有影响，如果装上钻冻土的钻头，冬期也可以施工，因此，这种桩被广泛采用。但钻孔灌注桩桩尖处的虚土不易清除，会对桩基的承载力有所影响。

爆扩灌注桩简称爆扩桩。成孔方法有两种：一种是用人工或钻机成孔；另一种是先钻一细孔，在细孔内放入药条(装有炸药的塑料管)引爆成孔。然后用炸药爆炸扩大孔底，灌注混凝土，形成灌注桩(图 3.12)。因为爆扩桩有球状扩大桩端，所以它的承载力较高，施工也不复杂，但炸药爆炸对周围房屋有一定影响，市区内受限制，并且使用炸药也有事故危险。

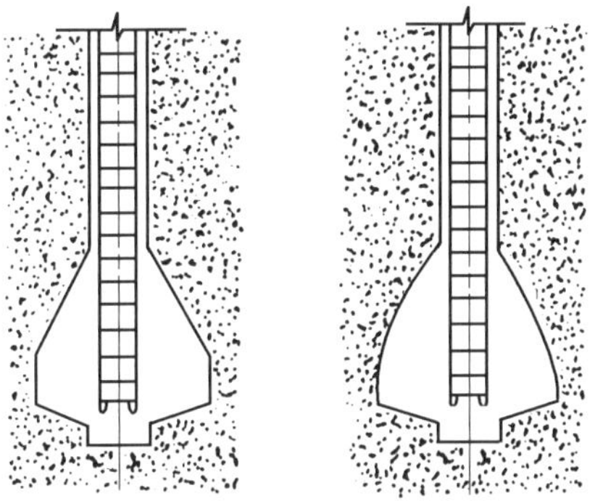

图 3.11　扩底灌注桩的扩大桩端

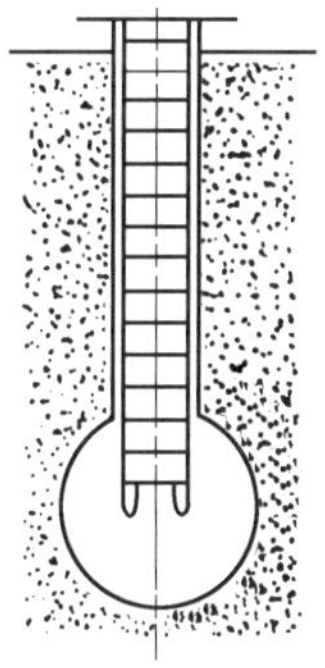

图 3.12　爆扩桩的扩大桩

桩的布置与上部结构的承重方式以及荷载的大小等因素有关。当上部为墙体承重方式时，墙体下的桩成排布置，可以是单排，也可以是双排；当上部为骨架承重时，柱子下的桩可以是单根，但一般是对称的多根。桩距由计算确定，但不得小于 3 倍的桩径或边长，扩底桩不宜小于 1.5 倍扩底直径，桩距的确定还应考虑土类与成桩工艺的影响。桩到承台边缘的距离不小于 0.5 倍桩径或边长。桩的布置见图 3.13。

桩的顶部要设置钢筋混凝土承台，用来支承上部结构。承台内的配筋要经过结构计算，并应满足上部结构的要求。桩的顶部应嵌入承台内，嵌入深度不宜小于 50 mm；若桩主要用于承受水平力时，嵌入深度不宜小于 100 mm。

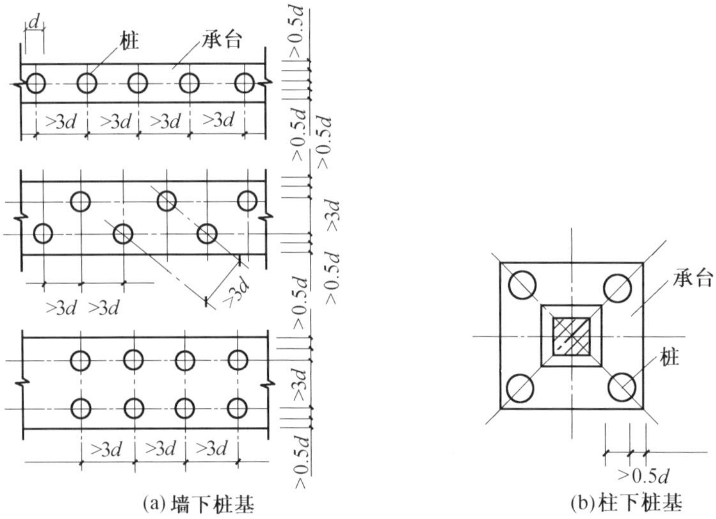

图 3.13　桩的布置示意图

3.3　影响基础埋置深度的因素

所谓基础的埋置深度，是指由室外设计地面到基础底面的垂直距离。

根据基础埋置深度的不同，基础可以分为深基础和浅基础。但深浅没有明显界线，一般认为，基础的埋置深度不超过 5 m 时称为浅基础，超过 5 m 属于深基础。

从工程造价的角度来看，基础的埋置深度越小越好，但实际上也不能过浅，以防止地基受到压力后把四周的土挤走，导致基础失稳而引起建筑物的破坏。另外，地表的土层有大量的植物根茎等易腐物质或垃圾类的杂填土，又受雨雪、寒暑等自然因素的影响较大，也会因机械碰撞等因素而"扰动"，这些都是过于浅埋时的不利因素。因此，基础的埋置深度一般不应小于 500 mm (图 3.14)。

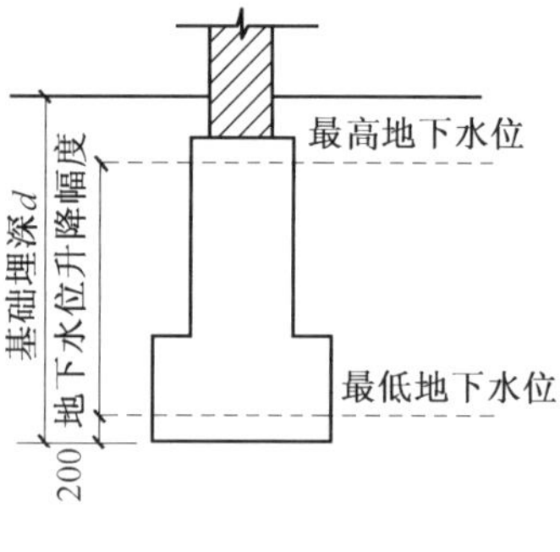

图 3.14　基础的埋置深度

影响基础埋置深度的因素有很多种。建筑物是否有地下室、地下的设备基础和地下设施情况、上部荷载的大小、基础的形式和构造等等，都会影响基础的埋置深度。当上部的结构确定后，主要考虑下面几个因素的影响。

3.3.1　地基土层构造的影响

建筑物必须建造在坚实可靠的地基土层上，不能建造在承载力低、压缩性高的软弱土层上。基础的埋置深度与土层构造的关系有六种典型的情况(图 3.15)。

(1)地基土由均匀的、压缩性小承载力高的好土构成，基础尽量浅埋，见图 3.15(a)。

(2)地基土上层为软土、下层为好土，且软土厚度在 2 m 以内时，基础应尽量埋在下层

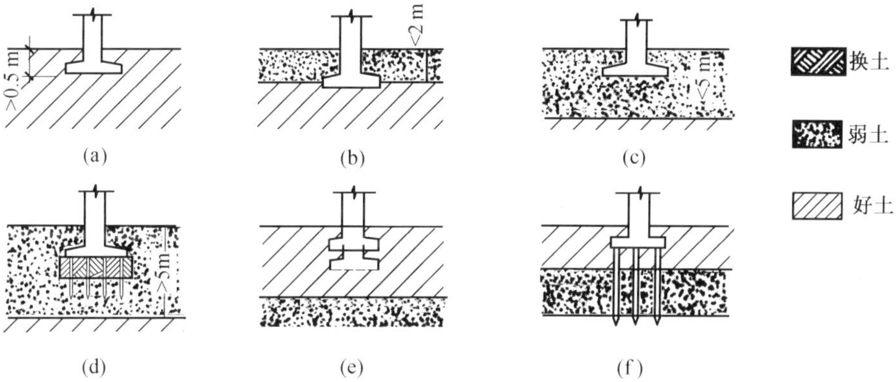

图 3.15　地基土层分布与基础埋深的关系

好土上，见图 3.15(b)。

(3)地基土上层为软土、下层为好土，软土层厚度为 2 ~ 5 m 时，上部荷载小的建筑物基础尽量争取浅埋，但应加强上部结构，加大基底面积，必要时对地基进行加固；上部荷载大的建筑物的基础一般埋在下层好土层上，见图 3.15(c)。

(4)地基土上层为软土、下层为好土，软土层厚度超过 5 m 时，上部荷载小的建筑物基础尽量浅埋，必要时加强上部结构、增大基底面积；上部荷载大的建筑物，究竟是埋在好土层上还是采用人工地基，要经过经济比较分析后再确定，见图 3.15(d)。

(5)地基土上层为好土、下层为软土，如果好土层有足够的厚度，此时的基础应该争取浅埋，同时对地基土的下卧层进行验算，见图 3.15(e)。

(6)地基土由好土和软土交替组成，对于荷载小的建筑物在不影响下卧层的情况下尽量浅埋于好土内；荷载大的建筑物可采用人工地基或桩基础，见图 3.15(f)。

3.3.2　地下水位的影响

地基土的含水量会影响它的承载力。比如黏性土随着含水量的增加，会导致体积膨胀、承载力下降。

在一年当中因各季节雨量不同，地下水位的高低也不同，房屋的基础如果埋在含水量有变化的地基土层内，对房屋的使用安全和寿命将带来不利影响。同时，地下水对基础施工也会带来一定的困难。因此，房屋的基础应该争取埋在最高地下水位线以上。

如果该地区的地下水位很高，而建筑物的基础又不得不埋得较深时，必须避开地下水位变化的范围，索性将基础埋在最低地下水位线以下不小于 200 mm 的土层内(图 3.16)。这时基础要选用有良好耐水性的材料，比如毛石、混凝土、毛石混凝土、钢筋混凝土等。

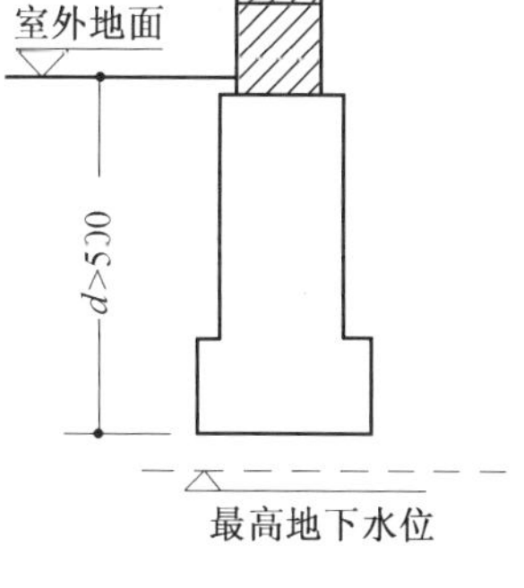

图 3.16　地下水位较高时的基础埋深

3.3.3　土的冻结深度的影响

土的冻结深度，主要与当地的气候有关。

在季节性冰冻地区，如果房屋的地基土属于冻胀性土，冬天由于地基土的冻胀而将整个房屋拱起，解冻后房屋又将下沉。冻结与融化又是不均匀的，房屋各部的受力也是不均匀的，这都会对房屋的稳定性产生破坏（也就是冻害）。

冬季室外气温低的严寒寒冷地区，土的冻结深度大。土的冻结是由土中的水分冻结造成的。水分冻结成冰体积膨胀，土随之而体积膨胀，膨胀的大小跟土中水分的多少以及土的颗粒大小有关。同样颗粒的土，含水率高的体积膨胀大；同样含水率的土，颗粒大的体积膨胀反而小（如岩石、沙土等）。按冻胀性地基土分为不冻胀土、弱冻胀土、冻胀土和强冻胀土。

为避免房屋受到冻害的影响，建造在冻胀性土地基上的建筑物，基础底面应埋置于冰冻深度以下不小于 200 mm，见图 3.17（a）。有时依据地基土的冻胀性类别、房屋采暖情况、室内外高差等条件，也可将基础埋在等于或小于冻结深度的土层内，见图3.17（b）、（c），具体要经过计算确定。

对于不冻胀土地基中的基础，埋置深度不受冻结深度的影响。

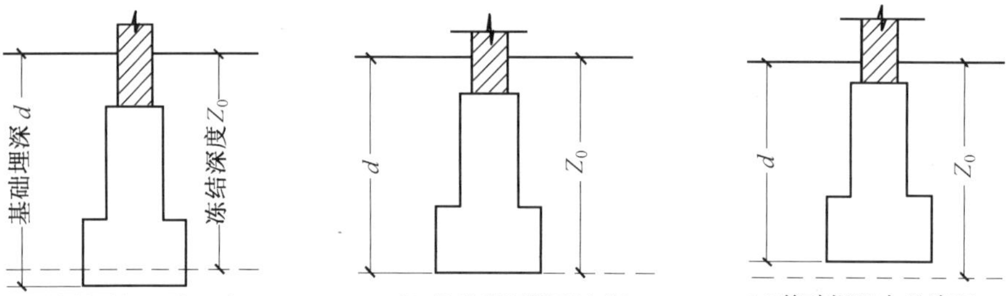

（a）基础埋深大于冻深　　（b）基础埋深等于冻深　　（c）基础埋深小于冻深

图 3.17　土的冻结深度与基础埋深

3.3.4　相邻建筑物基础的影响

贴邻原有建筑物建造新的建筑物时，不能影响原有建筑物的安全。

为防止原有建筑物基础下地基土的扰动破坏，保证原有建筑物的安全，新建房屋基础的埋置深度，应小于原有房屋基础的埋置深度。当新建建筑物的基础不得不埋得较深时，新建建筑物的基础必须离开原有建筑物的基础一定的净距离（图 3.18）。这个距离一般为这两个相邻基础的底面高差的 1～2 倍，即

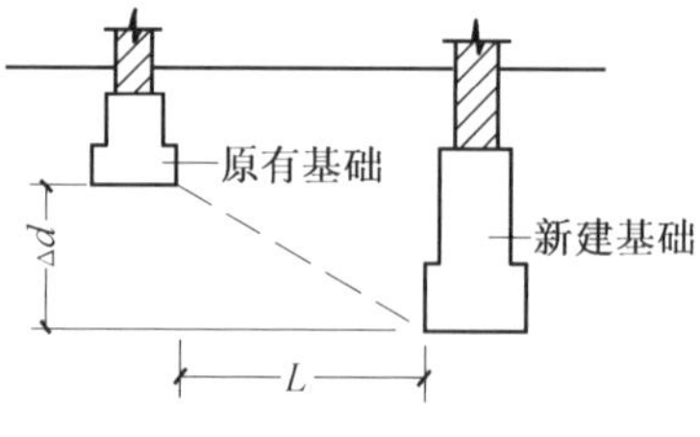

图 3.18　相邻基础的影响

$$L \geqslant (1 \sim 2)\Delta d$$

3.4 地下室及其防潮与防水构造

处在地下的房间称为地下室;处在半地下的房间称为半地下室。地下室可以增加一些使用空间,提高建筑空间的利用率,尤其是对于基础本身需要埋得较深的高层建筑,投资相对增加不多,利用地下室可作为车库、设备用房或库房等。

地下室按照其功能不同来划分,有普通地下室和人防地下室。人防地下室是指专门设置的战争期间人员隐蔽防御的工程,除了有一定厚度、坚固耐久外,还应有防止冲击波、毒气以及射线侵袭的特殊构造。同时,人防地下室应考虑和平时期的利用,做到平战结合。普通地下室指没有防空功能的普通地下室。

地下室按照构造形式划分,有全地下室和半地下室。全地下室是指地下室的顶板标高低于室外地坪,无法开高窗采光通风,或者开窗时只能设采光井。人防地下室大多为全地下室。半地下室则是指地下室的顶板标高高于室外地坪,侧墙上可以开设高侧窗采光通风,改善室内的使用条件。普通地下室常采用这种形式。

地下室一般由墙、底板、顶板、门和窗、采光井等部分组成(见图3.19)。

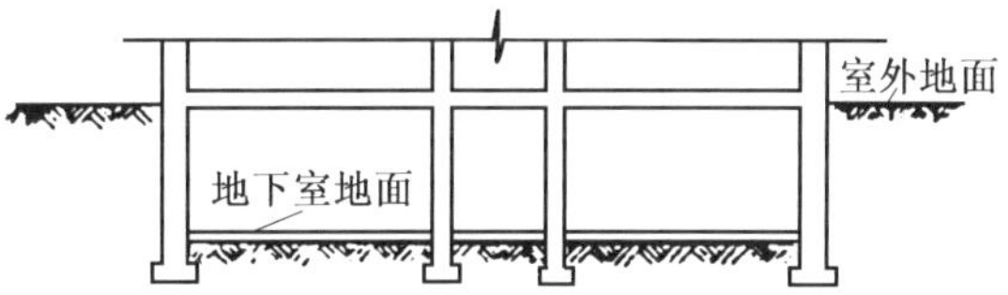

(a)全地下室

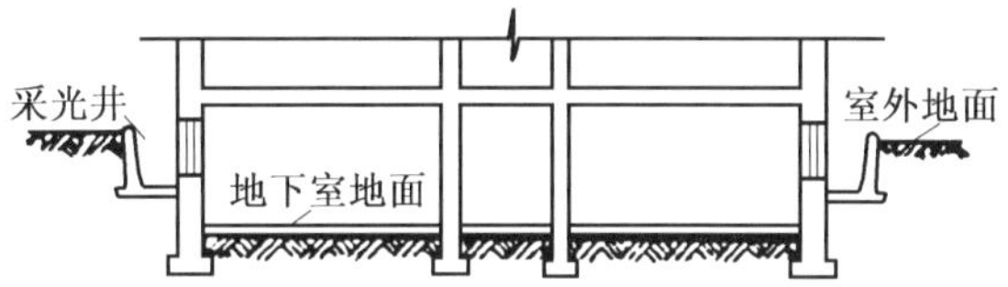

(b)半地下室

图3.19 地下室的构造组成

地下室的外墙和底板都埋在地下,常年受到土中的水分以及地下水的侵渗,如果不采取相应的构造措施,可能会导致室内墙体抹灰脱落、墙体霉变,室内空气潮湿,致使储存的物品因受潮而霉变,严重时地下水渗进室内,影响地下室的正常使用。很显然,地下室需要有能够防止受潮进水的构造措施。具体的构造做法,要根据地下水位的高低而定。

当最高地下水位低于地下室地面,土壤中又没有形成滞水,地下室的外墙和底板是受土壤中的毛细管水的作用,这些水分属于无压水,只需要做防潮处理。

所谓滞水是指因土壤的透水性较差,雨水等地面水无法较为迅速地渗透到地下而暂时积存在地基土中,也属于无压水,但量要比毛细管水大。

当地下水位常年高于地下室的地面,地下室的侧墙和底板受到有压水的作用时,在构造措施上必须做防水处理。

3.4.1　地下室的防潮

地下室的防潮处理相对简单。一般是在外墙的外侧做防潮层,常常采用涂刷热沥青防潮层的做法。因地下室的底板为钢筋混凝土材料,具有一定的抗渗性,只要施工中注意增加它的密实性,可不再考虑防潮构造。

侧墙防潮层的具体做法是先抹 20 mm 厚水泥砂浆,然后刷冷底子油一道、热沥青两道。同时,在地下室的底板和顶板处,还应该做墙身水平防潮层各一道(具体做法见第 4 章的墙身细部构造)。

建筑物周围的回填土,在防潮层的外侧应用弱透水性土(如黏土、灰土等)回填,并分层夯实,宽度不小于 500 mm,以减少水向地下室外墙的渗透,称为隔水层。

地下室的防潮处理见图 3.20。

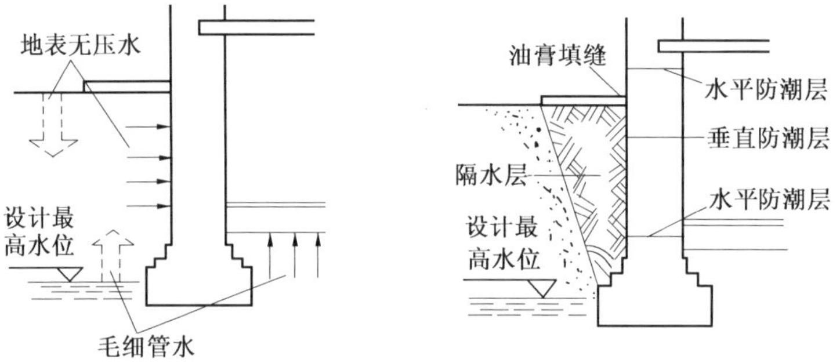

(a)毛细管水和无压水　　(b)地下室的防潮处理

图 3.20　地下室的防潮处理

3.4.2　地下室的防水

地下室的防水构造,根据地下室墙体材料的不同,一般有卷材防水和钢筋混凝土构件自防水两种措施。

砌体结构的地下室(比如砖墙),抗渗性差且不宜受潮,一般采用卷材做防水层。

钢筋混凝土结构的地下室,若墙体也是钢筋混凝土材料,可以通过提高混凝土自身的密实性达到防水的目的,称为构件自防水。

对于防水要求较高的建筑物,可以在构件自防水的外侧再附加卷材防水层,以确保防水的效果。底板的防水做法与地下室外墙的防水做法应该是一致的,要么都是卷材防水,要么都是构件自防水,要么是构件自防水外加卷材防水。

1.卷材防水方案

地下室的卷材防水根据防水层所处位置的不同分为外防水和内防水(图 3.21)。

外防水指防水层粘贴在地下室结构层的外侧,处于迎水面上,防水效果较好,一般采用较多。内防水指防水层粘贴在地下室结构的内侧,处于背水面,防水效果较差,但便于施工、修补,常用于修缮工程。

对于普通防水卷材防水层的层数,是根据地下水位的最大计算水头(指最高设计地下水位高于地下室底板下皮的高度)来确定的。最大计算水头 $\leqslant$3 m 时用三层卷材(即三毡

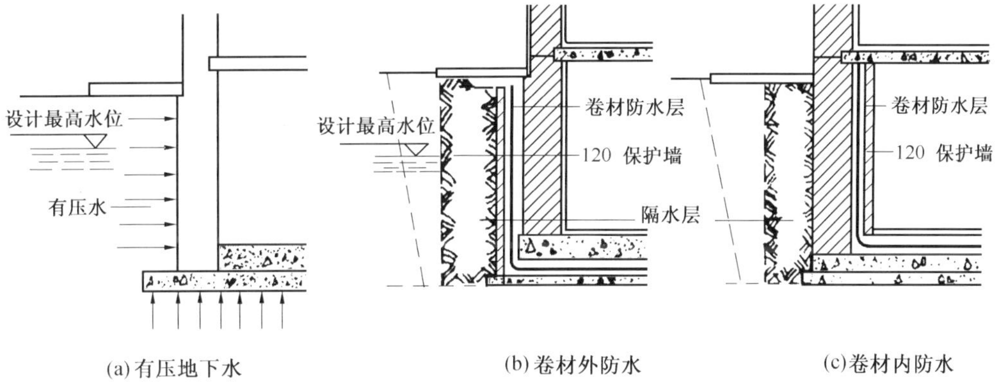

图3.21　地下室卷材防水构造

四油)；最大计算水头3～6 m时用四层卷材；最大计算水头6～12 m时用五层卷材；最大计算水头>12 m时用六层卷材。采用性能好的防水卷材时层数可适当减少。

外防水的防水层施工时，在地下室外墙表面抹20 mm厚1:3水泥砂浆找平层，在找平层上粘贴卷材，并保证卷材高度高出最高水位300 mm。在防水层外要砌半砖厚的保护墙，保护墙与防水层之间的缝隙用水泥砂浆填实，以保证保护墙与防水层接触良好。外防水的保护墙下干铺油毡一层，沿长度方向每隔5～8 m设通高的垂直断缝，保证保护墙在土的侧压力下紧紧压向防水层。

墙身上的垂直防水层与地下室底板的水平防水层在转角部位的交接，必须牢固可靠，确保防水效果，处理不当将导致渗漏。外防水常见的有回接法和换接法两种处理方法。

2.构件自防水方案

当地下室的墙体采用钢筋混凝土结构时，可以与底板一起采用防水混凝土浇筑，使构件同时具有承重、围护、防水三种功能。因为混凝土本身的防水性能就较好，可以利用改善混凝土的级配、适当延长振捣时间等措施，提高混凝土的密实性和抗渗性，或者在混凝土中添加外加剂，制成防水混凝土。构件自防水与再在其外做卷材防水层相比，造价较低，施工简便。

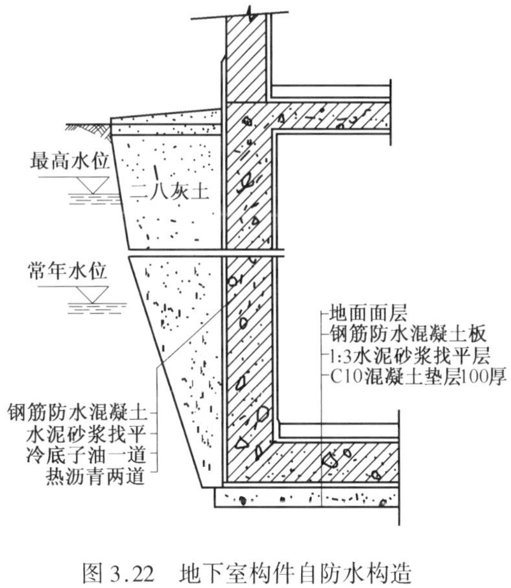

图3.22　地下室构件自防水构造

为保证混凝土的抗渗效果，防水混凝土墙和底板的厚度不能太薄，一般墙的厚度应不小于250 mm；板的厚度应不小于150 mm。

一般应在混凝土外墙上抹水泥砂浆后，涂刷热沥青两道，以防止地下水的侵蚀。

地下室钢筋混凝土构件自防水的构造见图3.22。

3.5 管道地沟与管道穿基础

3.5.1 管道地沟

在民用建筑中,无论采暖管道还是给排水管道,进户干管均须埋地敷设,对环境质量要求较高的高级建筑物,电缆进户线也应埋地敷设。各种埋地敷设的工程管线,或直埋或管沟敷设,为便于维修采暖管道常常采用管道地沟敷设的方式。

管道地沟由底板、侧墙和盖板组成。底板一般为水泥砂浆砌砖或浇注混凝土,土质较好的也可直接砌筑侧墙。侧墙一般采用水泥砂浆砌砖,盖板为预制钢筋混凝土盖板。

管道敷设的方式根据地沟而定。对于不通行地沟,一般沿板底敷设,并在管道接口处用混凝土支座加以支撑,电缆可用支架沿沟壁敷设。对于半通行或通行式地沟,管道一般沿沟壁敷设于管道支架上,以便于维修。

3.5.2 管道穿基础

供热采暖管道、室内给排水管道以及电气管线进户时,都会与建筑物的基础和基础墙发生关系。

采暖系统的供热水平干管和回水水平干管,一般通过采暖地沟的形式敷设,管道须穿过建筑物的基础或者基础墙。有时也采用架空敷设,在室外纵横交错,影响外部环境,民用建筑多用于改造工程,工业建筑可以采用这种形式。室外给水排水管网都埋在地下,通向室内的给水干管和房屋通向室外的排水干管,也必须穿过房屋外墙的基础或基础墙。电气管路的进户线采用埋地电缆穿管施工时,也要穿越建筑物的基础墙。

管道穿基础或基础墙时,应按施工图纸上标注的管道平面位置及标高,在基础施工时,预埋管道套管或预留装设管道的孔洞。混凝土和钢筋混凝土结构一般是埋设套管;砌体结构则预留孔洞。

预留孔洞尺寸见表 3.1。

表 3.1 预留孔洞尺寸与管径的关系

管道穿基础预留洞尺寸		
管径 d/mm	50 ~ 75	≥100
预留洞尺寸(宽×高)/mm	300×300	$(d+300)(d+200)$

当预留孔洞的尺寸较大时,应在其上部设置过梁,将上部荷载传至两侧墙体。敷设管道后周围的缝隙,用黏土填实,两端用 1∶2 水泥砂浆封口,见图 3.23(a);或者先封堵沥青麻丝,再抹石棉水泥,最后两端用 1∶2 水泥砂浆封口。

要尽量避免管道从基础下面穿过,因为管道敷设时会使原始状态的地基土变得疏松,必须经过处理后才能施工基础。但这种情况有时也是难以避免的,比如基础的埋置深度很小而管道的埋置深度却很深时,管道就不得不从基础下进入室内,见图 3.23(b)。

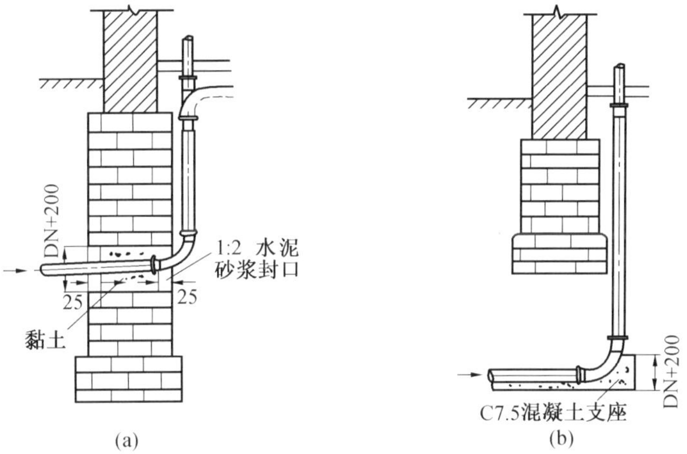

图3.23　管道穿基础的构造

供电导线或电缆埋地敷设时，一般不宜穿建筑物和设备的基础，防止基础在有沉降发生时引起线路的破坏。必须穿基础时要穿管保护，使它具有足够的强度抵抗基础的沉降。一般穿线管采用无缝钢管，且管内导线必须是没有接头完整无损的整根导线。与其他管道穿基础的构造一样，基础墙内要预埋套管或预留孔洞。

地下水位较高地区的建筑物，要做好管道穿基础处的防水处理。

复习思考题

1.什么是地基？什么是基础？地基、基础、荷载有什么关系？

2.地基土如何分类？地基如何分类？

3.基础按材料和受力特点分有哪些类型？

4.什么是无筋扩展基础？无筋扩展基础有哪些类型？无筋扩展基础有什么特点？

5.什么是扩展基础？扩展基础有什么特点？

6.基础按构造形式分有哪些类型？适用范围是什么？

7.桩基础有哪些形式？

8.影响基础埋置深度的因素有哪些？

9.地下室有哪些类型？地下室的构造组成有哪些？

10.地下室的防潮或者防水如何确定？

11.地下室的防潮一般采取哪种做法？

12.地下室的防水有哪些处理方法？

13.管道如何穿基础？

第4章 墙　　体

4.1 墙体的类型与要求

在一般砖混结构房屋中，墙体是主要的承重构件；墙体的重量占建筑物总重量的40% ~ 45%，墙的造价占全部建筑造价的30% ~ 40%。在其他类型的建筑中，墙体可能是承重构件，也可能只是围护构件，但它所占的造价比重也较大。因而在工程设计中，合理的选择墙体材料、结构方案及构造作法十分重要。

4.1.1 墙体的类型

建筑物的墙体根据所在位置、受力情况、材料及施工方法的不同有如下几种分类方式。

1.墙体按所在位置分类

墙体按所处位置不同可分为外墙和内墙、纵墙和横墙。位于房屋周边的墙统称为外墙。它主要是抵御风、霜、雨、雪的侵袭和保温、隔热，起围护作用。凡位于房屋内部的墙统称为内墙。它主要起分隔房间的作用。沿建筑物短轴方向布置的墙称为横墙，有内横墙和外横墙，外横墙也叫山墙。沿建筑物长轴方向布置的墙称为纵墙，又有内纵墙和外纵墙之分。对于一片墙来说，窗与窗之间和窗与门之间的墙称为窗间墙。墙体各部分名称见图4.1。

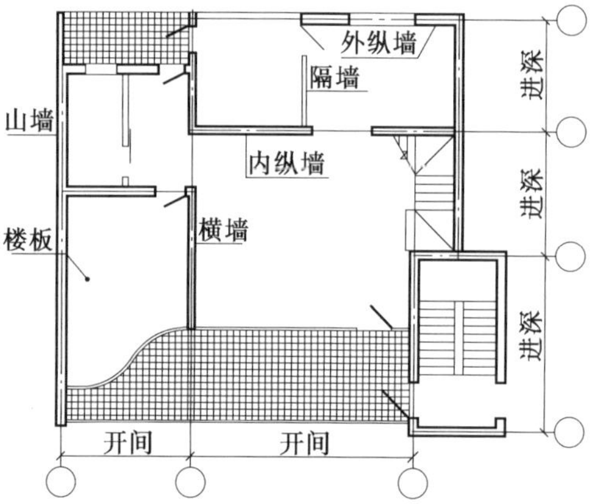

图4.1　墙体名称

2.墙体按受力状况分类

墙体按结构受力情况分为承重墙和非承重墙。承重墙承受上部结构传来的荷载；非承重墙不承受外来荷载。非承重墙又可分为两种：一是自承重墙，不承受外来荷载，仅承受自身重量并将其传至基础；二是隔墙，起分隔房间的作用，不承受外来荷载，并把自身重量传给梁或楼板。框架填充墙就是隔墙的一种。悬挂在建筑物外部的轻质墙称为幕墙，包括金属幕墙和玻璃幕墙。

3.墙体按材料分类

墙体按所用材料分种类很多。用砖和砂浆砌筑的墙称为砖墙；用石块和砂浆砌筑的墙称为石墙；用土坯和黏土砂浆砌筑的墙或在模板内填充黏土夯实而成的墙称为土墙；另外还有混凝土墙、砌块墙等。

4.按构造方式分类

墙体按构造方式不同有实体墙、空体墙和复合墙三种。实体墙是由普通黏土砖及其他实体砌块砌筑而成的墙体;空体墙是由普通黏土砖砌筑的空斗墙或由空心砖砌筑的具有空腔的墙体;复合墙是由两种或两种以上的材料组合而成的墙体,见图4.2。

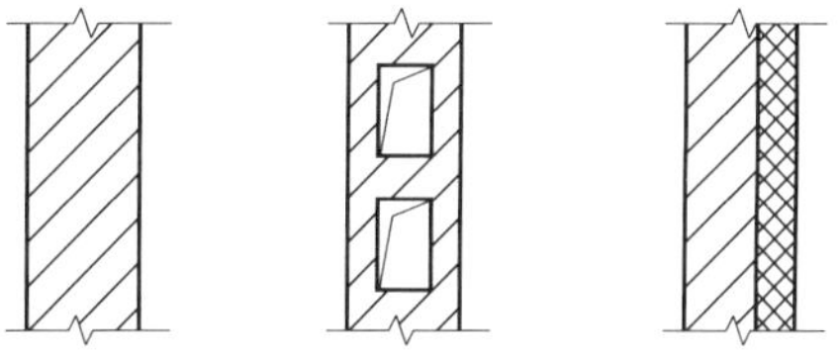

图4.2　墙的种类

5.按施工方法分类

墙体按施工方法不同有叠砌墙、板筑墙和装配式板材墙三种。叠砌墙是将各种预先加工好的块材,如黏土砖、灰砂砖、石块、空心砖、中小型砌块,用胶结材料(砂浆)砌筑而成的墙体;板筑墙则是在施工时,直接在墙体部位竖立模板,在模板内夯筑黏土或浇筑混凝土振捣密实而成的墙体,如夯土墙、混凝土墙、钢筋混凝土墙等;装配式板材墙是将工厂生产的大型板材运至现场进行机械化安装而成的墙体,这种墙面积大,施工速度快,工期短,是建筑工业化的发展方向。

4.1.2　墙体的承重方案

墙体通常有以下四种承重方案:

1.横墙承重方案

适用于房间使用面积不大,墙体位置比较固定的建筑物,如住宅、宿舍、旅馆等。可按房屋的开间设置横墙,楼板两端搁置在横墙上,横墙承受楼板等外来荷载,连同自身的重量传给基础。横墙的间距即楼板的标志长度,也就是开间尺寸,一般在4.2 m以内较为经济。横墙承重方案横墙数量多,房屋的空间刚度大,整体性好,对抗风、抗震和调整地基不均匀沉降有利。但是建筑空间组合灵活性较差。在横墙承重方案中,纵墙起围护、分隔和将横墙连成整体的作用,它只承担自身的重量,所以对在纵墙上开门窗洞口的限制较少,见图4.3(a)。

2.纵墙承重方案

适用于房间使用上要求有较大空间,墙体位置在同层或上下层之间可能有变化的建筑,如教学楼中的教室、阅览室、实验室等。通常把大梁或楼板搁置在内、外纵墙上。此时纵墙承受楼板自重及活荷载,连同自身的重量传给基础和地基。在纵墙承重方案中,由于横墙数量少,房屋刚度差,应适当设置承重横墙,与楼板一起形成纵墙的侧向支撑,以保证房屋空间刚度及整体性的要求。纵墙承重方案空间划分较灵活,但设在纵墙上的门、窗大小和位置将受到一定限制。相对于横墙承重方案来说,纵墙承重方案楼板材料用量较多,见图4.3(b)。

3.纵横墙承重方案

适用于房间变化较多的建筑,如医院、实验楼等。可根据需要布置,房间中一部分用横墙承重,另一部分则用纵墙承重,形成纵横墙混合承重方案。此方案建筑组合灵活,空间刚度好,墙体材料用量较多,适用于开间、进深变化较多的建筑,见图4.3(c)。

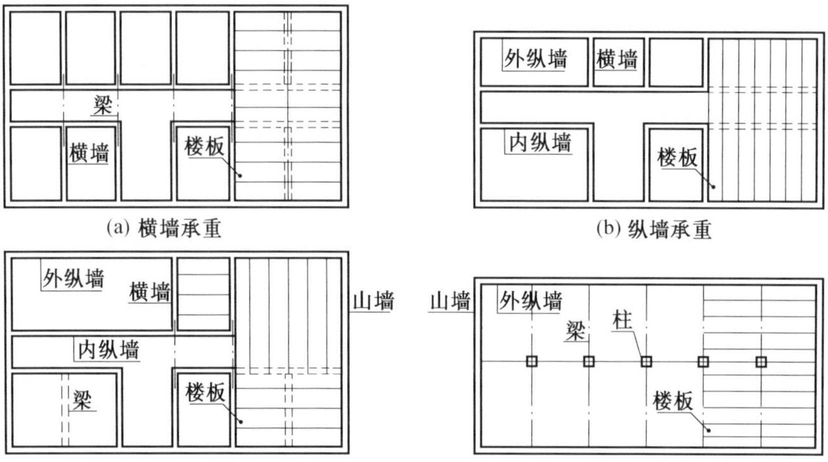

(a) 横墙承重　(b) 纵墙承重　(c) 纵横墙承重　(d) 半框架承重

图 4.3　墙体结构布置方案

4.部分框架承重方案

当建筑需要大空间时,如商店、综合楼等,采用内部框架、四周墙体承重,楼板自重及活荷载传给梁、柱或墙。房屋的整体刚度主要由框架保证,因此水泥及钢材用量较多,见图 4.3(d)。

4.1.3　墙体的要求

1.满足强度和稳定性要求

强度是指墙体承受荷载的能力。在混合结构中,墙除承受自重外,主要支承整个房屋的荷载。设计墙时要根据荷载及所用材料的性能,通过计算确定墙身的厚度。地震地区还应考虑地震作用下墙体承载力。一般砖墙的强度与所用砖的标号、砂浆标号及施工技术有关。

墙体的稳定性与墙的高度、长度、厚度等关系很大。在施工中要求倾斜度不得超出其允许误差。墙本必须保证一定的高厚比。

2.满足热工性能要求

墙除了防御风、雨、霜、雪等自然现象的直接侵袭外,还应满足热工方面的要求。也就是冬天保温、夏天隔热,并防止内部表面结露与空气渗透等问题。

在冬季采暖地区,为减少室内热量的散失,要求墙体应具有足够的热阻(图 4.4)。墙体热阻的大小直接影响墙的保温或隔热性能,影响建筑的节能效果。为增加墙体热阻,提高外墙保温能力,可以从以下几个方面入手:

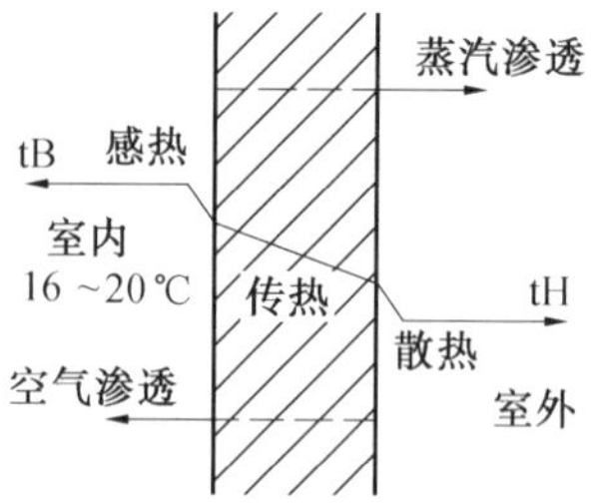

图 4.4　围护结构中热的传播途径

(1)增加外墙厚度。如北方地区为保温需要,常将墙厚由一砖墙增加为一砖半墙或两砖墙。

(2)选用热阻大、导热系数小的材料作为墙体。这些材料孔隙率高、容重小、保温效果好，但往往强度不高，不能承受较大的荷载，一般用作框架填充墙等。也可用复合材料作为墙体。例如可以用加气混凝土作保温材料与钢筋混凝土承重墙组成复合墙。

(3)防止出现凝结水。如果墙内温度低于露点时，蒸汽就在墙内产生凝结水，这时会使墙体的保温性能降低。如果在围护结构内表面或内部出现蒸汽凝结现象，不但会影响围护结构的保暖性能，影响正常使用，而且也严重地影响了围护结构本身的耐久性。构造处理上一般将导热系数小的保温材料放在温度低的一边，并在高温一侧设置隔蒸汽层，阻止水蒸气进入保温层内。隔蒸汽层常用卷材、防水涂料或薄膜等材料。

(4)防止空气渗透。由于风压及室内外温度差(热压)的作用，空气往往由高压通过围护结构的空隙流向低压一侧，称为空气渗透。由热压引起的渗透，空气从室内向外渗透；由风压引起的渗透，室外冷空气由临风方面向内渗透，使室内温度引起变化。避免空气渗透的措施，有选择密实度高的墙体材料、砌筑密实、墙体内外加抹灰层、加强门窗等构件连接处的密封处理等。

炎热地区夏季太阳辐射强烈，为避免室外热量传入室内，外墙应具有足够的隔热能力，外墙的隔热一般可采取以下措施：

(1)选用热阻大、容重大的墙体材料，减少外墙表面的温度波动，提高其热稳定性。如砖墙、土墙等。

(2)选用外表面光滑、平整、浅色的墙体材料，以增加对太阳的反射能力。

(3)建筑布局合理，朝向良好，避免西晒，通风条件好，门窗洞口位置、大小、开启方式合适，并尽量避免阳光直射室内。

3.满足隔声要求

声音的大小在声学中用声强级来表示，单位为“分贝”(dB)。建筑物各类主要用房的允许噪声级不应大于表4.1中数值。为了避免来自室外或相邻房间的噪声干扰，要求墙体必须有一定的隔声能力。一般双面抹灰的一砖墙(240 mm厚)，隔声量可达45 dB，基本能满足隔声要求。半砖墙(120 mm厚)的隔声量约为30 dB。

表4.1　允许噪声级

用房类别	允许噪声级/dB
睡眠用房	50(昼)、40(夜)
无特殊安静要求的房间	55
有语音消晰要求的用房	50
有音质要求的用房	40

4.其他方面的要求

(1)防火要求：应根据建筑物的耐火等级选择燃烧性能和耐火极限符合防火规范规定的材料。在面积较大的建筑中，有时需要设置防火墙，将建筑物分成若干区段，以防止火灾蔓延。

(2)防水防潮要求：卫生间、厨房、实验室等有水的房间及地下室的墙应采取防水、防潮措施。选择合适的防水材料和构造做法，保证墙体的坚固耐久性，使室内有良好的卫生环境。

(3)建筑工业化要求：在大量民用建筑中，墙体工程量占相当的比重。墙的重量约占建筑总重量的40%～65%，造价占30%～40%，同时劳动力消耗大，施工工期长。因此，墙体改革是建筑工业化的关键性步骤，必须改变手工生产及操作，提高机械化施工程度，提高工效，降低劳动强度，并应采用轻质高强的墙体材料，以减轻自重，降低成本。

4.2 墙体的材料与性能

墙体根据所用材料的不同有多种类型。主要有砖墙、预制砌块墙、地方材料墙及幕墙等。

4.2.1 砖墙

砖墙包括砖和砂浆两种材料，砖墙是用砂浆将砖块按一定规律砌筑而成的砌体。

1.砖

砖的种类很多，从材料上分有黏土砖、灰砂砖、水泥砖、煤矸石砖、页岩砖及各种工业废料砖（如炉渣砖）等。从形状上看有实心砖及多孔砖，其中普通黏土实心砖使用最为普遍。普通黏土砖是以黏土为原料，经成型晾干后焙烧而成。其颜色有青砖和红砖之分，开窑后自行冷却者为红砖，若在出窑前浇水闷干者，使红色的三氧化二铁（Fe_2O_3）还原成青色的四氧化三铁（Fe_3O_4），即为青砖，青砖多为手工砖，强度较低，仅能达到MU7.5以下。

普通黏土砖是全国统一规格，称为标准砖，尺寸为240 mm×115 mm×53 mm。砖的长宽厚之比为4:2:1（加灰缝），在砌筑时，上下错缝方便灵活，标准砖每块重量约为25 N，适合手工砌筑。砖按强度等级分为MU30、MU25、MU20、MU15、MU10、MU7.5六个等级。

2.砂浆

砂浆是由胶结材料（水泥、石灰、黏土）和填充材料（砂、石屑、矿渣、煤渣屑、粉煤灰或废模型砂）用水按不同比例搅拌而成。它们的配合比取决于结构要求的强度及和易性。

砌筑砂浆通常有水泥砂浆、石灰砂浆及混合砂浆三种。水泥砂浆强度高，防潮性能好，主要用于受力和防潮要求高的墙体；石灰砂浆强度和防潮性能均差，但和易性好，多用于强度要求低的墙体；混合砂浆由水泥、石灰、砂拌和而成，和易性较好，使用最广泛。

砂浆的强度等级分为七级：M15、M10、M7.5、M5、M2.5、M1和M0.4。常用砌筑砂浆为M1～M5几个等级。

3.砖砌体的强度

从结构角度称砖墙为砌体，砌体的强度是由砖和砂浆的强度等级决定的。采用不同种类和规格砖砌筑的墙体能满足关于强度、保温、隔热及隔声等不同方面的要求。工程实践中采用优先提高砖的强度等级，其次考虑提高砌筑砂浆的强度等级来提高砌体强度。

4.2.2 砌块墙

目前，我国砌块类型较多，根据材料分有混凝土、轻骨料混凝土、加气混凝土砌块以及利用各种工业废渣、粉煤灰、煤矸石等制成的无熟料水泥煤渣混凝土和蒸养粉煤灰硅酸盐砌块等；根据品种分有实体砌块、空心砌块和微孔砌块等；根据重量和尺度分有小型砌块、中型砌块和大型砌块等。

我国各地所采用的砌块，其规格、类型极不统一。但从使用情况看，以中、小型砌块居多。在砌块规格定型上有两种发展趋势：

①一种是向小型方向发展。小型砌块灵活多变，适应面广，能以手工砌筑并满足各种建筑物对墙体的使用要求。在国外被大量采用，我国广东、广西及贵州等省正在积极推广。

②另一种是向中、大型方向发展，可提高劳动生产率和机械化程度，以适应建筑工业化程度的不断提高。由于砌块的尺寸大，型号种类又不能过多，故不像小型砌块那样灵活多变，从而在使用上受到一定限制。目前国内在浙江、四川、上海、天津、武汉等省市正推广使用。

为适应施工要求，无论小型、中型或大型砌块，一般都有一、二种尺寸较大的主要块和为错缝搭接、填充需要而设的辅助块和补充块。它们的厚度和高度尺寸基本一致，唯长度方向有所不同。通常，辅助块是主要块的 1/2，而补充块又往往是辅助块的 1/2。

4.2.3 地方材料墙

包括石材墙、土墙、统砂墙、竹笆墙等。石材墙是用天然石材按一定方式砌筑而成的，主要用于山区和产石区；石材墙又分为毛石墙、整石墙和包石墙等做法。土墙是用土坯和黏土砂浆砌筑的墙或在模板内填充黏土夯实而成的墙。

4.2.4 玻璃幕墙

幕墙，通常是指悬挂在建筑物结构框架表面的轻质外围护墙。玻璃幕墙主要是指用玻璃这种饰面材料，覆盖在建筑物的表面所形成的外围护墙。玻璃幕墙制作技术要求高，且投资大、易损坏、耗能大，所以一般用于等级较高的公共建筑中。

玻璃幕墙的材料与性能如下：

组成玻璃幕墙的主要部分是幕墙框架和装饰性玻璃，此外还需要各类连接件、紧固件、装修件及密封材料作配套。

一般玻璃幕墙大多采用型钢或铝合金型材作为骨架构成框架，用以传递荷载；也有由玻璃自承重的幕墙，这种玻璃幕墙被称为"无骨架玻璃幕墙"或"全景玻璃幕墙"，通常用于建筑物靠近地面部分，可以不遮挡视线。

幕墙框架有横框、竖框之分。有框玻璃幕墙除常见的将饰面玻璃嵌固在金属框架内这种明框的固定方式外，还有两种较为独特的固定方式。其一为隐蔽骨架式，这种方式立面上看不出骨架与窗框，是较新颖的一种玻璃幕墙。其主要特点是玻璃的安装不是嵌入铝框内，而是用高强度黏合剂将玻璃黏接在铝框上，所以从外立面看不见骨架与边框。其二为骨架直接固定式。它的特点是不用铝合金边框，仅用特制的铝合金连接板，连接板周边与骨架用螺栓锚固，然后将玻璃与连接板固定。

玻璃幕墙所用的饰面玻璃，主要有热反射玻璃（俗称"镜面玻璃"）、吸热玻璃（亦称"染色玻璃"）、中空双层玻璃及夹层玻璃、夹丝玻璃、钢化玻璃等品种。另外，各种无色或着色的浮法玻璃也常被采用。从这些玻璃的特性来看，通常将前三种玻璃称为"节能玻璃"，将夹层玻璃、夹丝玻璃及钢化玻璃等称为“安全玻璃”。而各种浮法玻璃，仅具有机械磨光玻璃的光学性能，两面平整、光洁，而且板面规格尺寸较大。玻璃原片厚度有 3 ~ 12 mm 等不同规格，色彩有无色、茶色、蓝色、灰色、灰绿色等。

玻璃幕墙需要各种连接件与紧固件，通过它们将主体结构、幕墙骨架和饰面玻璃联系在一起。连接件起连接、转接、支承等作用，一般由型钢或铝合金型材根据需要加工成各种形状；它与主体结构中的预埋铁件及幕墙骨架一般通过焊接或用紧固件固定的方法连接。常用的紧固件有膨胀螺栓、铝拉钉、射钉等。

玻璃幕墙中的装修件包括后衬板（墙）、扣盖件以及窗台、楼地面、踢脚、顶棚等构部件，起密闭、装修、防护等作用。密封材料有密封膏、密封带、压缩密封件等等，起密闭、防水、防火、保温、绝热等作用。此外，还有窗台板、压顶板、泛水、防结凝、变形缝等专用件。

4.3 砖墙的尺寸、组砌方式及细部构造

我国从战国时期采用砖墙至今已有两千多年的历史。砖墙取材容易，制造简单，既可承重，又具有一定的保温、隔热、隔声、防火性能，施工操作也十分简便易行，所以能沿用至今；但从目前看，砖墙也存在不少缺点：如施工速度慢、劳动强度大，自重大，特别是黏土砖占用大量农田，所以，砖墙有待于改革。

4.3.1 砖墙的尺寸

砖墙的基本尺寸指的是厚度和墙段长度两个方向的尺寸。要确定它们的数值除了应满足结构和功能设计要求之外，还必须符合砖的规格，以标准砖为例，根据砖块尺寸和数量，再加上灰缝，即可组成不同的墙厚和墙段。

1.墙厚

墙厚与砖规格尺寸的关系如图 4.5 所示。常见砖墙厚度见表 4.2。

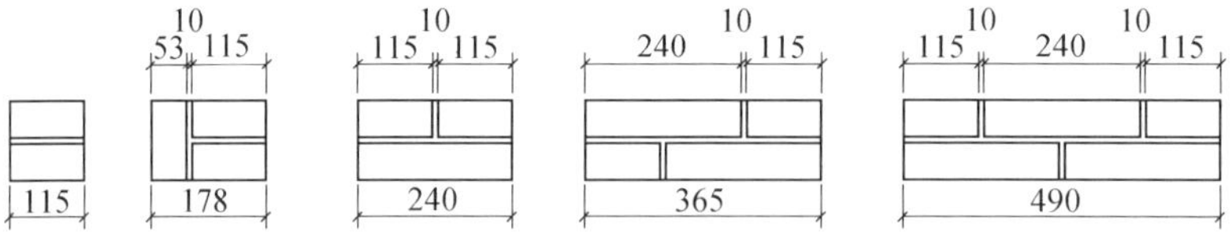

图 4.5 墙厚与砖规格的关系

表 4.2 标准砖墙厚度

墙 厚	名 称	尺寸/mm
1/4 砖墙	6 墙	53
1/2 砖墙	12 墙	115
3/4 砖墙	18 墙	178
1 砖墙	24 墙	240
$1\frac{1}{2}$砖墙	37 墙	365
2 砖墙	49 墙	490

2. 砖墙洞口及墙段尺寸

砖墙洞口主要是指门窗洞口，其尺寸应按模数协调统一标准制定。一般 1 000 mm 宽以下的门洞宽均采用基本模数 1 M 的倍数，如 700 mm、800 mm、900 mm，1 000 mm 等；超过 1 000 mm 宽的门洞及一般的窗洞口宽度采用扩大模数 3 M 的倍数，如 600 mm、900 mm、1 200 mm、1 500 mm、1 800 mm 等。

墙段尺寸是指窗间墙、转角墙等部位墙体的长度(图 4.6)。墙段内砖块和灰缝组成，普通黏土砖宽度尺寸为 115 mm 加上 10 mm灰缝宽，共计 125 mm，并以此为砖的组合模数基础。按此砖模数得出的墙段尺寸有：240、370、490、620、740、870、990、1 120、1 240等数列。

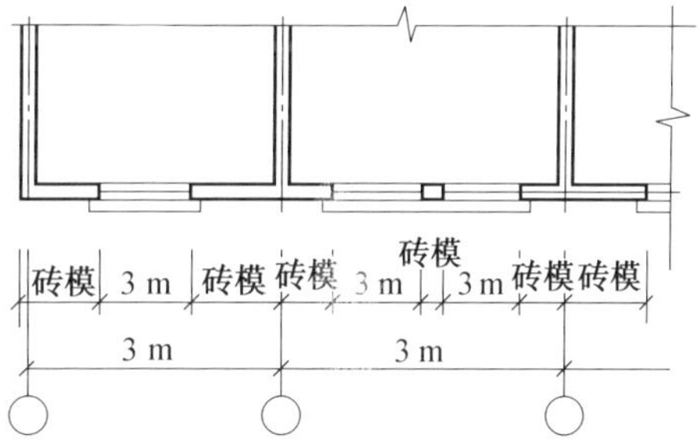

图 4.6　砖墙的洞口及墙段尺寸

4.3.2　砖墙的组砌方式

1. 实砌砖墙

砖墙的组砌方式(砌式)是指砖在砌体中排列的方式。为了保证砖墙坚固，砖墙组砌应遵循内外搭接、上下错缝的原则。错缝长度一般不应小于 60 mm。同时也应便于砌筑和少砍砖。砌筑时应避免出现连续的垂直通缝，否则将显著影响墙的强度和稳定性(图 4.7)。

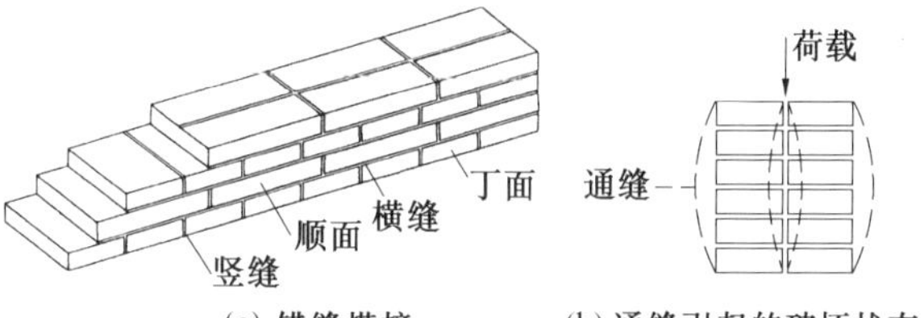

(a) 错缝搭接　(b) 通缝引起的破坏状态

图 4.7　墙的错缝搭接及砖缝名称

在实砌砖墙砌法中，把砖的长方向垂直于墙面砌筑的砖叫丁砖，把砖的长度平行于墙面砌筑的砖叫顺砖。上下皮之间的水平灰缝称横缝，左右两块砖之间的垂直缝称竖缝。丁砖和顺砖应交替砌筑，灰浆饱满，横平竖直。图 4.8 为普通砖墙常见的组砌方式。

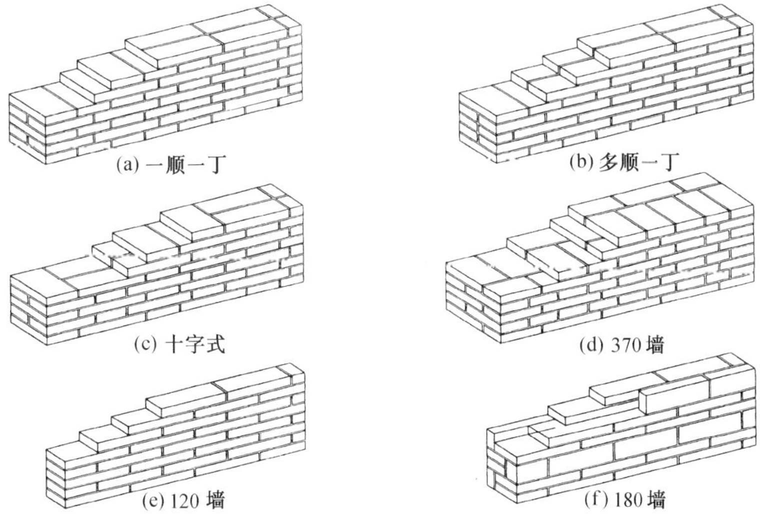

(a) 一顺一丁　(b) 多顺一丁

(c) 十字式　(d) 370 墙

(e) 120 墙　(f) 180 墙

图 4.8　砖墙砌筑方式

2.空斗墙

空斗砖墙在我国使用已有很悠久的历史，尤其在南方地区，过去采用薄砖砌筑，作为围护墙，应用比较广泛。现在采用标准砖砌筑的空斗墙，厚度一般为一砖，可作为承重墙。空斗墙节省材料，热工性能也比较好。

在空斗砖墙砌法中，将平铺砌的砖称为眠砖，将侧立砌的砖称为斗砖。图 4.9 为空斗墙几种常见砌式。

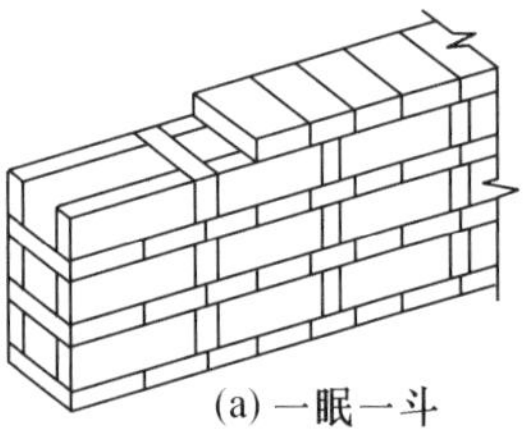

(a) 一眠一斗

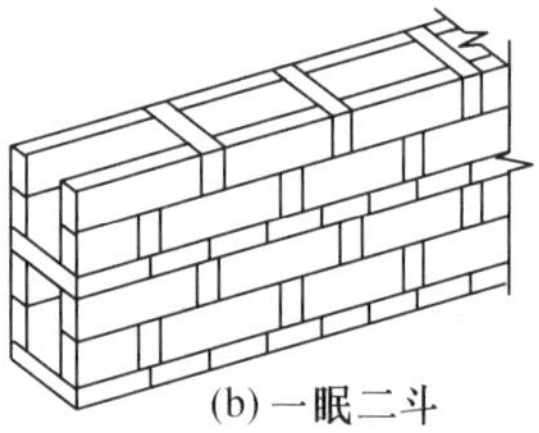

(b) 一眠二斗

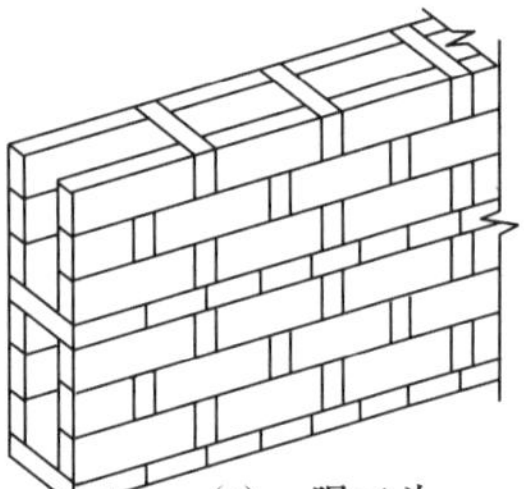

(c) 一眠三斗

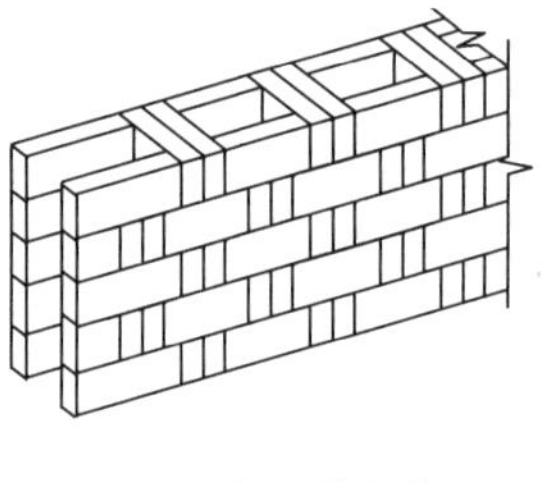

(d) 无眠空斗

图 4.9　空斗墙砌式

4.3.3　砖墙的细部构造

为了保证砖墙的耐久性和墙体与其他构件连接的可靠性，必须对一些重点部位加强构造处理。

1.墙脚构造

墙脚是指建筑物基础以上至室内地面以下的那部分墙体。由于墙脚所处的位置及砖砌体本身所存在的毛细孔，常会有地表水和土壤中水渗入，致使墙身受潮、饰面层脱落、影响室内环境。墙脚的构造包括墙身防潮、勒脚和散水构造。

(1)墙身防潮

墙身防潮的方法是在墙脚处铺设水平防潮层，防止土壤和地面水渗入砖墙体。

1)防潮层的位置。当室内地面垫层为混凝土等密实材料时，防潮层的位置应设在垫层范围内，一般位于室内地坪面以下 60 mm 处墙体内，同时还应保证至少高于室外地面 150 mm，防止雨水溅湿墙面。当地面垫层为透水材料时(如炉渣、碎石等)，水平防潮层的位置应平齐或高于室内地面。当内墙两侧地面出现高差时，应在墙身内设高低两道水平防潮层，并在土壤一侧设垂直防潮层。

2)防潮层的做法。墙身防潮层的构造做法通常有以下三种。

①油毡防潮层，先抹 20 mm 厚 1:3 水泥砂浆找平层，上铺一毡二油，这种做法防潮效果好，但耐久性差，整体性和抗震性也较差，不宜用在刚度要求高的墙体及地震地区。

②防水砂浆防潮层，采用 1:2 水泥砂浆加 3% ~ 5% 的防水剂，厚度为 20 ~ 25 mm，或

用它砌 3 ~ 5 皮砖。

③细石混凝土防潮层，浇筑 60 mm 厚细石混凝土带，内配 2 ~ 3 根 ϕ6 或 ϕ8 钢筋(图 4.10)。

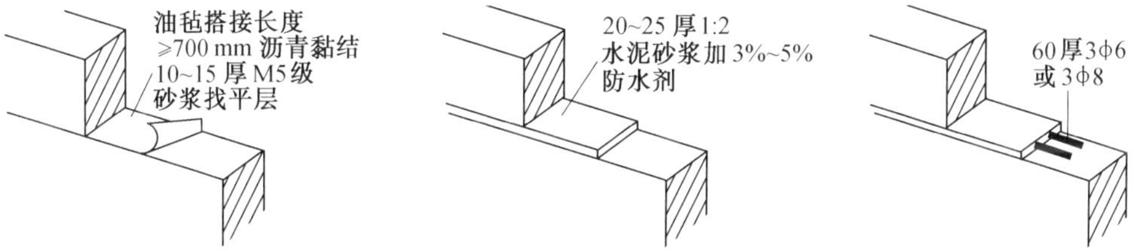

(a) 油毡防潮层　　(b) 防水砂浆防潮层　　(c) 细石混凝土防潮层

图 4.10　墙身水平防潮层

如果墙脚采用不透水的材料(如条石或混凝土等)，或设有钢筋混凝土地圈梁时，也可以不设防潮层。

(2)勒脚构造

勒脚是外墙的墙脚，它不但受到土壤中水分的侵蚀，而且雨水、地面积雪以及外界机械作用力也对它形成危害，所以要求除设墙身防潮层外，还应加强其坚固性和耐久性。

一般采用以下几种构造作法(图 4.11)。

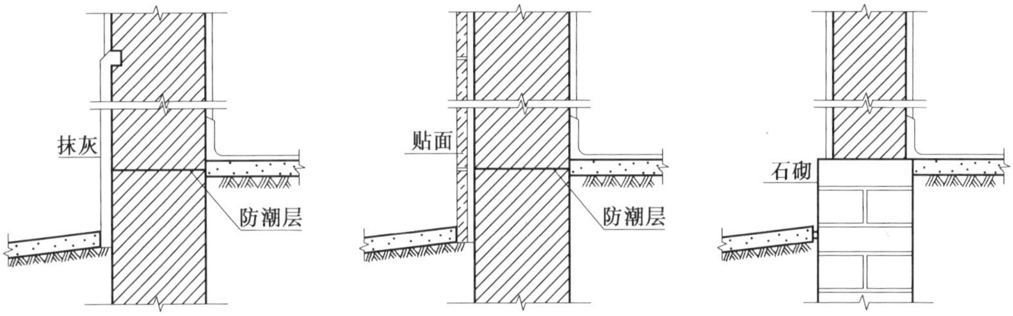

(a) 抹灰　　(b) 贴面　　(c) 石材

图 4.11　勒脚的构造

①加强勒脚表面抹灰可采用 20:1:3 水泥砂浆抹面，以增加牢度和提高防水性能。

②勒脚镶贴天然或人工石材、面砖等。耐久性强、装饰效果好。

③勒脚部位增加墙厚度或改用坚固耐久的材料，如条石、混凝土等材料。

(3)散水及明沟构造

散水又称护坡，沿建筑物四周设置。它的作用是防止雨水及室外地表积水渗入勒脚及基础。散水由内向外设置 5% 左右的排水坡度将雨水排离建筑物。散水宽度一般为 600 ~ 1 000 mm，当屋顶有出檐时，要求其宽度比出檐宽出 200 mm。图 4.12 为常见散水做法。

明沟又称阳沟，它与散水一样位于建筑物四周，其作用在于将雨水有组织地导向地下排水井(窨井)而流入雨水管道。明沟一般用混凝土现浇，也可以用砖砌或毛石砌(如图 4.13)。

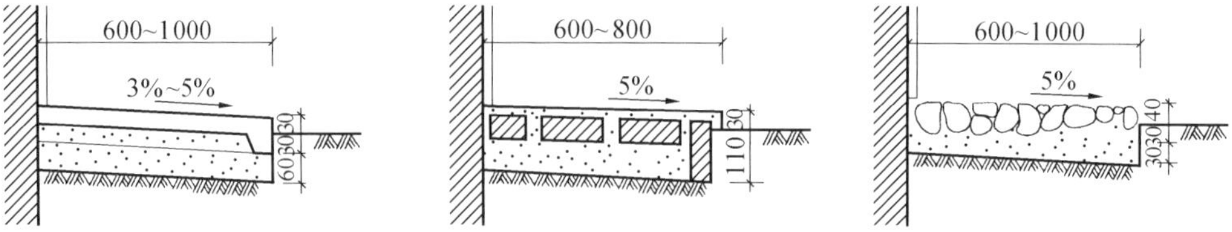

(a) 混凝土　　(b) 砖铺　　(c) 毛石

图 4.12　散水的构造

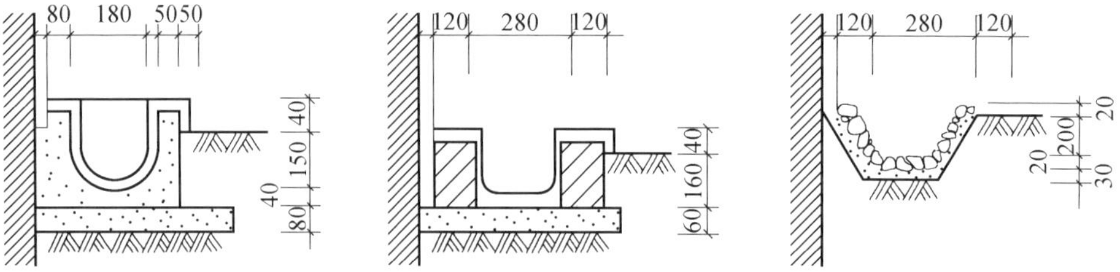

(a) 混凝土　　(b) 砖砌　　(c) 毛石砌

图 4.13　明沟的构造

如明沟与墙之间留有距离,可处理成带散水的明沟。

砖砌明沟可加配筋细石混凝土活动盖板,称为排水暗沟。

2.门窗过梁与窗台

(1)门窗过梁

当墙体上开设门、窗洞口时,为支承洞口上部砌体传来的各种荷载,并将其传到洞口两侧的墙体上,常在洞口上方设置横梁,这种横梁称为过梁。根据材料及构造方式不同,常见过梁有以下三种:

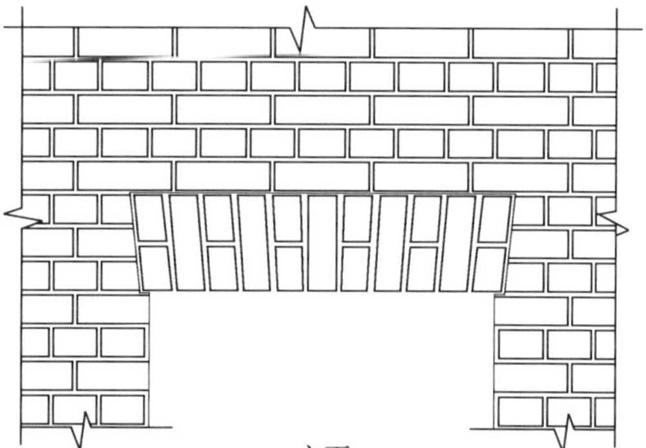

立面

图 4.14　砖砌平拱过梁

①平拱砖过梁。平拱砖过梁是我国传统做法(图 4.14)。拱高一砖,用砖竖砌或侧砌。砌筑时对称于跨中。灰缝上宽下窄使砖向两侧倾斜约 30 ~ 50 mm,拱端伸入墙支座 20 ~ 30 mm,同时将拱的中部砖块提高约为跨度的 1/50,即所谓起拱。平拱砖过梁可节省钢筋与水泥,但施工速度慢,常用于非承重墙上的门窗,洞口宽度不宜超过 1.2 m。上部有集中荷载或振动荷载时不宜采用。

②钢筋砖过梁。钢筋砖过梁是在洞口顶部砖缝内配置钢筋,形成能承受弯矩的加筋砖砌体(图 4.15)。通常用 ϕ6 钢筋,间距小于 120 mm。钢筋放在第一皮砖下面 30 mm 厚的砂浆层内。钢筋伸入两端墙内至少 240 mm,并向上弯钩。为使洞口上部砌体与钢筋构成整体过梁,从配置钢筋的上一皮砖起,在相当于 1/4 跨度的高度范围内(一般不少于 5 皮砖)用不低了 M5 的水泥砂浆砌筑。钢筋砖过梁适合于跨度大于 2 m、上部无集中荷载的洞口。

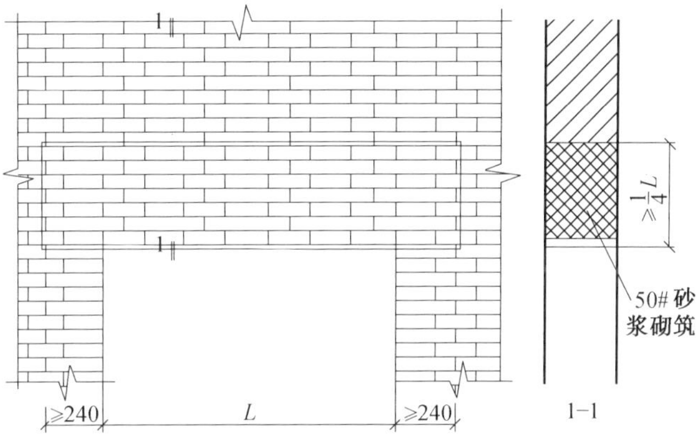

图 4.15　钢筋砖过梁

③钢筋混凝土过梁。钢筋混凝土过梁承载能力强，可用于较宽的门窗洞口，对房屋不均匀下沉或振动有一定的适应性，所以应用最为广泛。

钢筋混凝土过梁有现浇和预制之分，预制装配式施工速度快，很受欢迎。过梁断面通常采用矩形，以利于施工。梁高应按结构计算确定，且应配合砖的规格尺寸，如普通黏土砖墙内常取 60 mm、120 mm、180 mm、240 mm 等，过梁宽度一般同砖墙厚，其两端伸入墙内支承长度不小于 240 mm。过梁的断面形式常须配合建筑立面处理，见图 4.16。

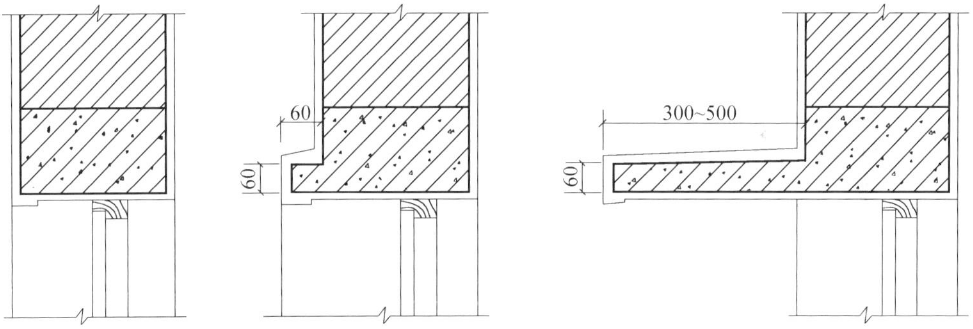

(a) 平墙过梁　　(b) 带窗套过梁　　(c) 带窗楣过梁

图 4.16　钢筋混凝土过梁

由于钢筋混凝土的导热系数大于砖的导热系数，在寒冷地区为了避免热桥的出现，可采用“L”形截面或组合式过梁，砌体把过梁包起来(图 4.17)。

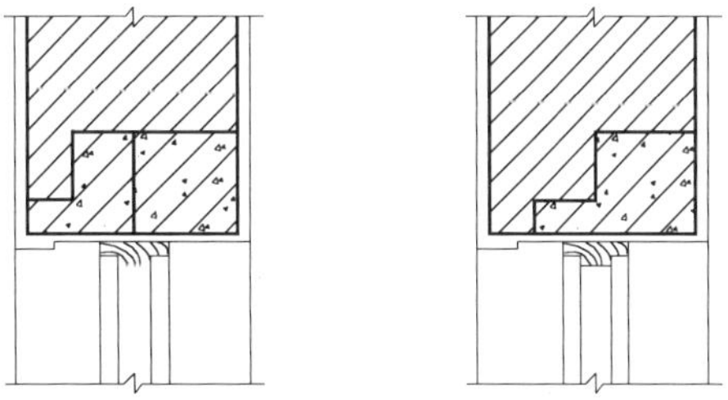

(a)“L” 形截面组合过梁　　(b) 砖外包过梁

图 4.17　寒冷地区钢筋混凝土过梁

(2)窗台

窗台的作用是迅速排除沿窗扇下淌的雨水，防止其渗入墙身或沿窗缝渗入室内，并避免雨水污染外墙面。处于内墙或阳台等处的窗，不受雨水侵袭，可不必设挑窗台。外墙面为面砖、金属外墙面板等防水防污性能较好的装修材料时，也可不挑窗台。

窗台根据用料不同,一般有砖砌窗台和预制混凝土窗台之分(图 4.18)。砖砌窗台造价低,砌筑方便,故采用较多。砖砌窗台有平砌和侧砌两种。窗台表面应做抹灰或贴面处理,侧砌窗台可做水泥砂浆勾缝的清水窗台。窗台表面应形成一定的排水坡度。并应注意抹灰与窗下槛的交接处理,防止雨水向室内渗入。

窗台应向外出挑 60 mm。挑窗台下做滴水槽或涂抹水泥砂浆,引导雨水垂直下落不致影响窗下墙面。窗台长度最少每边应超过窗宽 120 mm。

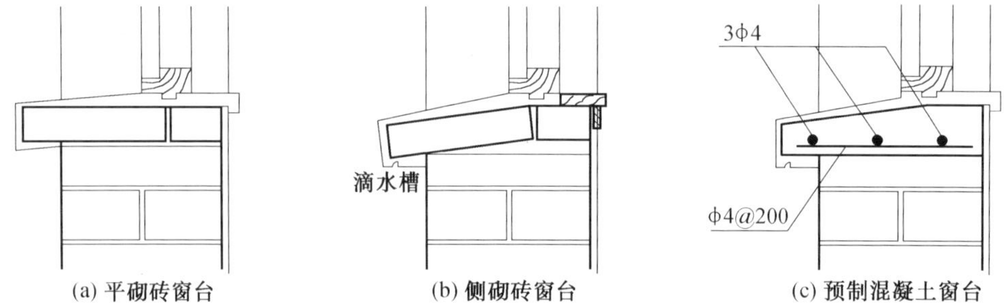

图 4.18　窗台构造

3.墙体加固措施

在多层混合结构房屋中,墙体常常不是孤立的。它的四周一般均与左右、垂直墙体以及上下楼板层或屋顶层相互联系。墙体通过这些联系达到加强其稳定性的作用。

当墙身由于承受集中荷载、开洞和考虑地震的影响,致使稳定性有所降低时,必须采取加强措施,通常采取以下措施:

(1)增加壁柱和门垛

当墙体受到集中荷载而墙厚又不足以承受其荷载时,或当墙身的长度和高度超过一定的限度并影响到墙体稳定性的情况下,常在墙体适当位置增设凸出墙面的壁柱(又称扶壁)以提高墙体刚度。通常壁柱突出墙面 120 mm 或 240 mm,壁柱宽 370 mm 或 490 mm,见图 4.19(a)。

在墙体转折处或丁字墙处开设门洞时,一般应设置门垛,用以保证墙身的稳定及便于安装门框。门垛宽度同墙厚,长度通常取 120 mm 或 240 mm,见图 4.19(b)。

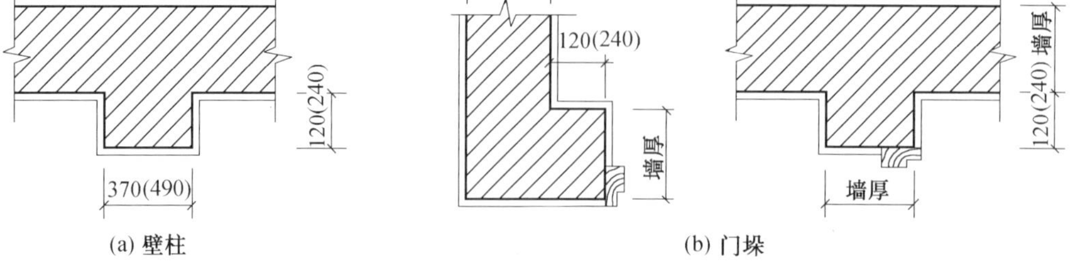

图 4.19　壁柱和门垛

(2)圈梁

圈梁又称腰箍,是沿房屋外墙一圈及部分内横墙水平设置的连续封闭的梁。圈梁配合楼板的作用可提高建筑物的空间刚度及整体性;增强墙体的稳定性,减少由于地基不均匀沉降而引起的墙身开裂。对抗震设防地区,利用圈梁加固墙身显得更加必要。

圈梁有钢筋混凝土圈梁和钢筋砖圈梁两种。钢筋混凝土圈梁整体刚度好,应用较为广泛。圈梁宽度同墙厚,高度一般为180 mm、240 mm。钢筋砖圈梁用M5砂浆砌筑,高度不小于五皮砖,在圈梁中设置4ϕ6的通长钢筋,分上下两层布置,其做法与钢筋砖过梁相同。

通常设置圈梁的方法为:2~3层房屋,地基较差时,可在基础上或房屋檐口处设圈梁。地基较好时,3层以下房屋可不设圈梁。4层及以上房屋根据横墙数量及地基情况,隔一层或二层设圈梁,在地震设防区内,外墙及内纵墙屋顶处都要设圈梁,6~7度地震烈度时,楼板处隔层设一道,8~9度地震烈度,每层楼板处设一道。对于内横墙,6~7度地震烈度时,屋顶处设置间距不大于7 m,楼板处间距不大于15 m,构造柱对应部位都应设置圈梁;8~9级烈度,各层所有横墙均设圈梁。

圈梁与门窗过梁统一考虑时,可用来替代门窗过梁。圈梁应闭合,当圈梁被窗洞切断时,应搭接补强,可在洞口上部设置一道不小于圈梁断面的过梁,称附加圈梁。其与圈梁的搭接长度 $L \geqslant 3H$,且 $L \geqslant 1.5$ m(图4.20)。

(3)构造柱

由于砖砌体是脆性材料,抗震能力较差。因此在抗震设防地区,在多层砖混结构房屋的墙体中,需设置钢筋混凝土构造柱,用以增加建筑物的整体刚度和稳定性。

构造柱是从构造角度考虑设置的,一般设在房屋四角、内外墙交接处、楼梯间、电梯间以及某些较长的墙体中部。构造柱必须与圈梁及墙体紧密连结。圈梁在水平方向将楼板和墙体箍住,而构造柱则从竖向加强层间墙体的连结,与圈梁一起构成空间骨架。从而增加了房屋的整体刚度,提高墙体的变形能力,使墙体由脆性变为延性较好的结构,做到裂而不倒。构造柱下端应锚固于钢筋混凝土条形基础或基础梁内。柱截面一般为240 mm×240 mm,不小于240 mm×180 mm。主筋一般采用4ϕ12,箍筋间距不宜大于250 mm,墙与柱之间应沿墙高每500 mm设2ϕ6钢筋连结,每边伸入墙内不少于1 m。施工时必须先砌砖墙,随着墙体上升而逐段现浇钢筋混凝土(图4.21)。也可采用预制空心砌块嵌固,然后在孔内绑扎钢筋灌筑混凝土。

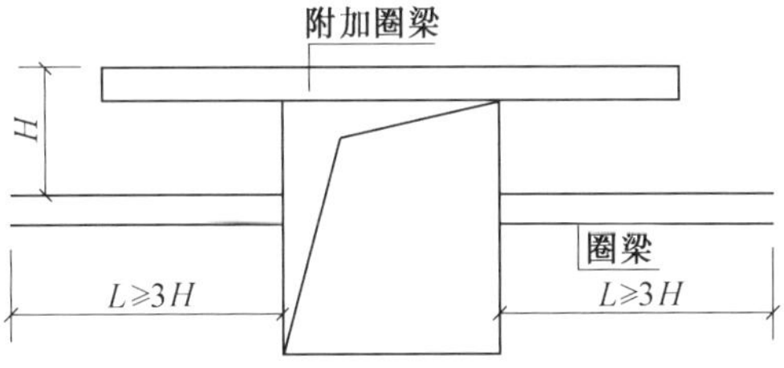

图4.20 附加圈梁示意图

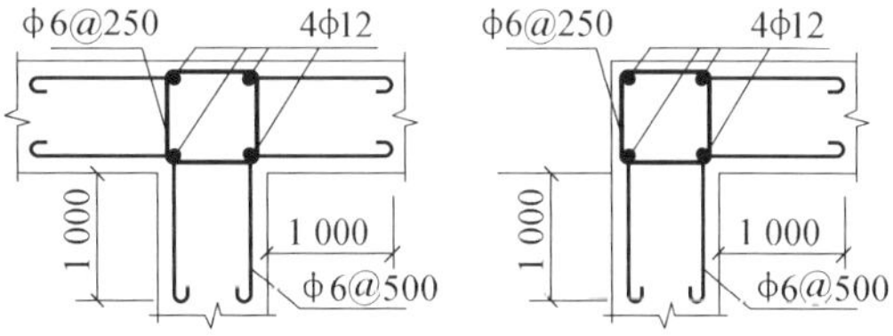

(a)外墙转角构造柱 (b)内外墙构造柱

图4.21 构造柱

4.4 隔墙的构造

隔墙主要用作分隔空间,隔墙一般不能承受外来荷载,而且本身的重量也要由其他构件来支承。不到顶的隔墙称为隔断。

对隔墙或隔断的共同要求为:

(1)自重轻,有利于减轻楼板或小梁的支撑荷载;

(2)厚度薄,少占空间;

(3)用于厨房、厕所等特殊房间应有防火、防潮或其他要求;

(4)便于拆除而不损坏其他构配件。

常见的隔墙,根据其材料及构造方法不同,可分作立筋式隔墙、块材隔墙和板材隔墙等。

4.4.1 立筋式隔墙

立筋式隔墙系由木筋骨架或金属骨架及墙面材料两部分组成。根据墙面材料的不同来命名不同的隔墙,如板条抹灰隔墙、钢丝网抹灰隔墙和人造板隔墙等。凡先立墙筋,后钉各种材料,再进行抹灰或油漆等饰面处理的,均可归入立筋式隔墙。

1.板条抹灰隔墙

板条抹灰隔墙,又称"灰板条墙",它具有质轻壁薄,灵活性大,装拆方便等优点,故应用较广。但其防火、防潮、隔声性能较差,并且耗用木材多。从节约木材的角度来看,应该少用或不用。

板条抹灰隔墙由上槛、下槛、墙筋(立筋)、斜撑(或横档)及板条等木构件组成骨架。然后进行抹面,如图 4.22 所示。

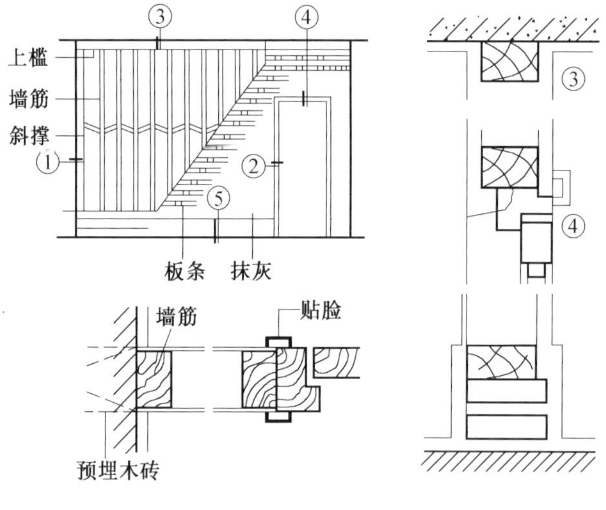

图 4.22 木骨架板条抹灰面层隔墙

2.立筋面板隔墙

立筋面板隔墙主要是指在木质骨架或金属骨架上镶钉胶合板、纤维板、石膏板或其他轻质薄板的一种隔墙。

木板骨架的构造同灰板条墙,但墙筋与横档的间距均应按各种人造板的规格排列,如图 4.23 所示。人造面板接缝应留有 5 mm 左右的伸缩余地,并可采用铝压条或木压条盖缝。

金属骨架一般采用薄壁钢板,铝合金薄板或拉眼钢板网加工而成。墙筋的间距视镶板的规格而定,亦即保证板与板的接缝在墙筋或横档上。在金属骨架上钉板时,面板常借

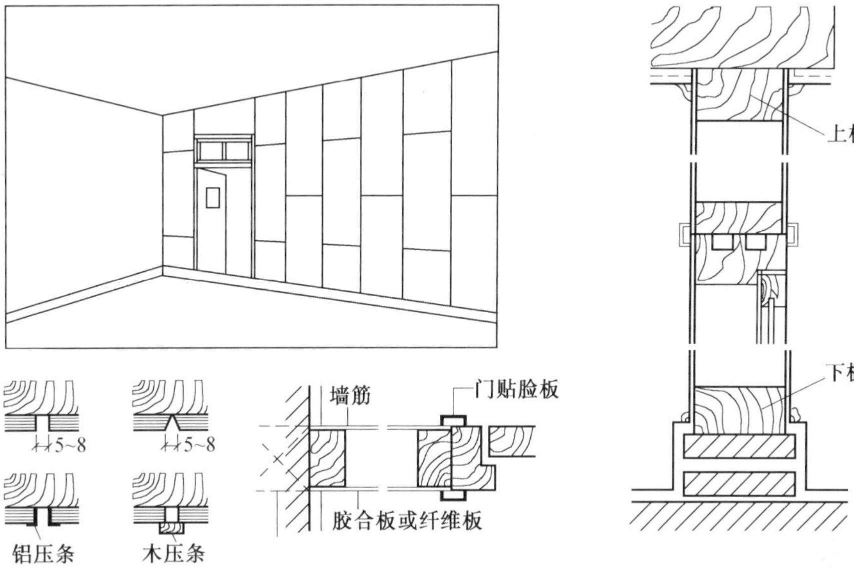

图4.23　胶合板或纤维板隔墙

膨胀铆钉固牢在墙筋上。对于钢板网骨架,由于刚度较弱,在钉板时,为避免因打眼而影响骨架变形,可在骨架的肋槽内填以木砖。钉好面板后,可在表面裱糊墙纸或喷涂油漆涂料等。

立筋面板隔墙为干作业,施工也较轻便,但隔声量不足40 dB。为了满足分户隔墙隔声要求,可在内部填以轻质材料或每面错缝铺钉双层面板。

4.4.2　块材隔墙

块材隔墙是指用普通砖、多孔砖、砌块等块材砌筑而成的隔墙。其优点是耐久性和耐湿性较好,缺点是自重较大。常用的有普通砖隔墙和砌块隔墙。

1.普通砖隔墙

普通砖隔墙有半砖(120 mm)和1/4砖(60 mm)两种。

半砖隔墙采用普通黏土砖顺砌,砌筑砂浆标号可采用M2.5或M5。当隔墙高度超过3 m,长度超过5 m时,应考虑加固措施而保证墙身的稳定性。一般可沿高度方向每隔8~10皮砖砌入ϕ4钢筋一根,或每隔10~15皮砖砌入ϕ6钢筋一根,并使之与承重墙连接牢固(图4.24)。隔墙上有门时,要预埋铁件或将带有木楔的混凝土预制块砌入隔墙中以固定门框。

1/4砖隔墙系由普通砖侧砌而成。由于厚度薄、稳定性差,故要求砌筑砂浆的标号不低于M5。1/4砖隔墙的高度和长度不宜过大,且常用于不设门窗洞的部位,如厨房与卫生间之间的隔墙。若面积大又需开设门窗洞时,须采取加固措施,常用方法是在高度方向每隔500 mm砌入ϕ4钢筋2根,或在水平方向每隔1 200 mm立细石混凝土柱一根,并沿垂直方向每隔7皮砖砌入ϕ6钢筋1根,使之与两端墙连接。

2.砌块隔墙

为了减轻隔墙自重,常采用比普通砖大而轻的粉煤灰硅酸盐块、加气混凝土块、空心

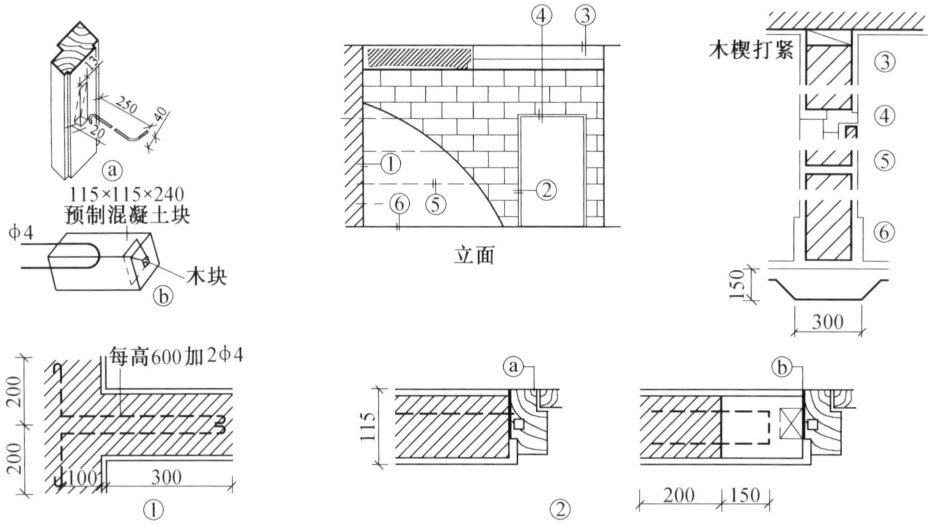

图 4.24　半砖隔墙

砖或水泥炉渣空心砌块等砌成隔墙。墙厚由砌块尺寸而定，一般为 90 ~ 120 mm。由于墙体稳定性较差，其加固措施与砖隔墙相似，如图 4.25 所示。当没有半块时，常以普通黏土砖填嵌空隙。当采用防潮性能较差的砌块砌筑时，宜先在墙的下部先砌 3 ~ 5 皮黏土砖。

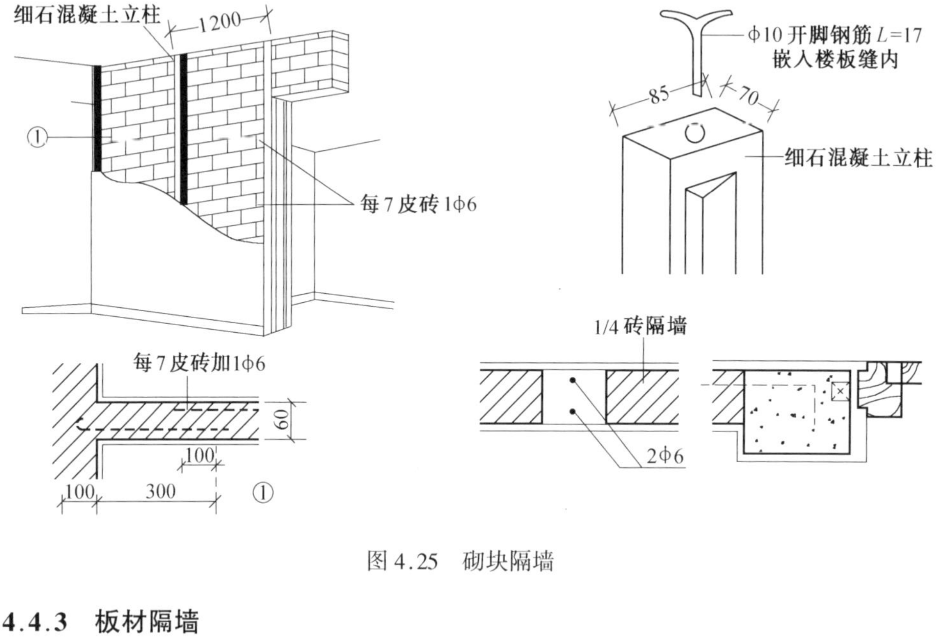

图 4.25　砌块隔墙

4.4.3　板材隔墙

板材隔墙，是指其单板高度相当于房间的净高，面积较大，并且不依赖骨架，直接装配而成的隔墙。例如，碳化石灰板、加气混凝土条板、石膏条板、纸蜂窝板、水泥刨花板等。

1.碳化石灰板隔墙

碳化石灰板是由磨细生石灰掺 3% ~ 4%（重量比）短玻璃纤维，加水搅拌（水灰比 1:2

左右),振动成型,利用石灰窑废气进行碳化而成的。其规格为:长 2 700 ~ 3 000 mm,宽 500 ~ 800 mm,厚90 ~ 120 mm。

碳化石灰板隔墙在安装时,板顶与上层楼板连接,可用木楔打紧;两块板之间,可用水玻璃黏结剂连接,然后在墙表面先刮腻子再刷浆或贴塑料墙纸,如图4.26所示。

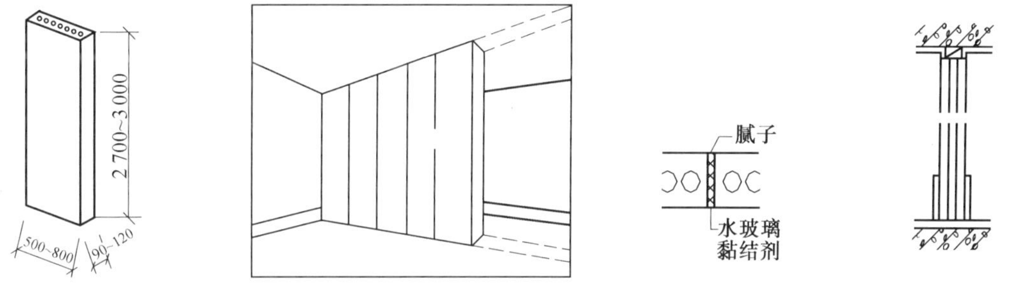

(a)碳化石灰板尺寸 (b) (c)隔墙平面接点 (d)隔墙平面图

图 4.26 碳化石灰板隔墙

2.加气混凝土条板隔墙

加气混凝土是由水泥、石灰、砂、矿渣、粉煤灰等,加发气剂(铝粉),经过原料处理、配料、浇注、切割及蒸压养护等工序制成的。其容重为 5 kN/m^3,抗压强度为 0.3 ~ 0.5 kN/m^3。

加气混凝土条板具有自重轻,保温性能好,运输方便,施工简单,可锯、可刨、可钉等优点。但加气混凝土吸水性大,耐腐蚀性差,强度较低,运输、施工过程中易受损坏。加气混凝土条板不宜用于具有高温、高湿或有化学、有害空气介质的建筑中。

加气混凝土条板规格为:长 2 700 ~ 3 000 mm,宽600 ~ 800 mm,厚 80 ~ 100 mm。隔墙板之间可用水玻璃矿渣黏结砂浆(水玻璃:磨细矿渣:砂 = 1:1:2)或 107 胶聚合水泥砂浆(1:3 水泥砂浆加入适量 107 胶)黏结。条板安装一般是在地面上用一对对口木楔在板底将板楔紧。

3.纸蜂窝板隔墙

纸蜂窝板是用浸渍纸以树脂黏贴成纸芯,再经张拉、浸渍酚醛树脂、烘干固化等工序制成的。纸芯形如蜂窝,两面贴以面板(如纤维板、塑料板等),四周镶木框做成墙板,其规格有 3 000 mm × 1 200 mm × 50 mm 及 2 000 mm × 1 200 mm × 43 mm 等。安装时,两块板之间用压条或金属嵌条固定。

4.5 墙面装修

4.5.1 墙面装修的作用和分类

建筑物结构主体完成后,必须对墙面进行装修,墙面装修的基本功能是保护墙体,美化环境、改善墙体物理性能,满足使用功能。

墙面装修有外墙装修和内墙装修之分,外墙又有清水墙面(不抹面)和混水墙面(抹面)之分。

外墙面的装修主要是保护外墙不受外界侵蚀,提高墙体防潮、防风化、保温、隔热的能力,增强墙体的坚固性和耐久性,增加美观。

外墙采用清水墙面时,砌砖时要求砂浆饱满,灰缝平直,并在清扫墙面基础上用1∶1水泥砂浆勾缝。

内墙面装修主要为了改善室内卫生条件,提高墙身的隔声性能,加强光线反射,增加美观;对浴室、厕所、厨房等潮湿房间,则保护墙身不受潮湿的影响,对一些有特殊要求的房间,还需选用不同材料的饰面来满足防尘、防腐蚀、防辐射等方面的需要。

墙面装修大致可归纳为以下五类:(1)抹灰类,包括纸筋灰抹面、砂浆抹面等;(2)贴面类,包括天然石材、人造石材和陶瓷饰面砖等;(3)涂刷类,包括涂料和刷等;(4)裱糊类,包括壁纸和墙布等;(5)镶板类,包括各种胶合板、纤维板、装饰面板等。

4.5.2 墙面装修构造

墙面装修的种类较多。以下仅对抹灰类、贴面类及涂刷类墙面装修作简要介绍。

1.抹灰类墙面装修

抹灰类装修主要指采用石灰、石膏、水泥为胶结料而配制成的各种砂浆抹灰的墙面装修。如纸筋灰抹面、水泥砂浆抹面、聚合物水泥色浆墙面以及水刷石、干黏石、斩假石、水磨石等墙面。根据部位的不同,墙面抹灰可分为外墙抹灰和内墙抹灰。根据使用要求的不同,墙面抹灰又可分为一般抹灰和装饰抹灰。一般抹灰常见的如石灰砂浆抹灰、水泥砂浆抹灰,混合砂浆抹灰、纸筋石灰浆抹灰、麻刀石灰浆抹灰等。装饰抹灰常见的有水刷石面、水磨石面、斩假石面、干黏石面及聚合物水泥砂浆的喷涂、滚涂、弹涂饰面等。这类装修均系现场湿作业施工。

(1)墙面抹灰的组成

为了保证抹灰质量,做到表面平整,黏结牢固,色彩均匀,不开裂,施工时须分层操作。抹灰一般分三层,即底灰(层)、中灰(层)、面灰(层),如图4.27所示。

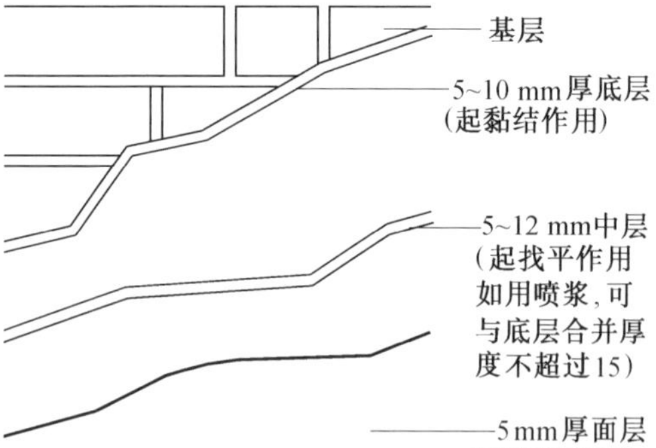

图4.27 抹灰的构造

底灰层主要起与基层黏结和初步找平作用。底灰砂浆应根据基本材料的不同和受水浸湿情况而定。可选用石灰砂浆,水泥石灰混合砂浆(简称“混合砂浆”)或水泥砂浆。

中灰层主要起找平和结合的作用,还可以弥补底层抹灰的干缩裂缝。一般来说,中层抹灰所用材料与底层抹灰基本相同,在采用机械喷涂时,底层与中层可同时进行。

面层抹灰又称“罩面”,主要起装饰和保护作用。根据所选装饰材料和施工方法的不同,面层抹灰可以分为各种不同性质与外观的抹灰。例如,选用纸筋灰罩面,即为纸筋灰抹灰;水泥砂浆罩面,即为水泥砂浆抹灰;采用木屑作骨料的砂浆罩面,即为吸声抹灰等。

由于施工操作方法的不同,抹灰表面可抹成平面,也可以拉毛或用斧斩成假石状,还可以采用细天然骨料或人造骨料(加大理石、花岗岩、玻璃、陶瓷等加工成粒料),采用手工抹或机械喷射成水刷石、干黏石、彩瓷粒等集石类墙面。

彩色抹灰的做法有两种:一种是在抹灰面层的灰浆中掺入各种颜料,色匀而耐人,但颜料用量较多,适用于室外;另一种,是在做好的面层上,进行罩面喷涂料时加入颜料,这种做法比较省颜料,但是容易出现色彩不匀或褪色现象,多用于室内。

抹灰按质量要求和主要工序划分为三种标准:

普通抹灰:一层底灰,一层面灰,总厚度≤18 mm;

中级抹灰:一层底灰,一层中灰,一层面灰,总厚度≤20 mm;

高级抹灰:一层底灰,数层中灰,一层面灰,总厚度≤25 mm。

高级抹灰适用于高标准公共建筑物,如剧院、宾馆、展览馆、纪念性建筑等,中级抹灰适用于一般性公共建筑及住宅等;普通抹灰适用于简易宿舍、仓库等要求不高的场所。

(2)常见抹灰饰面做法

经常用于外墙面饰面的抹灰有:混合砂浆抹灰、水泥砂浆抹灰、水刷石及干黏石、斩假石等;内墙面抹灰有:纸筋石灰抹灰、石膏灰抹灰、混合砂浆抹灰饰面等。分述如下:

①混合砂浆抹灰。常用1:1:6水泥、石灰膏、黄沙拌成。如遇含泥量较重的黄沙时,石灰膏应适当减少,否则墙面容易开裂。

抹灰两道,底层与面层材料相同,总厚度约20 mm。用于内墙面时,表面加涂内墙涂料。用于外墙面时,表面可用木蟹磨毛、呈银灰色。

②水泥砂浆抹灰。采用12 mm厚1:3水泥砂浆打底,再用8 mm厚1:2.5水泥砂浆抹面。表面呈土黄色,具有一定的抗水性,作外饰面时,面层用木蟹磨毛;作为厨房、浴厕等易受潮房间的墙裙时,面层用铁板抹光。

③水刷石及干黏石饰面。水刷石又称洗石子,采用15 mm厚1:3水泥砂浆打底。面层水泥石碴浆的配比依石碴粒径而定,一般为1:1(粒径8 mm)、1:1.25(粒径6 mm)、1:1.5(粒径4 mm);厚度通常取石碴粒径的2.5倍,依次为20 mm、15 mm、10 mm。

面料如果用彩色石碴浆,则需要白水泥掺入颜料,造价会相应增加。

喷刷应在面层刚开始初凝时进行,分两遍操作。第一遍先用软毛刷子蘸水刷掉面层水泥浆,露出石粒;第二遍接着用喷雾器将四周邻近部位喷湿,然后由上往下喷水,把表面的水泥浆冲掉,使石子外露约为粒径的1/3,再用小水壶从上往下冲洗;大面积冲洗后,用甩干的毛刷将方格缝上沿处滴挂的浮水吸去。

干黏石饰面用12 mm厚1:3水泥砂浆打底,中层用6 mm厚1:3水泥砂浆,面层为黏结砂浆,黏结砂浆常见配比为:水泥:砂:107胶=1:1.5:0.15或水泥:石灰膏:沙子:107胶=1:1:2:0.15。冬季施工应采用前一配比。黏结砂浆抹平后,即开始撒石粒,石粒一般选用小八厘石碴(粒径4 mm)。且用水冲洗干净。手甩黏石的主要工具是拍子和托盘,先甩四周易干部位,再甩中间,要求大面均匀,然后用拍子压平拍实,使石碴粒埋入黏结砂浆1/2以上。也可以用压缩空气带动喷斗喷射石碴代替手甩石碴。

干黏石效果类同水刷石,它操作简便,与水刷石相比,它可提高工效50%,节约水泥30%,节约石子50%。

④斩假石饰面。斩假石是仿制天然石墙的一种抹灰。这种饰面一般是以水泥石碴浆作面层,待凝结硬化具有一定强度后,用斧子及各种凿子等工具,在面层上剁斩出类似石

材经雕琢的纹理效果来，其质感分立纹剁斧和花锤剁斧两种，可根据需要选用。

⑤纸筋石灰抹灰。纸筋(或麻刀)石灰粉刷的一般做法是：当基层为砖墙时，用 15 mm 厚 1:3 石灰砂浆打底，2 mm 厚纸筋(麻刀)石灰粉面。当基层为混凝土墙时，抹灰前须先刷一道素水泥浆(内掺入重 3% ~ 5% 的 107 胶)作为预处理，然后用 15 mm 厚 1:3:9 水泥石灰砂浆打底，用 2 mm 厚纸筋(麻刀)石灰粉面。

纸筋(或麻刀)石灰抹灰通常用于内粉刷。表面可以喷刷大白浆等其他内墙涂料，也可以直接作为内墙饰面。

⑥石膏灰抹灰。石膏灰浆罩面，颜色洁白，表面细腻，不反光，可以与室内石膏制作的装饰性线脚配套，取得统一的效果。石膏还具有隔热、保温、不燃、吸声、结硬后不收缩等性能，所以适宜作高级装饰的内墙面抹灰和顶棚的罩面。

(3)抹灰类饰面特殊部位构造

在内墙面抹灰装修中，当遇到人群活动较易碰撞的墙面或墙面防水要求较高的部位，如门厅、公共走廊、厨房、浴、厕等处，为保护墙身，常在这些易于碰撞或较易受潮的墙面做成护墙墙裙(或称台度)，其构造如图 4.28 所示。墙裙一般高 900 ~ 2 000 mm。

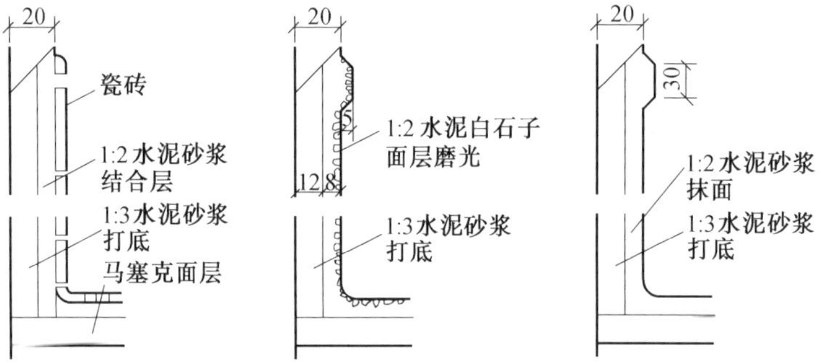

(a) 瓷砖墙裙　(b) 水磨石墙裙　(c) 砂浆墙裙

图 4.28　墙裙

由于抹灰砂浆强度较差，阳角处很易碰坏，通常在抹灰前，先在内墙阳角、门洞转角、柱子四角等处用强度较高的 1:2 水泥砂浆抹出或预埋角钢做成护角，如图 4.29 所示。护角高度从地面起约 2.0 m 左右，然后再做底层及面层抹灰。

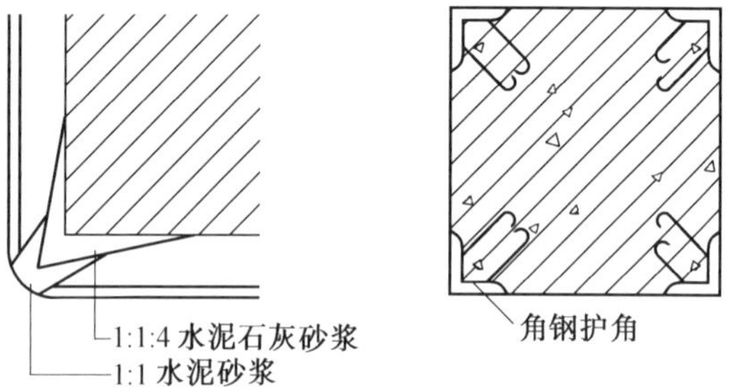

图 4.29　墙和柱的护角

2. 贴面类墙面装修

贴面类墙面装修是目前中高级建筑墙面装修常采用的饰面之一。贴面材料通常有三类：一是陶瓷制品，如瓷砖、面砖、陶瓷锦砖等；二是天然石材，如花岗岩、大理石等；三是预制板材，如预制水磨石板等。它们的构造方法有一定的差异，一般轻而小的块面可直接镶贴，大而重的块材则必须采用钩挂等方式，保证与主体结构连接牢固。

(1)外墙面砖饰面

外墙面砖分为无釉和有釉两种。常见的规格有：200 mm × 100 mm，150 mm × 75 mm，

75 mm×75 mm,108 mm×108 mm 等,厚度为6~15 mm。外墙面砖黏贴时,用1:3水泥砂浆作底灰,厚度15 mm。黏贴前,先将面砖表面清洁干净,放入水中浸泡,然后再晾干或擦干。黏结砂浆用1:2.5的水泥砂浆或用1:0.2:2.5的稠度适中的水泥石灰混合砂浆。贴完一行后,须将每块面砖上的灰浆刮净。待整块墙面贴完后,用1:1水泥细砂浆作勾缝处理。

(2)釉面砖(瓷砖)饰面

瓷砖正面挂釉,又称"釉面瓷砖",它是用瓷土或优质陶土烧制成的饰面材料其底胎一般呈白色,表面上釉可以是白色,也可以是其他颜色的。瓷砖表面光滑、美观、吸水率低,多用于室内需要经常擦洗的墙面,如厨房墙裙、卫生间等处,一般不用于室外。瓷砖的一般规格有:152 mm×152 mm、108 mm×108 mm、152 mm×76 mm、50 mm×50 mm 等,厚度为4~6 mm。此外,在转弯或结束部位,均另有阳角条、阴角条、压条,或带有圆边的构件供选用。

黏贴瓷砖时,底灰为12 mm厚1:3水泥砂浆。瓷砖黏贴前应浸透阴干待用。黏贴由下向上横向逐行进行。为了便于洗擦和防水,要求连接紧密,一般不留灰缝,细缝用白水泥擦平。瓷砖的黏贴方法有两种:一种称"软贴法",即用5~8 mm厚1:0.1:2.5的水泥石灰混合砂浆作结合层黏贴。这种方法需要有较好的技术素质。另一种是"硬贴法",即在黏结砂浆中加入适量的107胶,其配比(重量比)为水泥:砂:水:107胶=1:2.5:0.44:0.03。水泥砂浆中有107胶后,砂浆不易流淌,容易保持墙面洁净,减少清洁墙面工序,而且能延长砂浆使用时间,也减薄了黏结层,一般只需2~3 mm,硬贴法技术要求较低,提高了工效,节约了水泥,减轻了面层自重,瓷砖黏结牢度也大大提高。

(3)陶瓷锦砖与玻璃锦砖饰面

陶瓷锦砖又称"马赛克",是以优质瓷土烧制而成的小块瓷砖。分为挂釉和不挂釉两种。采用的常见尺寸有18.5 mm×18.5 mm、39 mm×39 mm、39 mm×18.5 mm 等,由于其耐磨、耐酸碱、不渗水、易清洗,所以常用作室内地面及墙裙。无釉陶瓷锦砖也常被用于外墙饰面,由于自重轻,色泽稳定,耐污染,所以对高层建筑尤为适用。

玻璃锦砖又称"玻璃马赛克",它是以玻璃为主要原料,加入二氧比硅,经高温、熔化发泡后,压延制成的小块,方形尺寸一般为20 mm×20 mm、25 mm×25 mm,厚度为4 mm。玻璃锦砖质地坚硬,不褪色,材料来源广,价格较陶瓷锦砖便宜,所以广泛用于建筑外墙饰面。

陶瓷锦砖与玻璃锦砖尺寸较小,为了便于黏贴,出厂前已按各种图案反贴在标准尺寸325 mm×325 mm的牛皮纸上。施工时,用12 mm厚1:3水泥砂浆打底,用3 mm厚1:1:2纸筋石灰膏水泥混合灰(内掺水泥重5%的107胶)作黏结层铺贴,铺贴时将纸面向外,覆盖在砂浆面上,用木板压平,待黏结层开始凝固,洗去皮纸,用铁板校正缝隙,最后用素水泥浆擦缝,如图4.30所示。为了避免锦砖脱落,一般不宜在冬季施工。

(4)天然石材及人造预制板材饰面

天然石材可以加工成板材或块材做饰面材料。它们具有强度高、结构致密和色泽雅致,质感好等优点,但货源少,价格昂贵,一般用于较高档的建筑装修。比较常用的饰面石料有花岗岩和大理石;花岗石不易风化,多用于室外。而大理石一般不宜用于室外。

花岗石与大理石饰面板材的安装方法较多,如挂贴法、木楔固定法、干挂法、树脂胶黏

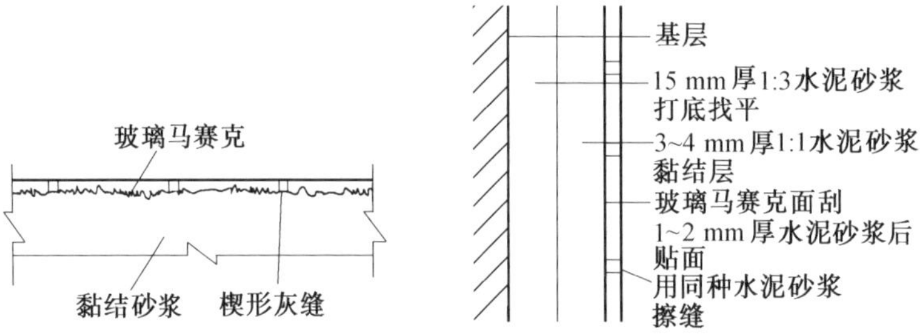

(a)黏结状况　　(b)构造示意图

图 4.30　马赛克饰面构造

结法、钢网法等,其中挂贴法应用很广泛。

挂贴法固定天然石板,首先要在结构中预留钢筋头,或在砌墙时预埋镀锌铁钩。安装时在铁钩内先下主筋,间距500~1 000 mm,然后按板材高度在主筋上绑扎横筋,构成钢筋网,钢筋 ϕ6~ϕ8。板材上端两边钻有小孔,选用铜丝或镀锌铁丝穿孔将石板绑扎在横筋上。石板与墙身之间留 30 mm 缝隙灌浆。施工时,要用活动木楔插入缝中,来控制缝宽,并将石板临时固定,然后再在石板背面与墙面之间,灌浇水泥砂浆。灌浆宜分层灌入,每次不宜超过 200 mm,离上口 80 mm 即停止,以便上下连成整体,如图 4.31 所示。

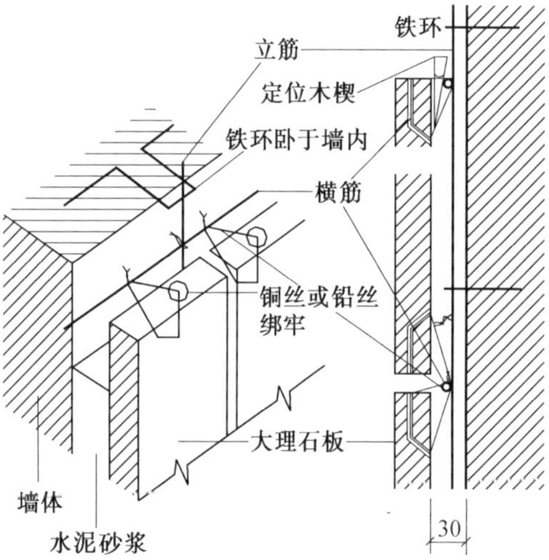

图 4.31　大理石墙面挂贴法

常见的预制板材,主要有水磨石、水刷石、斩假石、人造石材等。预制板材和墙体的固定方法与天然石材饰面基本一样,如图 4.32 所示。

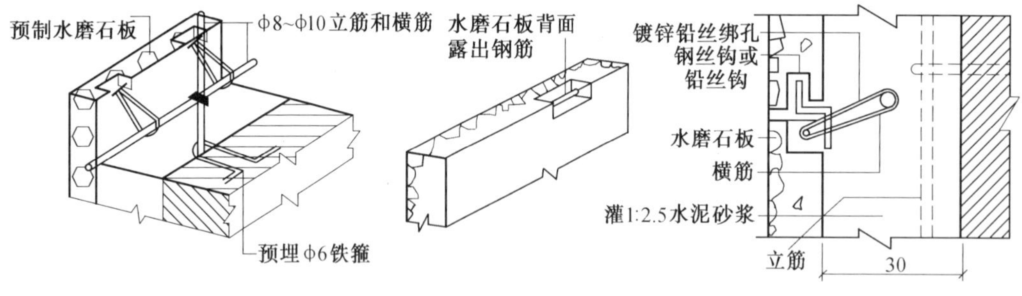

图 4.32　预制水磨石板装修构造

3.涂刷类墙面装修

涂刷类饰面装修,是指将建筑涂料涂刷于构配件表面并与之较好黏结,以达到保护,装饰建筑物,并改善构配件性能目的的装修手段。

涂刷类饰面是建筑内外墙饰面的重要组成部分。与其他饰面装修相比,涂刷类饰面具有工效高、工期短、材料用量少、自重轻、造价低等优点。涂刷类饰面的耐久性略差,但维修、更新很方便,而且简单易行。

在涂刷类饰面装修中,涂料几乎可以配成任何需要的颜色。这是它在装修效果上的一个优势,也是其他饰面材料所不能及的,它可为建筑设计提供灵活多样的色彩表达效果。由于涂料所形成的涂层较薄,较为平滑,即使采用厚涂料或拉毛等做法,也只能形成微弱的麻面或小毛面,所以除可以掩盖粉刷基层表面的微小瑕疵使其不显外,不能形成凹凸程度较大的粗糙质量表面。涂刷饰面的本身效果是光滑而细腻的,要使涂饰表面有丰富的饰面质感,就必须先在基层表面创造必要的质感条件。所以,外墙涂料的装饰作用主要在于改变墙面色彩,而不在于改变质感。

涂刷类饰面装修可分为涂料饰面与刷浆饰面两大类。二者的区别在于:涂料一般涂敷于建筑表面并能与其基层材料很好地黏结,形成完整涂膜,而刷浆是指在基层表面喷刷浆料或水性涂料。

(1)涂料饰面装修

传统涂料,主要是指油漆,它是以油料为原料配制而成的。目前,以合成树脂和乳液为原料的涂料,已大大超过油料,以无机硅酸盐和硅溶胶为基料的无机涂料,也已被大量应用。

根据状态的不同,建筑涂料可划分为溶剂型、水溶性、乳液型和粉末涂料等几类。

根据装修质感的不同,建筑涂料可划分为薄质、厚质和复层涂料等几类。

根据涂刷部位要求的不同,建筑涂料又可划分为外墙涂料、内墙涂料、地面涂料、顶棚涂料及屋顶涂料等。

常用的外墙厚涂料和复层涂料有:PG-838 浮雕漆厚涂料、彩砂涂料、乙-丙乳液厚涂料、丙烯酸拉毛涂料、JH8501 无机厚涂料、8301 水性外用建筑涂料等

常用的外墙薄涂料有:建筑外墙涂料、SA-1 型乙-丙外墙涂料、865 外墙涂料、107 外墙涂料、高级喷磁型外墙涂料、有机无机复合涂料。

常用的内墙涂料有:LT-1 有光乳胶涂料、SJ 内墙滚花涂料、JQ831、JQ841 耐擦洗内墙涂料、乙-乙乳液彩色内墙涂料、乙-丙内墙涂料、803 内墙涂料、206 内墙涂料、过氯乙烯内墙涂料、水性无机高分子平面状涂料、乳胶漆内墙涂料等。

(2)刷浆饰面装修

刷浆饰面,是指将水质涂料喷刷在建筑物抹灰层或基体等表面上,用以保护墙体,美化建筑物。用于刷浆的水质涂料很多,供室内用的有石灰浆、大白粉浆、可赛银浆,色粉浆等;用于室外的有水泥避水色浆、油粉浆、聚合物水泥浆等。

4.6 管道穿墙的构造处理

在供热通风、给水排水及电气工程中,都有多种管道穿过建筑物(或构筑物)的墙(或池)壁。管道穿墙时,必须做好保护和防水措施,否则将使管道产生变形或与墙壁结合处产生渗水现象,影响管道的正常使用。

当墙壁受力较小,以及穿墙管在使用中振动轻微时,管道可直接埋设于墙壁中,管道

和墙体固结在一起,称为固定式穿墙管。为加强管道与墙体的连接,管道外壁应加焊钢板翼环,翼环的厚度和宽度可参考表 4.3 选用,如遇非混凝土墙壁时,应改用混凝土墙壁(图 4.33)。

表 4.3　翼环尺寸表

mm

管径 DN	25	32	40	50	70	80	100	125	150	200	250	300
翼环厚度 δ	5	5	5	5	5	5	5	5	5	8	8	8
翼环宽度 α	30	30	30	30	30	30	30	30	30	50	50	75

当墙壁受力较大,在使用过程中可能产生较大的沉陷以及管道有较大振动,并有防水要求时,管道外宜先埋设穿墙套管(亦称防水套管),然后在套管内安装穿墙管,由于墙壁因沉陷产生的压力作用在套管上,所以对穿墙管起到保护作用,同时管道也便于更换,称为活动式穿墙管。穿墙套管按管间填充情况可分为刚性和柔性两种。

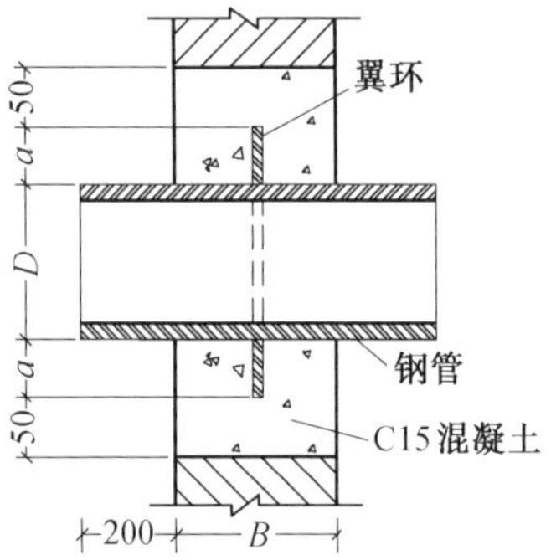

图 4.33　固定式穿墙管

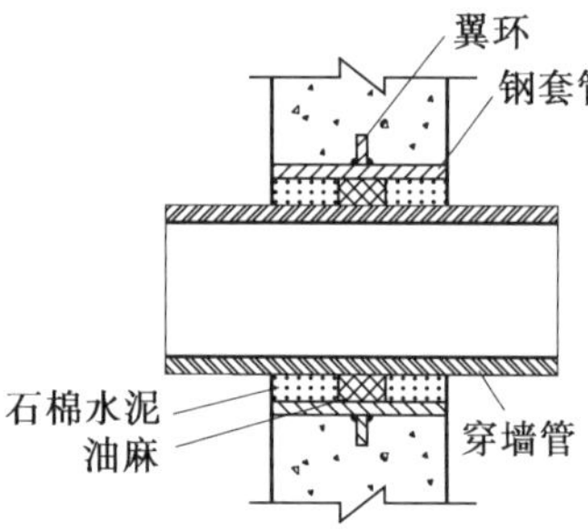

图 4.34　刚性防水套管

4.6.1　刚性穿墙套管

刚性穿墙套管(图 4.34)适用于穿过有一般防水要求的建筑物和构筑物,套管外也要加焊翼环。套管与穿墙管之间先填入沥青麻丝,再用石棉水泥封堵。

4.6.2　柔性防水套管

柔性防水套管(图 4.35)适用于管道穿过墙壁之处有较大振动或有严密防水要求的建筑物构筑物。

其一般构造为套管内焊有挡圈 3、套管外焊有翼环 2 和翼盘 8,浇固于墙内。套管的一侧通过法兰盘 6 和双头螺栓 5,将另一短管 7 压紧套管与穿墙管之间的橡皮条 4,使之密封。

无论是刚性或柔性套管,都必须将套管一次浇固于墙内,套管穿墙处之墙壁如遇非混凝土时,应改用混凝土墙壁,混凝土浇筑范围应比翼环直径大 200 ~ 300 mm。

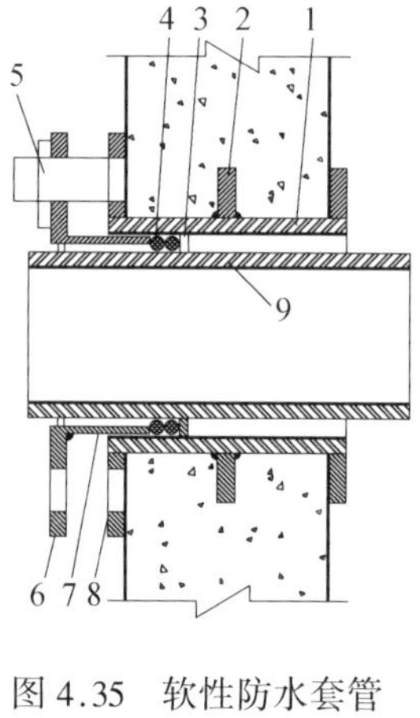

图 4.35　软性防水套管

1—套管;2—翼环;3—挡圈;4—橡皮条;5—双头螺栓;6—法兰盘;7—短管;8—翼盘;9—穿墙孔

套管处混凝土墙厚对于刚性套管不小于 200 mm,对于柔性套管不小于 300 mm,否则应使墙壁一侧或两侧加厚,加厚部分的直径应比翼环直径大 200 mm。

4.6.3 进水管穿地下室

当进水管穿过地下室墙壁时,对于采用防水和防潮措施的地下室,应分别按图 4.36 中的(a)和(b)进行施工。

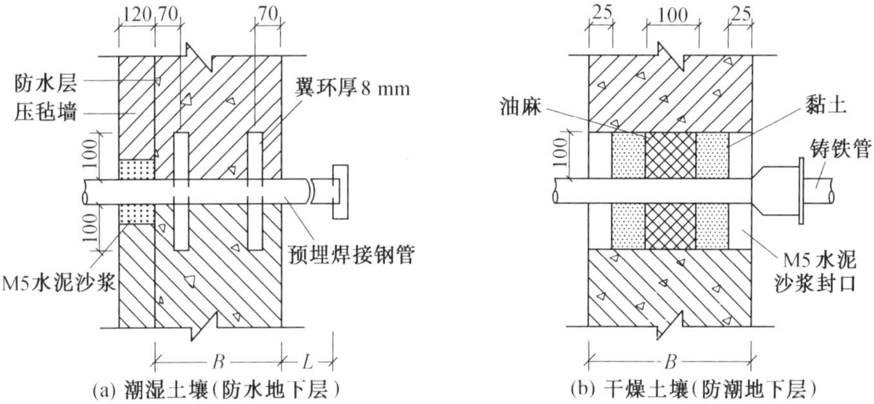

图 4.36 进水管穿地下室构造

4.6.4 电缆穿墙

电缆穿墙时,除可用钢管保护外,还可用图 4.37 所示刚柔结合的做法。

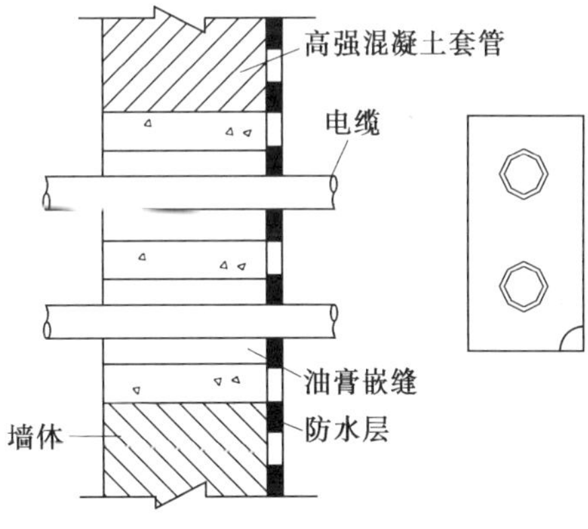

图 4.37 电缆穿墙处理

复习思考题

1. 确定砖墙厚度的因素有哪些?
2. 砖墙的组砌方法有几种?
3. 砖墙的承重方式有几种?
4. 墙体的细部做法。
5. 墙体的装修做法。

6.初步了解墙体的隔声和热工性能。

7.门窗洞口上部为什么要加设过梁?

8.砖墙中应加设哪些抗震设施?

9.常用的隔墙有几种做法?

10.墙面装修有哪些作用?

11.墙面装修有哪几种?试举例说明每类墙面装修的一至两种构造做法及适用范围。

第5章　楼板与地面

5.1　楼板的类型与要求

5.1.1　楼板的组成

楼板的基本组成可划分为结构层、面层和顶棚三个部分。

结构层:结构层一般为楼板或由梁和楼板组成。它是房屋的主要水平承重构件,它将作用在其上面的全部静、活荷载及自重传递给墙或柱,同时它对墙身起着水平支撑作用,以减少水平风力以及地震的水平荷载对墙面作用所产生的挠曲,增强房屋的整体性和刚度。

面层:起着保护楼板,承受并传递荷载的作用,同时对室内有很重要的清洁及装饰作用,并可以改善楼板的隔声性能。

顶棚:附着于楼板或屋面板底部的部分,可分为直接式顶棚及吊顶棚两类。

楼板可根据需要增设如找平层、防水层、保温层、隔声层等构造层次。

5.1.2　楼板的类型

根据承重构件的材料,楼板分为木楼板、钢筋混凝土楼板、钢楼板及砖拱楼板等。

1.木楼板

木楼板使用舒适、自重轻、保温性能好、节约钢材和水泥等;但易燃、易腐蚀、易被虫蛀、耐久性差,需耗用大量木材。目前主要用在产木地区、高级建筑及古建筑维修中。

2.钢筋混凝土楼板

钢筋混凝土楼板有现浇(整体式)和装配式两种类型。这种楼板强度和刚度较高,耐火性和耐久性好,装配式更有工业化生产的优势。但自重较大,施工时对机械设备有一定要求,现浇式楼板现场湿作业较多,工期长。钢筋混凝土楼板隔声、保温性能及舒适性略差一些,可通过后期装修来改善其性能。钢筋混凝土楼板是目前应用最广泛的一种楼板。

3.钢楼板

钢楼板是在型钢梁上铺设压型钢板,再在其上整浇混凝土组合而成。钢楼板强度高,施工方便,便于建筑工业化,较钢筋混凝土楼板自重轻,但防水性能较差,用钢量大,造价高。目前国内较少应用。

4.砖拱楼板

砖拱楼板利用砖砌成拱形结构形成。砖拱由墙或梁支承。采用砖拱楼板可节省木材、水泥和钢材,造价较低(图5.1)。但砖拱楼板抗震能力差,施工较麻烦,只能在低层房屋中采用，不宜用于地震区和地基条件差，易引起不均匀沉降的房屋。

5.1.3 楼板的设计要求

1.楼板应具有足够的强度和刚度

楼板必须具有足够的强度和刚度才能保证楼板正常和安全使用。强度是指楼板能够承受自重和不同的使用要求下的使用荷载（如人群、家具设备等，也称活荷载）而不损坏。刚度是指楼板在一定的荷载作用下，不发生超过规定变形的挠度，以及人走动和重力作用下不发生显著的振动。否则就会使面层材料以及其他构配件损坏，产生裂缝等。

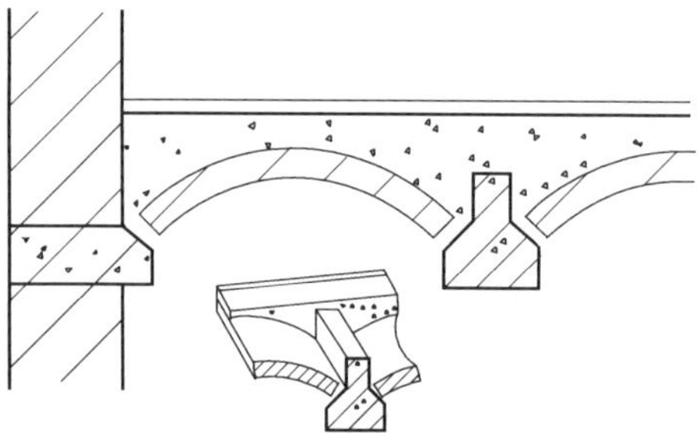

图 5.1 砖拱楼板

2.楼板应满足隔声的要求

为了防止噪声通过楼板传到上下相邻的房间，影响其使用，楼板应具有一定的隔声能力。不同使用要求的房间对隔声的要求不同。

楼板的隔声包括隔绝空气传声和固体传声两方面。固体传声一般由上层房间对下层产生影响，如步履声、移动家具对楼板的撞击声、缝纫机和洗衣机等振动对楼板的影响声等，都是通过楼板层构配件来传递的。由于声音在固体中传递时，声能衰减很少，所以固体传声的影响更大，是楼板隔声的重点。

隔绝固体传声简单有效的方法之一是采用富于弹性的铺面材料作面层，以吸收一些撞击能量，减弱楼板的振动。如铺设地毯、橡皮、塑料等。另外，还可以通过在面层下设置弹性垫层或在楼板底设置吊顶棚等方法来达到隔声的目的。

3.满足热工、防火、防潮等的要求

在冬季采暖建筑中，假如上下两层温度不同时，应在楼板构造中设置保温材料，尽可能使采暖方面减少热损失。

从防火和安全角度考虑，一般楼板承重构件，应尽量采用耐火材料制作。如果局部采用可燃材料时，应作防火特殊处理；木构件除了防火以外，还应注意防腐、防蛀。

潮湿的房间如卫生间、厨房等应要求楼板有不透水性。除了支承构件采用钢筋混凝土以外，还可以设置有防水性能、易于清洁的各种铺面，如面砖、水磨石等。与防潮要求较高的房间上下相邻时，还应对楼板做特殊处理。

4.楼板应满足经济方面的要求

在多层房屋中，楼板的造价一般约占建筑造价的 20% ~ 30%，因此，楼板的设计应力求经济合理，应尽量就地取材，在进行结构布置和确定构造方案时，应与建筑物的质量标准和房间的使用要求相适应，并须结合施工要求，避免不切合实际而造成浪费。

5.楼板应满足建筑工业化的要求

在多层或高层建筑中，楼板结构占相当大的比重，要求在楼板设计时，应尽量考虑减轻自重和减少材料的消耗，并为建筑工业化创造条件，以加快建设速度。

5.2 钢筋混凝土楼板的构造

钢筋混凝土楼板按施工方式的不同,分为现浇整体式、预制装配式和装配整体式三种类型。

5.2.1 现浇式钢筋混凝土楼板

现浇钢筋混凝土楼板在现场绑扎钢筋并支模浇筑混凝土而成。这种楼板整体性好,刚度大,有利于抗震,防水性能好并且成型自由,能适应各种不规则形状和需留孔洞等特殊要求的建筑。但现浇楼板耗费大量模板,现场湿作业量大且施工工期较长。

现浇钢筋混凝土楼板分为板式、梁板式、井式和无梁楼板四种。

1.板式楼板

板式楼板一般单向简支在墙上,多用于较小跨度的走廊或房间,如居住建筑中浴厕、厨房等处。跨度一般在 2 m 左右,可至 3 m,板厚约 70 mm,板内配置受力钢筋(设于板底)与分布钢筋,按短跨方向搁置。如方形或近似方形房间则需双向支承和配筋。

2.梁板式楼板

房间跨度较大时,若仍采用板式楼板,则必须加大板的厚度和增加板内的配筋量,很不经济。因此,结构设计中常采用梁板式楼板,即设置梁作为板的支点来减小板的跨度。这时,楼板的荷载是由板传给梁,再由梁传到墙或柱上。梁板式楼板也被称为肋梁楼板。

梁有主梁和次梁之分,在进行结构布置时,主梁应沿房间的短跨方向布置,而次梁则沿垂直于主梁的方向布置(图 5.2),主梁可由砖石墙垛或钢筋混凝土柱、砖柱支承,它的经济跨度一般以 5 ~ 8m 为宜。梁的断面尺寸与梁跨有关,一般梁高 h 为跨度的 1/8 ~ 1/14,梁宽为梁高的 1/2 ~ 1/3;主梁的间距即为次梁跨度,一般以 4 ~ 6 m 为宜,次梁高为次梁跨度的 1/12 ~ 1/18,宽度为梁高的 1/2 ~ 1/3。板由次梁支承,次梁的间距即为板的跨度,通常取 1.7 ~ 2.7 m,板厚 60 ~ 80 mm。

当板的长边(即主梁间距)与短边(即次梁间距)之比大于 2 时,在荷载作用下,板基本上沿短方向传递荷载,所以称为单向板。当这一比值小于或等于 2 时,板在两个方向都有弯曲,即在两个方向都传递荷载,所以称为双向板。

3.井式楼板

当梁板式楼板两个方向的梁不分主次,高度相等,同位相交,呈井字形时称为井式楼板。井式楼板实际上是梁板式楼板的一种特例。它的板为双向板也是一种双向板梁板式楼板。

井式楼板宜用于正方形平面,长短边之比 $\leqslant 1.5$ 的矩形平面也可采用。梁与楼板平面的边线可正交也可斜交。此种楼板的梁板布置图案美观,有装饰效果,并且由于两个方向的梁相互支撑,受力较好,为创造较大的建筑空间创造了条件,所以常用于公共建筑的门厅、大厅或跨度较大的房间。

4.无梁楼板

无梁楼板的特点是将板直接支承在墙和柱上,不设主梁或次梁。为增大柱的支承面

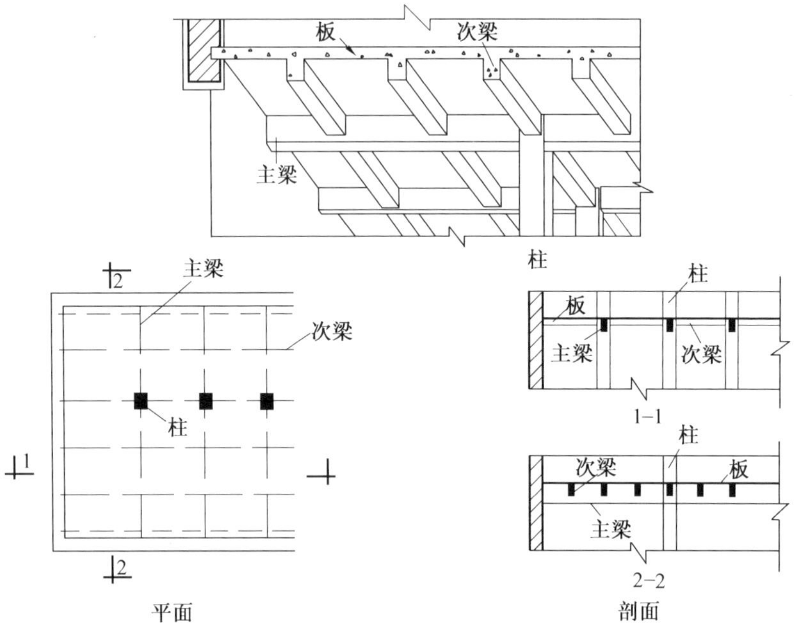

图 5.2　现浇梁板式楼板

积和减少板的跨度，通常在柱顶加柱帽和托板等。柱帽的形式可以是方形、圆形或多边形等。

无梁楼板采用的柱网通常为正方形或接近正方形，这样较为经济。常用的柱网尺寸为 6 m 左右，柱子截面一般为正方形、圆形或多边形。楼板厚取 170 ~ 190 mm。采用无梁楼板顶棚平整，有利于室内的采光、通风，视觉效果好。无梁楼板的模板简单、施工方便，结构高度较一般梁板式楼板要小，但楼板较厚，浪费材料，当楼面荷载小于 5.0 kN/m^2 时不经济。无梁楼板常用于商场、仓库、多层车库及轻型工业厂房等建筑中。

5.2.2　预制装配式钢筋混凝土楼板

预制装配式钢筋混凝土楼板，是将楼板的梁、板预制成各种形式和规格的构件，在现场装配而成。由于构件在工厂或现场预制，可节省模板，改善劳动条件，提高效率，加快施工进度。但装配式楼板的整体性较现浇楼板差，并需要相应的起重安装设备。

1.板的类型

根据预制构件是否施加了预应力，可分为顶应力和非预应力两种构件。

非预应力构件是指普通钢筋混凝土构件，由于梁、板等都是受弯构件，而混凝土的抗拉能力很低，当构件受弯后，在受拉区的混凝土便很快出现裂缝，裂缝的开展不仅使构件的挠度增大、裂缝处的钢筋失去保护而易锈蚀，同时还限制了钢筋使用强度的充分发挥。但非预应力构件对材料、施工技术、施工设备等要求相对较低，目前仍广泛采用。

为克服非预应力构件这一缺点，在构件预制时对钢筋预先进行张拉，产生预应力，放松钢筋，使混凝土产生预加的压应力。这样构件受力后，在受拉区混凝土一部分拉应力被预加的混凝土压应力抵消，这样混凝土就不容易开裂或使裂缝宽度大大减小。预应力钢筋混凝土构件的刚度大,受力后抗裂能力强,可以采用高强钢材和高标号混凝土,充分发挥高强材料的作用。与非预应力构件比较,可节省钢材30%~50%,节省混凝土10%~30%,减轻自重,降低造价。预应力构件对施工设备和施工技术有一定要求,所以有条件时应优先选用。

装配式楼板有预制实心平板、空心板、槽形板、T形板等。

(1)实心平板

预制实心平板(图5.3)因跨度小,重量轻,制作简单,节约模板,造价较低,但隔声效果差,易漏水,在板跨较大时因板厚增大则不经济。常用作过道、厨房、厕所等处的楼板,也可作架空搁板、管道盖板等。普通钢筋混凝土平板的跨度一般等于或小于2.5 m,常用板厚50~80 mm,板宽约为400~900 mm左右。板宽上下相差20 mm是为了便于灌缝和识别方向。

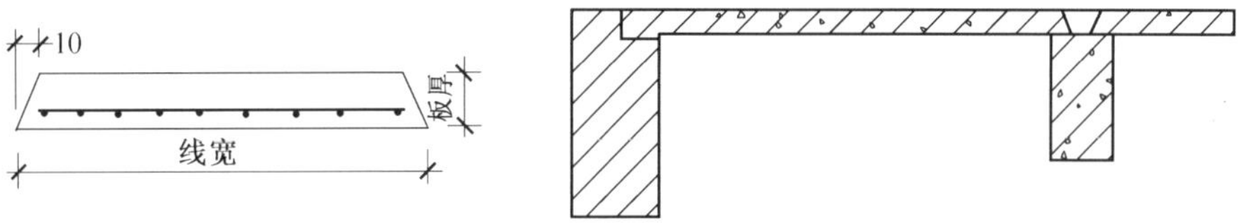

图5.3　预制实心板

(2)空心板

空心板(图5.4)是在民用建筑中应用极为广泛的构件,由于它去掉了中性轴附近的混凝土形成孔洞,所以节省混凝土,也减轻了自重。

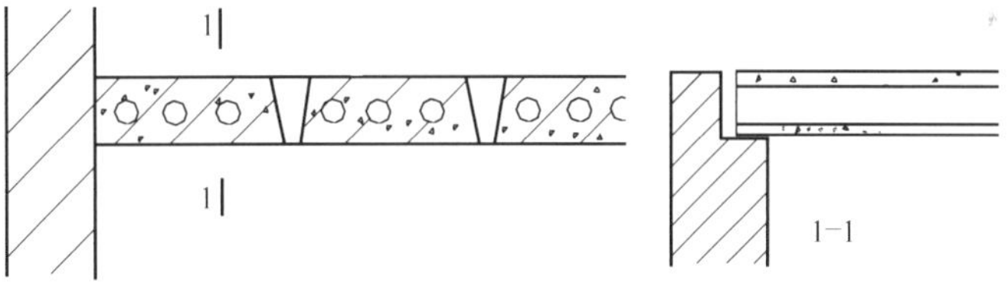

图5.4　预制空心板

空心板表面平整,板中孔洞还可敷设电气管线,而且有较好的隔音效果。其孔洞有圆孔、椭圆孔和方孔等。方孔能节省较多的混凝土,但脱模较为困难,易出现裂缝。椭圆孔和圆孔增大了肋的截面面积,使板的刚度增强,对受力有利,同时抽芯脱模也较方便。目前多采用圆孔空心板。

空心板的规格尺寸,各地不尽相同,板厚多为110~180 mm,板宽600~1 200 mm,非预应力空心板板跨多在4 500 mm以内,预应力空心板最大板跨可达6 000~6 900 mm左右。

空心板在安装前,板的两端孔内应用砖块或混凝土填实。堵塞两端的孔不仅能避免板端被上部墙体压坏,也能增加隔声和隔热效果。

(3)槽形板

槽形板是由纵肋、横肋和上板所组成,是一种梁板合一的构件(图5.5)。槽形板自重轻,制作与施工简便,便于开设较大的管道洞口。但槽形板隔声效果差,容易积灰。作用在槽形板上的荷载主要由两侧的纵肋承受,因此板可以做得很薄(30～35 mm)。为了增加槽形板的刚度,在两纵肋之间增加横肋,在板的两端以端肋封闭。

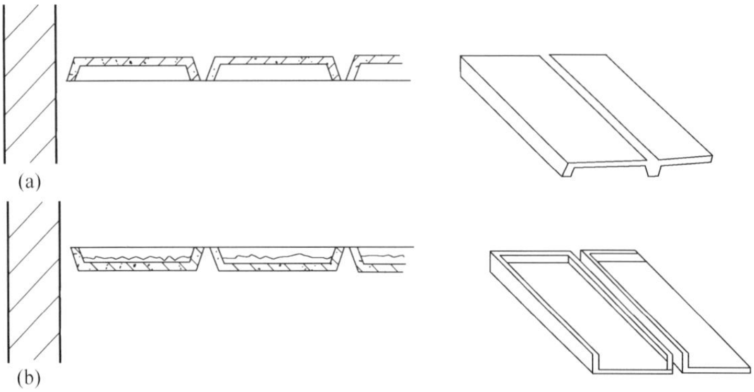

图 5.5　槽形板

槽形板的常见跨度为 3～6 m,肋高 150～300 mm,板宽有 600 mm、900 mm、1 200 mm 等。

槽形板分槽口向下(正槽板)和槽口向上(反槽板)两种类型。正槽形板肋在板下面,受力合理,楼面平整,但下面有肋突出,对于要求天棚平齐的房间,要在板下做吊顶。反槽形板肋在板的上面,受力不很合理,对肋的质量要求较高,比正槽形板费钢筋和混凝土,但板底平整,可利用槽口内的空间放置隔声、隔热材料,上面另做面层,较适合对楼面有特殊要求的房间。

(4)T 形板

T 形板有单 T 板和双 T 板两种(图 5.6),也是一种梁板结合构件。T 形板具有跨度大、多功能的特点,可作楼板也可作墙板。T 形板板宽一般为 1.2～2.4 m,跨度 6～12 m,板厚一般为长度的 1/15～1/20。

T 形板一般用于较大跨度的民用建筑和较大荷载的工业建筑。

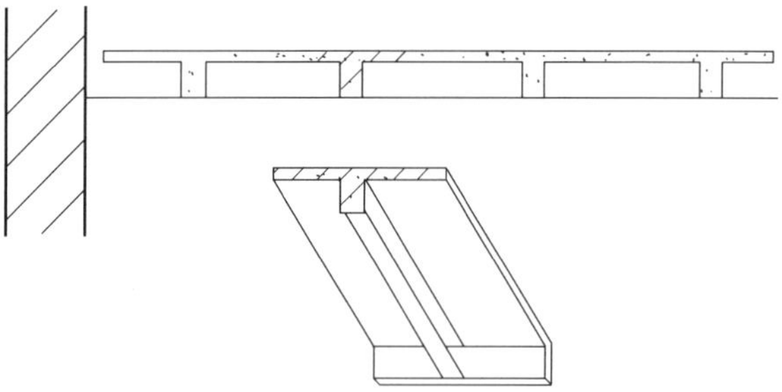

图 5.6　T 形板

2.预制板的布置和细部处理

(1)板的布置方式

对建筑方案进行楼板布置时,首先应根据房间的使用要求确定板的种类,再根据开间与进深尺寸确定楼板的支承方式,然后根据现有板的规格进行合理的安排。板的支承方式有板式和梁板式,预制板直接搁置在墙上的称板式布置,若楼板支承在梁上,梁再搁置在墙上的称为梁板式布置(图 5.7)。在确定板的规格时，应首选以房间的短边长度作为板跨。一般要求板的规格、类型愈少愈好。

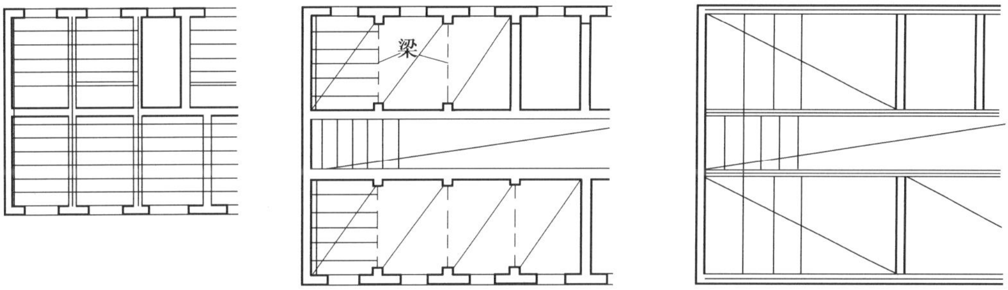

(a)横墙承重板式结构　(b)梁板式结构　(c)纵墙承重板式结构

图 5.7　预制板结构布置

当采用梁板式支承方式时，板在梁上的搁置方案一般有两种：一种是板直接搁在梁顶上，见图 5.8(a)；另一种是将板搁置在篮梁或十字梁两翼上，见图 5.8(b)，板面与梁顶齐平，当梁高不变的情况下，这种方式相应的提高了室内净空高度，见图 5.8(c)。

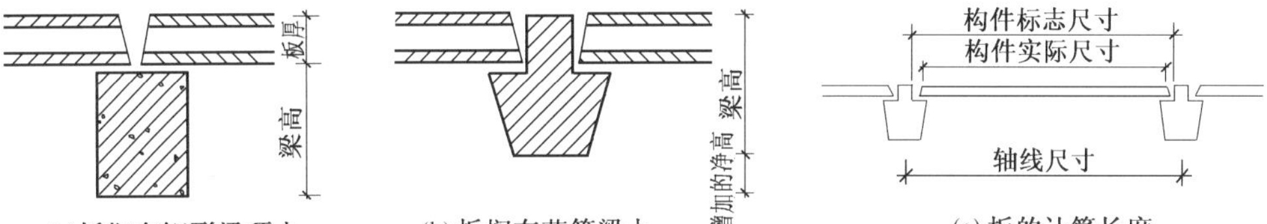

(a)板搁在矩形梁顶上　(b)板搁在花篮梁上　(c)板的计算长度

图 5.8　板在梁上的搁置

(2)楼板的细部构造处理

①板缝处理。为了便于板的安装铺设，板与板之间常留有 10 ~ 20 mm 的缝隙。为了加强板的整体性，板缝内须灌入细石混凝土，并要求灌缝密实，避免在板缝处出现裂缝而影响楼板的使用和美观。板的侧缝构造一般有三种形式：V 形缝、U 形缝和凹槽缝，见图 5.9。

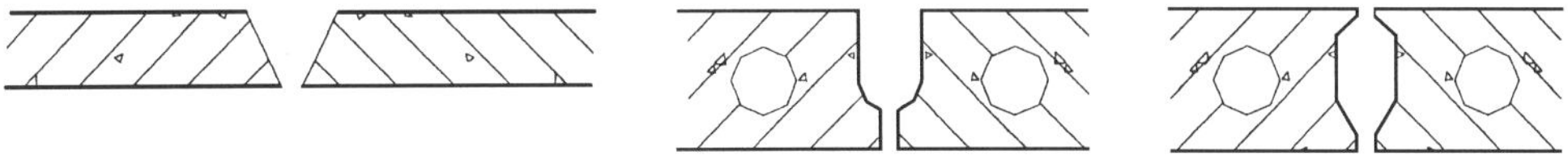

(a)V形缝　(b)U形缝　(c)凹槽缝

图 5.9　侧缝接缝形式

V 形缝与 U 形缝板缝构造简单，便于灌缝，所以应用较广，凹形缝有利于加强楼板的整体刚度，板缝能起到传递荷载的作用；使相邻板能共同工作，但施工较麻烦。

当板缝≥50 mm 时，常在缝中配置钢筋再灌以细石混凝土，见图 5.10(a)、(b)。当缝宽＞120 mm时，采用钢筋骨架现浇板带处理，缝宽≤120 mm 时，可沿墙挑砖填缝，见图 5.10(c)、(d)。

②楼板的搁置与锚固。预制板搁置在墙或梁上时，应保证有一定的搁置长度，在墙上的搁置长度不小于 90 mm；在梁上的搁置长度不少于 60 mm。搁置时必须在墙上或梁上铺

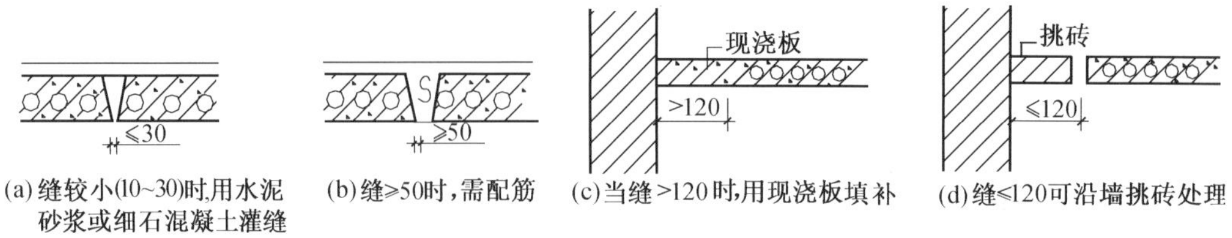

图 5.10 板缝及板缝差的处理

以 M5 标号水泥砂浆 10～20 mm 厚(俗称坐浆),以利于二者连接。

为了增强楼板的整体刚度,特别是处于地基条件较差地段或地震区,应在板与墙及板端与板端连接处设置锚固钢筋,如图 5.11 所示。

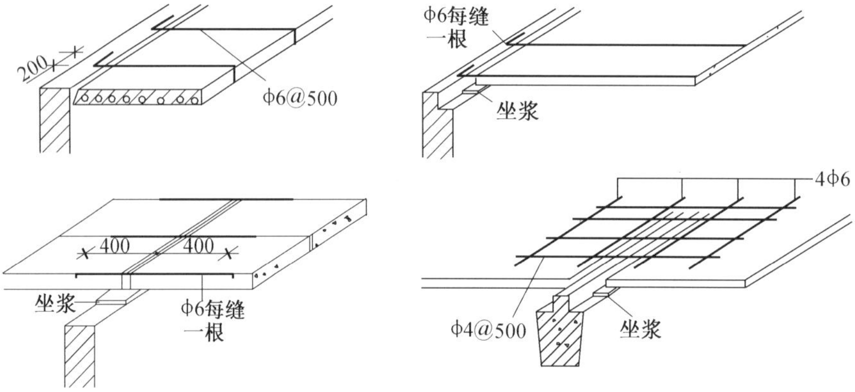

图 5.11 板的锚固

③楼板上立隔墙的处理。隔墙若为轻质材料时,可直接立于楼板之上。如果采用自重较大的材料,如黏土砖等作隔墙,则不宜将隔墙直接搁置在楼板上,特别应避免将隔墙的荷载集中在一块楼板上。对有小梁搁置的楼板或槽形板,通常将隔墙搁置在小梁上或槽形板的边肋上,见图 5.12(a)、(b)。如果是空心板作楼板,可在隔墙下作现浇板带或设置预制梁解决,见图 5.12(c)。

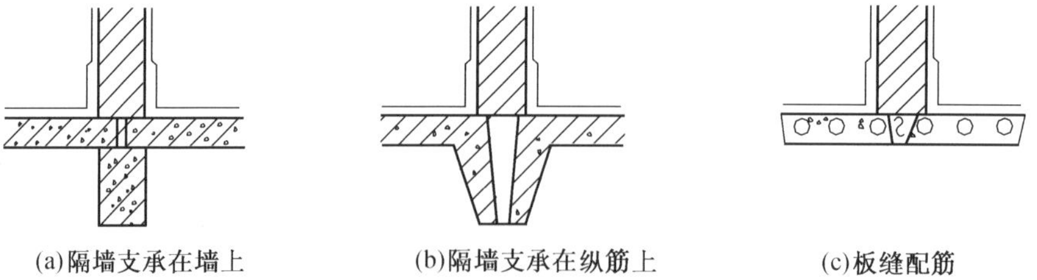

图 5.12 隔墙与楼板的关系

④板的面层处理。预制板铺设的楼面上,由于预制构件的尺寸误差或施工上的原因会造成板面不平,需做20～30 mm 厚水泥砂浆找平层。但为增加楼板面层的整体性,宜做 35～40 mm 厚细石混凝土整浇层;电线管等小口径管线可以直接埋在整浇层内。装修标准较低的建筑物,可直接将水泥砂浆找平层或细石混凝土整浇层表面抹光,要求较高须在找平层上另做面层。

5.2.3　装配整体式钢筋混凝土楼板

1. 密肋填充块楼板

密肋填充块楼板由密肋、楼板和填充块叠合而成。这密肋小梁有现浇和预制两种方式。

现浇密肋和现浇板组合在一起，以陶土空心砖或矿渣混凝土空心块作为肋间填块，见图 5.13(a)，混凝土肋的间距随砖块的尺寸而异，一般在 300 ~ 600 mm 之间。肋间借砖块周边的凹槽与混凝土咬结，使楼板的整体性更强，面层板厚 40 ~ 50 mm。由于采用空心砖或块填充，对隔声、隔热较为有利，同时板底抹面后较为平整，无需另作吊顶。此外，空心砖孔内可穿管线，对节约空间也较为有利。

也可在预制小梁间铺置预制陶土空心砖、矿渣混凝土空心块、煤渣空心砖以及预制砖拱块等，然后现浇面层混凝土，见图 5.13(b)、(c)。

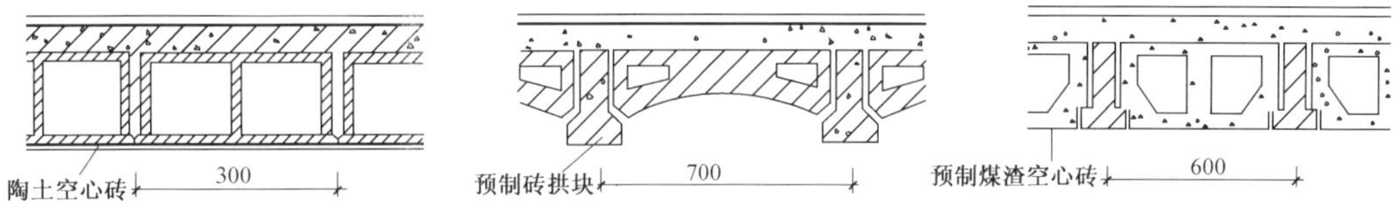

(a) 现浇密肋楼板　(b) 预制小梁密肋楼板　(c) 预制小梁密肋楼板

图 5.13　密肋楼板

2. 叠合式楼板

叠合式楼板指用预制的预应力钢筋混凝土薄板作底板，与现浇混凝土面层叠合而成的装配整体式楼板(图 5.14)。节省模板，整体性好，利于工业化施工；但叠合面处理困难。

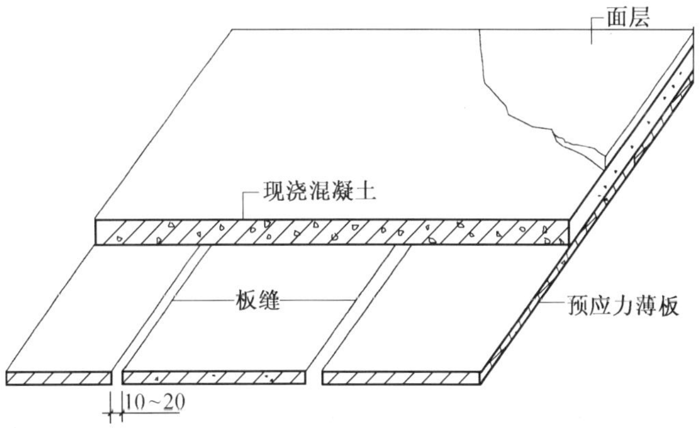

图 5.14　叠合式楼板

叠合式楼板的预制钢筋混凝土薄板既是永久性模板承受施工荷载，也是整个楼板结构的一个组成部分。预应力钢筋混凝土薄板内配以高强钢丝作为预应力筋，同时也是楼板的跨中受力钢筋，板面现浇叠合层，只需配置少量的支座负弯矩钢筋。所有楼板层中的管线均可事先埋在叠合层内。预制薄板作底板底面平整，作为顶棚可直接喷浆或黏贴装饰顶棚壁纸。

叠合楼板跨度一般为 4 ~ 6 m,最大可达 9 m;以 5.4 m 以内较为经济,预应力薄板厚度根据结构计算确定,通常为 60 ~ 70 mm,板宽 1.1 ~ 1.8 m;板间应留 10 ~ 20 mm 的空隙。现浇叠合层的混凝土标号为 C20,厚度一般为 70 ~ 120 mm。叠合楼板的总厚度取决于板的跨度,一般为 150 ~ 200 mm。

5.2.4 顶棚构造

顶棚又称天花或天棚,顶棚可以提高室内的装饰效果。顶棚的高低、造型、色彩、照明和细部处理,对人们的空间感受具有相当重要的影响。顶棚往往具有保温、隔热、隔声、吸音或反射声音等作用,而且可以增加室内亮度。此外,人们还经常利用吊顶棚内的有限空间来处理好人工照明、空气调节、音响、防火技术等问题。

顶棚可分为直接抹灰顶棚和吊顶棚两大类。

1.直接抹灰顶棚

直接式顶棚是在屋面板、楼板等的底面进行直接喷浆、抹灰或黏贴墙纸等而达到装饰目的。此类顶棚的构造一般与内墙饰面的抹灰类、涂刷类、裱糊类基本相同。

直接抹灰顶棚常用的抹灰材料有纸筋灰抹灰、石灰砂浆抹灰、水泥砂浆抹灰等。其具体做法是:先在顶棚的基层即楼板底面,刷一遍纯水泥浆,使抹灰层能与基层很好地黏合,然后用混合砂浆打底,再做面层。喷刷类顶棚是在屋面板底或楼板底直接用浆料喷刷而成的。其常用材料有石灰浆、大白浆、色粉浆、彩色水泥浆、可赛银等。对于要求较高的房间顶棚,可以采用贴墙纸、贴墙布以及用其他一些织物直接裱糊而成。

2.吊顶棚

吊顶棚简称“吊顶”。对一些隔声或吸声要求较高,或楼板底部不平而又需要平整,或在楼板底敷设管线的房间,常在楼板的下部空间作吊顶。

(1)吊顶的组成

吊顶在构造上由吊筋、支承结构、基层和面层 4 个部分组成。

吊筋:吊筋有木吊筋和圆钢或扁钢吊筋,它上部与屋顶或楼板的结构构件相连接,下部与顶棚的支承结构相连接。

支承结构:吊顶的支承结构是主龙骨,由吊筋悬吊在屋顶檩条或楼板、屋面板下(图 5.15)。主龙骨一般垂直屋架或主梁布置,间距约 1.5 m,材料可用圆木、方木或金属型材。断面尺寸由结构计算确定。吊筋和主龙骨的连接,根据不同材料,采用钉、螺栓、勾挂、焊接等方法。

基层:吊顶基层是用来固定面层的,它由次龙骨和间距龙骨组合成吊顶棚架(图 5.16)。骨架材料有木材、型钢或轻金属型材,其布置形式及间距视面层材料而定。次龙骨间距不大于 600 mm,次龙骨与主龙骨的连接可采用钢丝或小方木,连接方式根据不同材料分别采用钉、螺栓、勾挂或焊接等不同方法。

面层:面层即吊顶的饰面部分。一般吊顶以饰面材料的不同而分别命名。如板条抹灰吊顶、钢板网抹灰吊顶、纤维板吊顶、石膏板吊顶、矿棉板吊顶、金属板吊顶等。

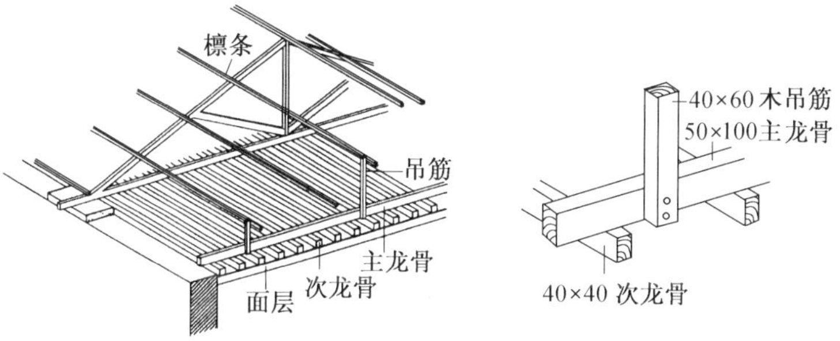

图 5.15　木骨架吊顶的组成

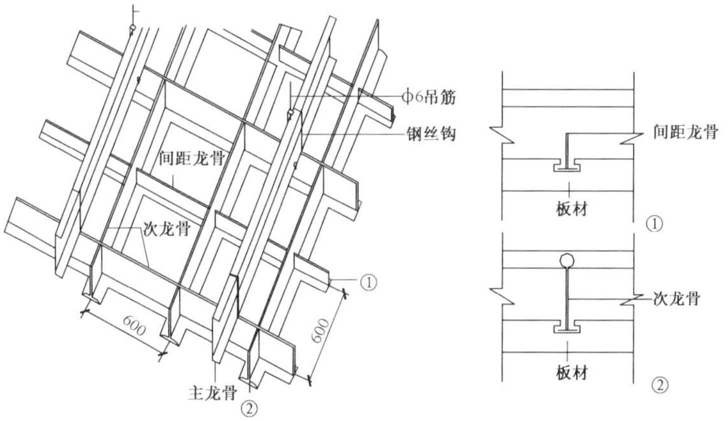

图 5.16　金属骨架吊顶的组成

(2)吊顶的分类

吊顶由于基层材料的不同可分为木骨架吊顶和金属骨架吊顶。由于面层材料及构造做法不同可分为抹灰类吊顶和板材类吊顶。

常见的抹灰类吊顶有板条抹灰、板条钢板网抹灰、钢板网抹灰等几种。

板材类吊顶可分为植物板材吊顶、矿物板材吊顶和金属板材吊顶几种。

常见的植物板材吊顶有木板、胶合板、硬或软质纤维板、装饰吸音板、木丝板、刨花板等板材吊顶。矿物板材吊顶用石棉水泥板、石膏板、矿棉板及玻璃棉板等成品板材作面层,一般用于金属龙骨基层。金属板材吊顶是用轻质金属板材,如铝合金板、薄钢板、镀锌铁皮板等作面层的。常用的板材有压型薄钢板和铸轧铝合金型材两类。

(3)吊顶的构造

①灰板条抹灰吊顶和板条钢板网抹灰吊顶。抹灰类吊顶表面平整光洁,整体感好,也被称为“整体式吊顶”。用于要求表面大面积平滑或有比较特殊的形体,如曲面、折面时,往往可取得较好效果。

灰板条抹灰吊顶一般采用木龙骨。主龙骨断面尺寸由结构计算确定,中距不超过 1.5 m,次龙骨(单向或双向布置)断面为 40 mm × 40 mm,中距为 400 mm ~ 600 mm。板条的截面尺寸以 10 mm × 30 mm 为宜,灰口缝隙 8 mm ~ 10 mm,以利于灰浆挤入嵌牢。板条接头处不得空悬,并错开排列,以免板条变形而造成抹灰开裂。板条抹灰一般采用纸筋灰,其做法同纸筋灰内墙面(图 5.17)。

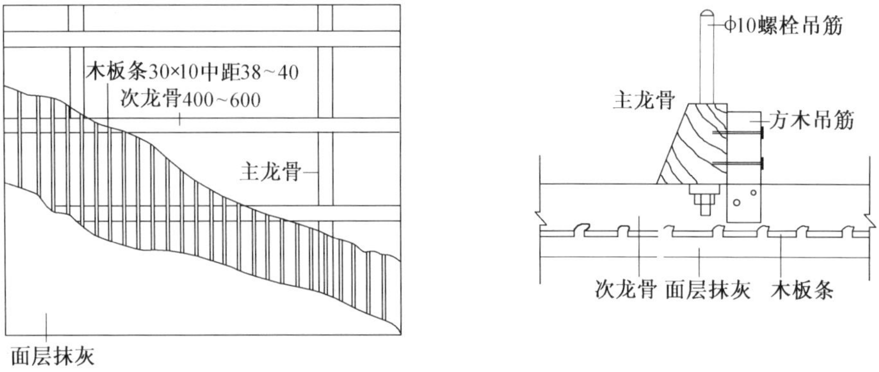

图 5.17 灰板条抹灰吊顶

灰板条抹灰吊顶的构造简单,但粉刷层受震动易开裂掉灰,且不防火,所以使用时受一定限制。为使灰浆与基层结合得更好,可在板条上加钉一层钢丝网,钢丝网网眼不大于10 mm,这样,板条的中距可由前者的38~40 mm加宽至60 mm,如图5.18所示。

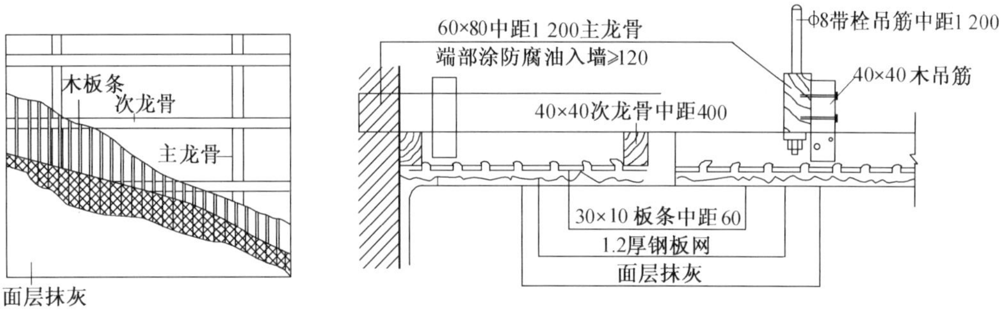

图 5.18 板条钢板网抹灰

②人工合成植物板材吊顶。人工合成植物板材如胶合板(三合板或五合板)、硬质纤维板、软质纤维板、装饰软质纤维板、装饰吸音板、木丝板、刨花板等,这类板材的构造作法及原理基本相同,一般均用木龙骨。作基层的龙骨必须结合板材的规格进行布置。龙骨中距最小尺寸305 mm×305 mm,最大尺寸610 mm×610 mm,超过610 mm时,中间应加小龙骨(即间距龙骨),龙骨断面为50 mm×50 mm,如图5.19所示。

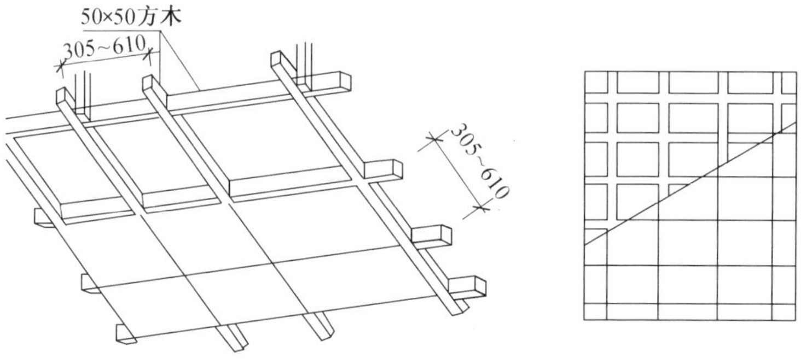

图 5.19 胶合板面顶棚

板面根据需要可喷色浆、油浆,亦可裱糊墙布或锦缎。如需做吸声构造时,可在板材表面钻孔,并在上部铺设吸音材料,如矿棉、玻璃棉等。钻孔可按各种图案进行,孔眼直径和间距由声学要求来确定。

板缝拼接处可为立槽缝或斜槽缝,或不留缝槽而用纱布或棉纸黏贴,如图5.20所示。

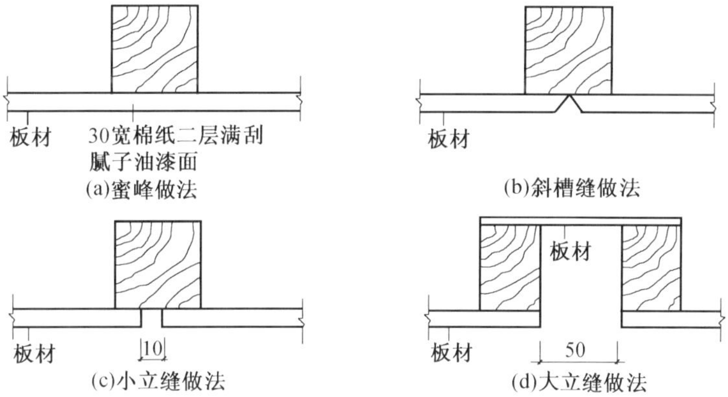

图5.20　板缝做法

③石膏装饰吸声板吊顶。用于顶棚的石膏装饰吸声板有普通型的和纸面石膏装饰吸声板两种。常见规格为300~600 mm见方,厚度9~12 mm。

石膏装饰吸声板吊顶一般采用薄壁轻钢龙骨。不上人的吊顶多采用ϕ6钢筋或带螺栓的ϕ9钢筋作吊筋,间距900~1 200 mm。次龙骨采用各种吊件与主龙骨连接,次龙骨的间距根据板的规格而定。

板材固定在次龙骨上,其固定方式有挂结方式、卡结方式和钉结方式三种。

④矿棉板和玻璃棉板吊顶。矿棉板和玻璃板质轻、吸声、保温、耐燃、耐高温,特别适合于有一定防火要求的顶棚。它们可以作为吸声板,直接用于顶棚或与其他材料结合使用,成为吸声顶棚。这两种板材多为方形或矩形,方形时边长300~600 mm,厚度12~50 mm不等,可直接安装在金属龙骨上。安装方式可分为全露明式、半露明式和全隐蔽式三种(图5.21)。

5.3　楼地面的种类、组成、材料和构造

5.3.1　楼地面的种类、组成与要求

1.楼地面的种类

地面可归纳为四类:整体地面、块料地面、木地面和人造软制品地面。

2.楼地面的组成

人们常将“楼面”与“地面”统称为“楼地面”,这是因为楼地面的功能及使用要求基本相同,在基本构造组成上又有很多共同之处。由于支承结构不同,它们又各有特点,楼板结构的弹性变形较小,而地面承重层的弹性变形较大。楼地面均由基层、垫层和面层三部分组成。

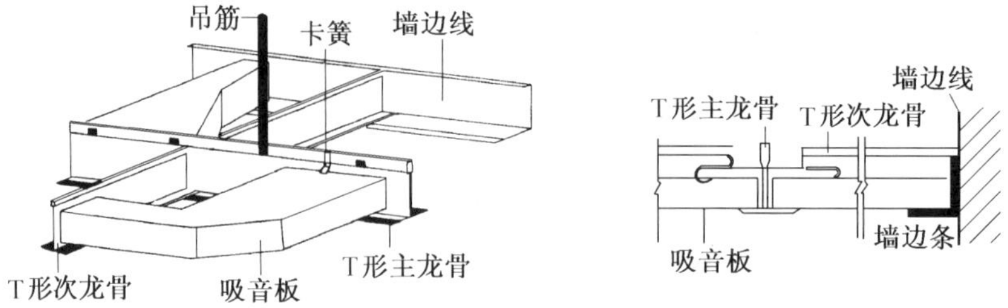

(a)T形龙骨全露明式

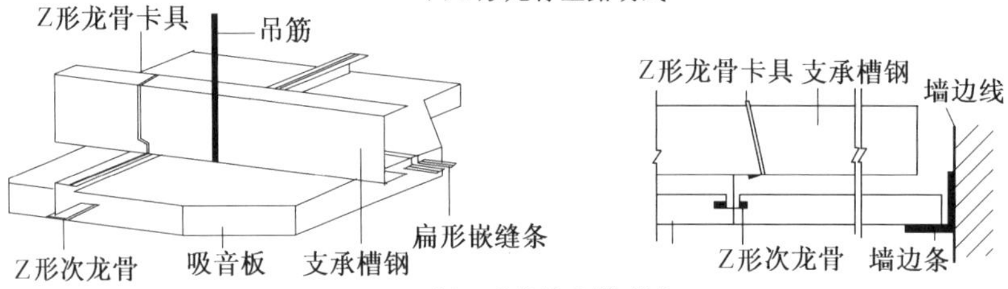

(b)T形龙骨全隐蔽式

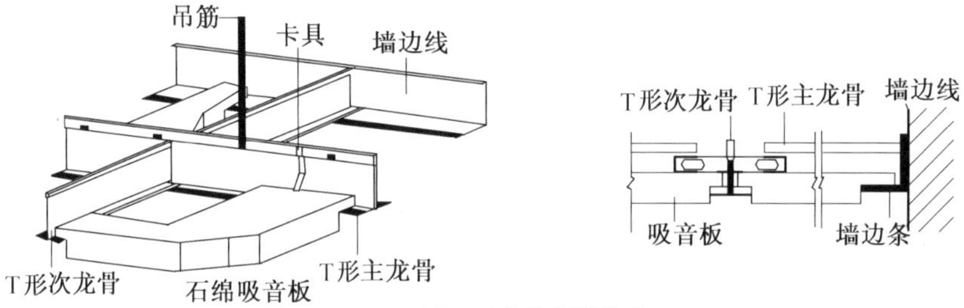

(c)T形龙骨半露明式

图 5.21　矿棉板安装构造示意

楼地面的构造如图 5.22 所示。

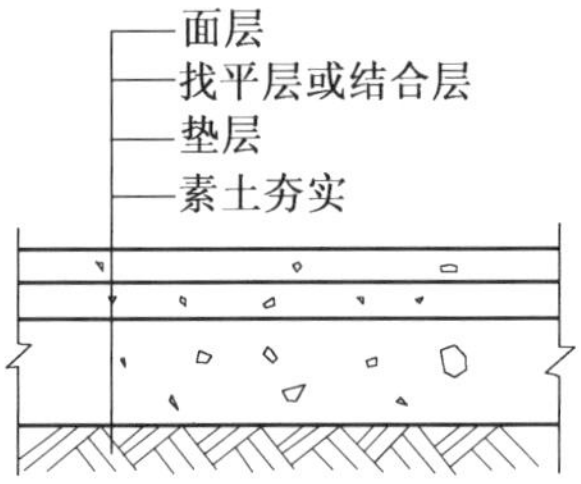

(a) 底层地面的组成

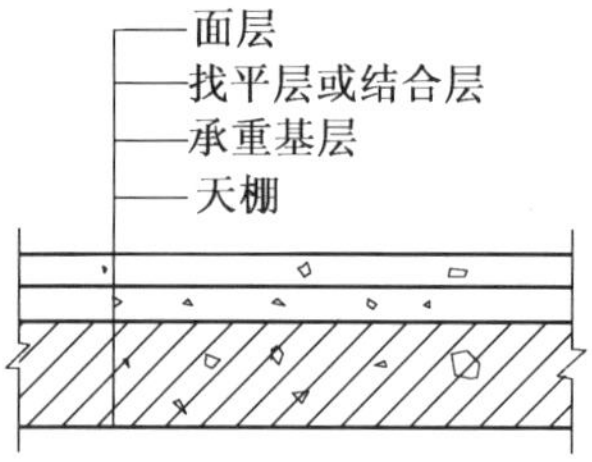

(b) 楼层地面的组成

图 5.22　楼地面的基本构造组成

基层的作用是承受其上面的全部荷载,因此,基层必须坚固、稳定。地面的基层多为素土、灰土或三合土,并分层夯实。楼面的基层即是楼板。

垫层位于基层之上、面层之下,是承受和传递面层荷载的构造层次。楼层的垫层,具有隔声和找坡作用,无特殊需要一般不设。根据材料性质的不同,垫层分为刚性垫层和柔性垫层两种。

刚性垫层的整体刚度好,受力后不产生塑性变形。一般采用 C7.5 ~ C10 混凝土,这种垫层多用于整体面层下面或小块料的面层下面。柔性垫层无整体刚度,受力后会产生塑性变形。一般由松散状的材料组成,如砂、碎石、炉渣、矿渣、灰土等。

面层是楼地面的最上层,一般楼地面均以面层材料来命名。面层与人们直接接触,也承受外界各种物理化学作用。因此,根据不同的材料与要求,面层的构造做法也各不相同。

3.楼地面的设计要求

(1)足够的坚固性

地面应当不易被磨损、破坏,表面平整光洁,易清洁,不起灰。并对楼地层的结构层起保护作用。

(2)良好的保温性和弹性

从人们使用的角度考虑,地面材料导热系数要小,以免冬季给人过冷的感觉。考虑人行走的感受,面层材料不宜过硬,有弹性的面层也有利于减少噪声。

(3)具有良好的防潮、防火和耐腐蚀性

对于一些特别潮湿的房间,如浴室、卫生间、厨房等,要求耐潮湿、不透水;有火源的房间,地面应防火、不燃烧;有酸碱腐蚀的房间,地面应具有防腐蚀能力。

(4)满足美观要求

应与墙面、顶棚等统一考虑色彩、肌理、光影等,并与室内空间的使用性质相协调。

5.3.2 地面的材料与构造

1.整体地面

整体地面指水泥地面、混凝土地面、水磨石地面等在现场整浇而成的地面。

(1)水泥地面

水泥地面构造简单,坚固防水,造价较低,在一般民用建筑中采用较多。但吸热系数大,冬天感觉冷,在空气相对湿度较大时易产生凝结水,而且表面易起灰,不易清洁。

水泥地面较简单的做法,通常又称之为“随捣随抹光法”,是在混凝土垫层浇好后,用铁辊压浆,待水泛到表面时撒1:1水泥黄沙,然后用铁板抹光。这种做法又称混凝土地面,比较经济,但是水泥表面较薄,容易磨损。

水泥地面通常的做法是:在结构层(垫层)上抹水泥砂浆;一般有双层和单层两种。双层先用15~20 mm厚1:3水泥砂浆打底作找平层,面层用5~10 mm厚1:2水泥砂浆抹面;单层只是在基层上抹一层15~20 mm厚1:2.5水泥砂浆,抹平后待其终凝前用铁板抹光。双层的施工虽复杂,但开裂较少。

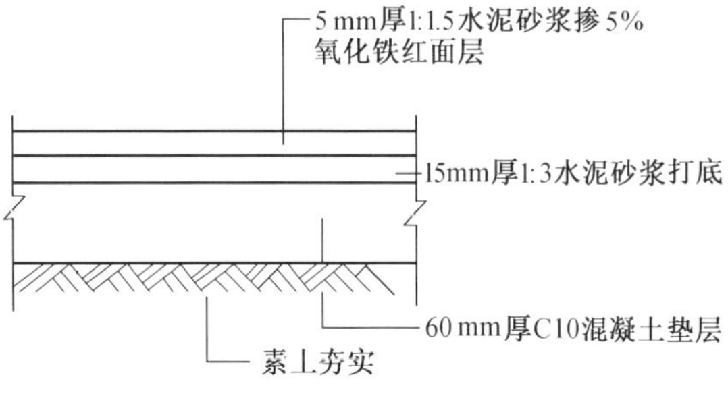

图5.23 矾红水泥地面构造

在水泥中掺入一些颜料,可以做成不同颜色的地面。图5.23为掺有氧化铁红的矾红水泥地面构造示意。

为了提高水泥地面的耐磨性和光洁度,常用干硬性水泥做原料;或用石屑代替砂作骨料,表面用磨光机磨光,称为豆石地面或瓜米石地面,这种地面性能近似水磨石,但造价仅为水磨石的50%。在一般水泥地面上涂抹氟硅酸或氟硅酸盐溶液,形成“氟化水泥地面”。一些有防滑要求的水泥地面,可将面层做成各种纹样的粗糙表面,这种地面称为“防滑水泥地面”。

(2)现浇水磨石地面

水磨石地面,又称“磨石子地面”,它是将天然石料(大理石、白云石等中等硬度石料)的石屑,用水泥浆拌和在一起,浇抹结硬再经磨光、打蜡而成的。

水磨石地面具有与天然石料近似的耐磨性、耐久性、耐酸碱性,其表面光洁,不易起灰,有良好的抗水性,但导热系数大,并且比水泥地面更易反潮。

现浇水磨石地面的构造,一般分为两层,底层用 1:3 水泥砂浆 12 ~ 15 mm 厚找平。面层由 85%的石屑和 15%的水泥浆构成,其厚度一般随石子粒径的变化而定。当石子粒径为 4 ~ 12 mm 时,其厚度为 10 ~ 15 mm;当石子粒径在 12 mm 以上时,厚度也随之增加。现浇水磨石地面也可以用大于 30 mm 的石粒,甚至用破碎大理石构成不同风格的花纹。水磨石面层不得掺砂、否则容易出现孔隙,见图 5.24(a)。

美术水磨石是采用白水泥加石屑,或彩色水泥加石屑制成的。由于所用石屑的色彩、粒径、形状、级配不同,可构成不同色彩、纹理的图案,既可以用白水泥、彩色石粒,也可以用彩色水泥和彩色石粒制作。

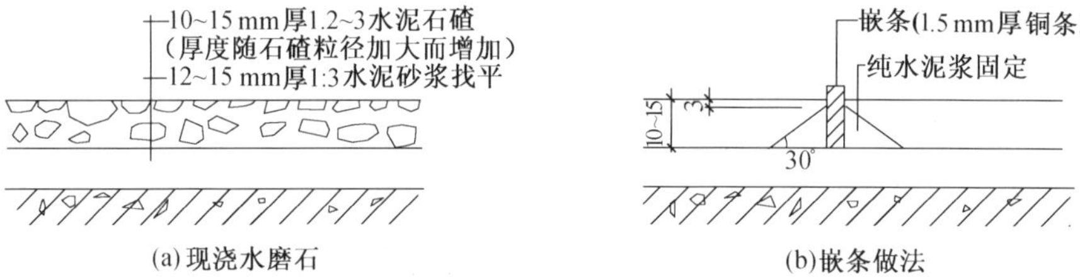

图 5.24　现浇水磨石楼地面构造

现浇水磨石地面是在施工现场进行拌料、浇抹、养护和磨光而成的。现浇时,采用嵌条进行分格,可选用 2 ~ 3 mm 厚的铜条、铝条或玻璃条,见图 5.24(b),分格大小随设计而异,亦可按设计要求做成各种花纹或图案;同时,要注意防止因气温产生不规则裂缝。

2.板块料地面

板块料地面,是指用胶结材料将预加工好的板块状地面材料,如预制水磨石板、大理石板、花岗岩板、缸砖、陶瓷锦砖、水泥砖等,用铺砌或黏贴的方式,使之与基层黏结固定所形成的地面。这类地面有花色多、品种全、经久耐用、易于保持清洁等优点,但有造价偏高、工效低等缺点。

板块料地面通常用于人流较大、耐磨损、保持清洁等方面要求较高的场所,或者比较潮湿的地方。但弹性差,保温与隔声性能较差,一般不宜用于居室、宾馆客房等处,也不适宜用于人们要长时间逗留、行走或需要保持高度安静的地方。

板块料地面要求铺砌和黏贴平整,一般胶结材料既起胶结作用又起找平作用,也有先做找平层再做胶结层的。常用的胶结材料有水泥砂浆、沥青玛碲脂等,也有用砂或细炉渣作为结合层的。

(1)陶瓷锦砖地面

陶瓷锦砖又称马赛克,是一种小尺寸的瓷砖。根据它的花色品种,可以拼成各种花纹，故名“锦砖”。陶瓷锦砖表面光滑，质地坚实，色泽多样，比较经久耐用，并耐酸碱、防火、耐磨、不透水、易清洗。陶瓷锦砖经常被用于浴厕、厨房、化验室等处地面。

陶瓷锦砖的形状较多，正方形的一般为：15 ~ 39 mm 见方，厚度为 4 mm 或 5 mm。在工厂内预先按设计的图案拼好；然后将其正面黏贴在牛皮纸上，成为 300 ~ 600 mm 见方的大张，块与块之间留有 1mm 的缝隙。拼贴完毕后洗去牛皮纸，并用白水泥嵌缝，如图 5.25 所示。

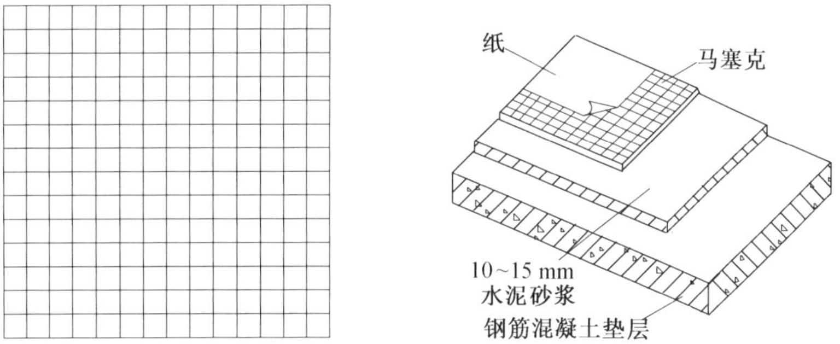

图 5.25　马赛克地面

(2)陶瓷地砖地面

陶瓷地砖又称墙地砖，分无釉亚光和彩釉抛光两大类。它们的色彩与形状都很丰富，以正方形与长方形的比较常见，正方形的一般边长在 150 ~ 400 mm 之间，厚度 6 ~ 10 mm，块较大时装饰效果较好，且施工方便。

陶瓷地砖一般背面均有凹槽，使砖块能与结构层黏结牢固。铺贴时，必须注意平整，保持纵横平直，胶结材料用 10 mm 厚 1:2 干硬性水泥砂浆，铺贴完毕需用干水泥擦缝，如图 5.26 所示。

(3)预制板、块料地面

常见的预制板、块料主要有预制水磨石板，预制混凝土板及大阶砖的水泥花砖等。其尺寸 般为 200 500 mm 见方，厚约 20 ~ 50 mm。图 5.27 为预制水磨石板示意图，它与现浇水磨石相比，能够提高施工机械化水平，减轻劳动强度、提高质量、缩短工期，但是它的厚度较大，自重大，价格也较高。

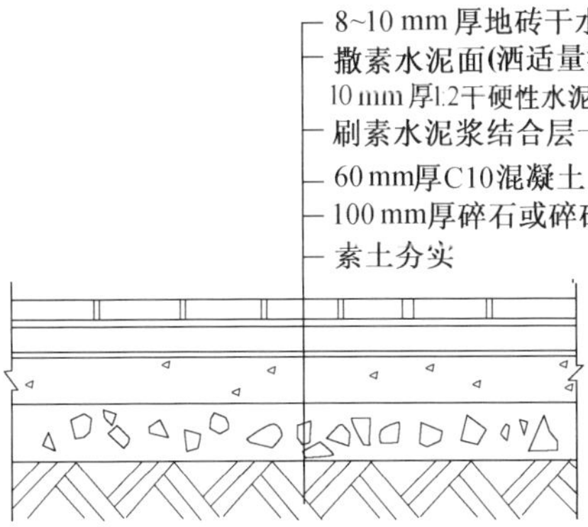

图 5.26　陶瓷地砖地面

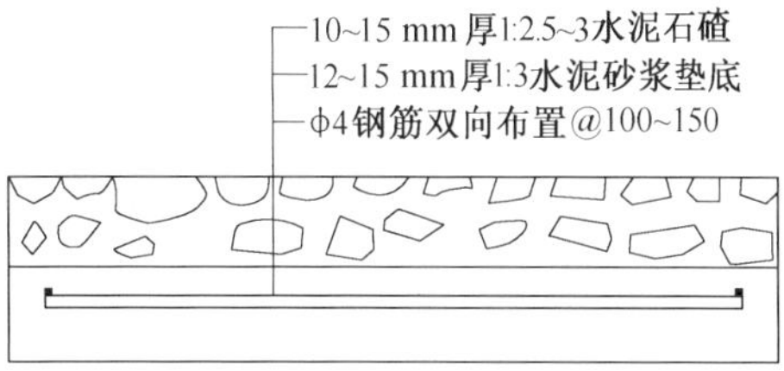

图 5.27　预制水磨石板构造

预制板块与基层的连接有两种方式:用松散材料铺贴和用胶凝材料粘贴,见图 5.28(a)。

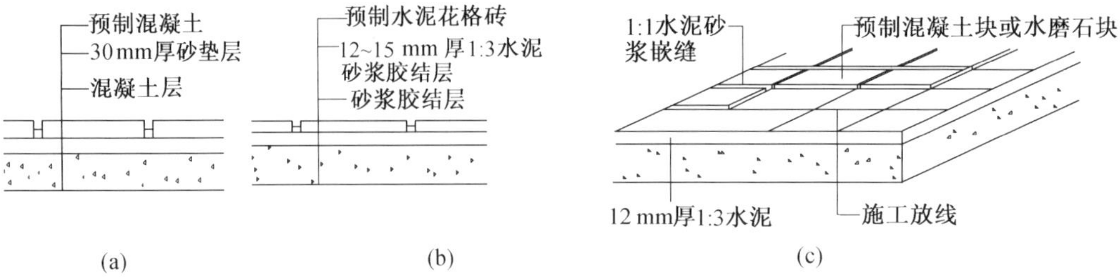

图 5.28　预制块地面构造

(4)大理石地面

大理石具有斑驳纹理,色泽鲜艳美丽,其硬度比花岗岩稍差,一般多用于室内装修。用于室内地面的大理石板多为经过磨光的镜面板,一般厚度 20 ~ 30 mm,每块大小 300 ~ 600 mm 见方。方整的大理石板,多采用紧拼对缝,接缝不大于 1 mm,铺贴后用纯水泥扫缝;铺贴完毕应黏贴纸或覆盖麻袋加以保护,待结合层水泥强度达 60% ~ 70% 后,方可进行细磨和打蜡。如果是防水要求较高的楼面,则可预铺防水层及采用沥青油膏作为黏结材料,如图 5.29 所示。

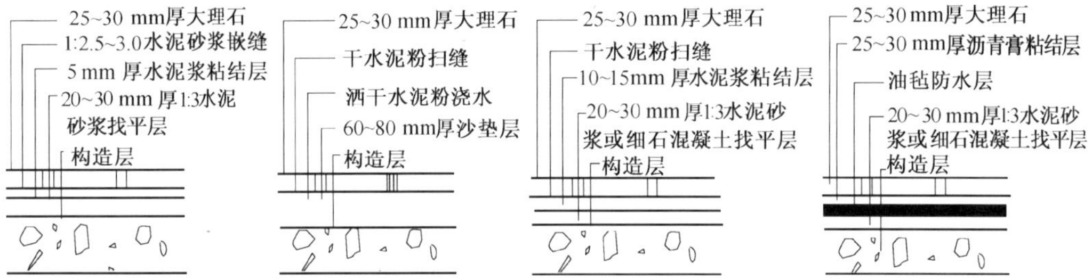

图 5.29　大理石地面构造

3.木地面

木地面是指表面由木板铺钉或胶合而成的地面。它不仅具有良好的弹性、蓄热性和接触感,而且还具有不起灰、易清洁、不反潮等特点,所以常用于住宅卧室、宾馆客房等。

木地板有长条木地板和拼花木地板两种。常用的硬木地板规格参见表 5.1。

表 5.1　常用硬木地板的规格与树种

类　别	层次	规格/mm			常　用　树　种	附　　注
		厚	长	宽		
长条地板	面	12 ~ 18	> 800	30 ~ 50	硬杂木、柞木、色木、水曲柳	
	底	25 ~ 50	> 800	75 ~ 150	杉木、松木	
拼花地板	面	12 ~ 18	200 ~ 300	25 ~ 40	水曲柳、核桃木、柞木、柳安	单层硬木拼花仅能用于实铺法
	底	25 ~ 30	> 800	75 ~ 150	杉木、松木	

长条地板应顺序间采光方向铺设,走道则沿行走方向铺设,以避免暴露施工中留下的凹凸不平的缺陷,也可减少磨损、方便清扫。

拼花地板可以在现场拼装,也可以在工厂预制成 200~400 mm 见方的板材,然后运到工地进行铺钉。拼板应选用耐水、防腐的胶水黏结。

木地面有空铺式地面、实铺式地面、弹性地面、弹簧地面等多种做法。

(1)空铺式木地面

空铺式木地面常用于底层地面,主要指支承木地板的搁栅架空搁置,使地面下有足够的空间以便通风保持干燥,防止搁栅腐烂损坏。当房间开间尺寸不大时,搁栅两端可直接搁置在砖墙上;当开间尺寸较大时,常在下面增设地垄墙或砖墩支承搁栅。地垄墙中距约 800 mm。为了防止地面的潮气上升导致木材腐蚀,地面上应满铺一层灰土、碎砖三合土或混凝土。

搁栅可用圆木或方木,圆木直径常为 100~200 mm,方木为(50~60)mm×(100~200)mm,中距 400 mm。为了保证搁栅端头均匀传力,须沿地垄墙上放置 500 mm×100 mm 截面的通长垫木(又称沿游木),在柱墩处可用 50 mm×120 mm×120 mm 的垫块;垫木(块)作防腐处理,并在其下铺油毡一层或抹 20 mm 厚 1:2 水泥砂浆一层,如图 5.30 所示。

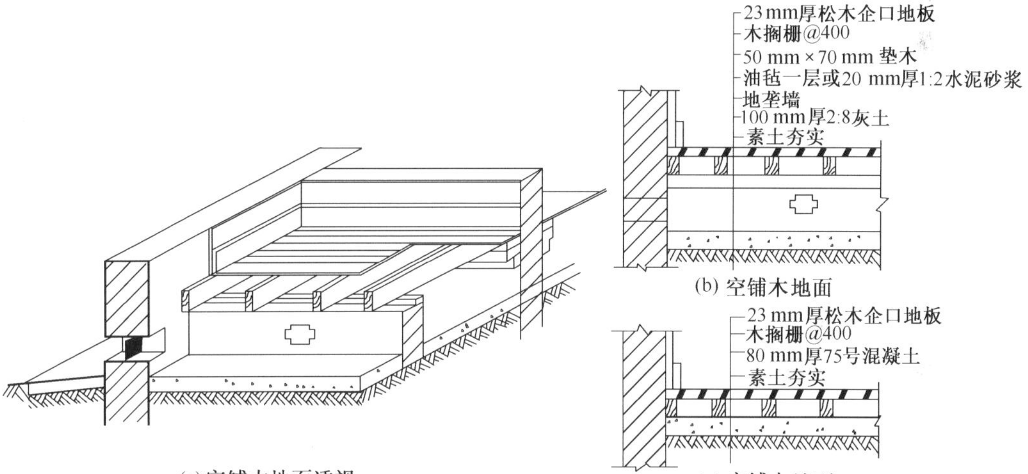

(a)空铺木地面透视　(b)空铺木地面　(c)实铺木地面

图 5.30　木地面构造

搁栅上铺钉木地板,并做成半缝、错口缝、企口缝和销板缝等几种拼缝形式。为防止木板翘曲,应在板底刨一凹槽,并尽量使心材的一面向下(图 5.31)。木板须用暗钉,以便于表面刨光或油漆。

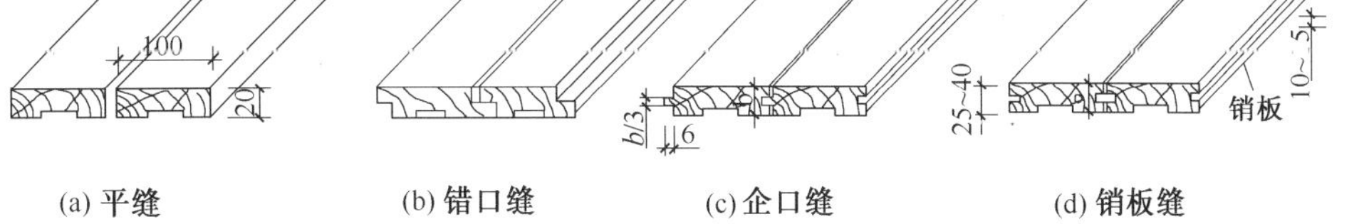

(a)平缝　(b)错口缝　(c)企口缝　(d)销板缝

图 5.31　木地面构造

当面层采用拼花地面时,须采用双层木板铺钉,下层板称毛板,可采用普通木料,截面一般为 20 mm×100 mm,且与搁栅呈 45°方向铺钉。面层则采用硬木拼花,拼花形式根据设计图案确定。如果是硬条木双层地板,其毛板的做法相同。

空铺木地面外墙应留通风洞,地垄墙上也应设通风洞,墙洞口上为防止虫鼠进入要加铁丝网罩。在北方寒冷地区冬季应堵严保温。

(2)实铺式木地面

实铺式木地面,是指直接在实体基层上铺设的木地面。如在钢筋混凝土楼板或在混凝土垫层上直接做木地面。这种做法构造简单,结构安全可靠,节约木材,所以被广泛采用。实铺式木地面有搁栅式与直接黏贴式两种方法。

①搁栅式。搁栅式实铺木地面是在结构基层找平的基础上,固定梯形或矩形的木搁栅。搁栅截面较小,矩形一般为 50 mm×50 mm,中距 400 mm。搁栅借助于预埋在结构层内的 U 形铁件嵌固或用镀锌铁丝扎牢。底层地面为了防潮,须在结构找平后涂冷底子油和热沥青各一道为保证木搁栅层通风干燥,通常在木地板与墙面之间留有 10 ~ 20 mm 的空隙,并可在踢脚板上设通风孔,搁栅式实铺木地面可以双层或单层铺钉,如图 5.32(a)、(b)所示。

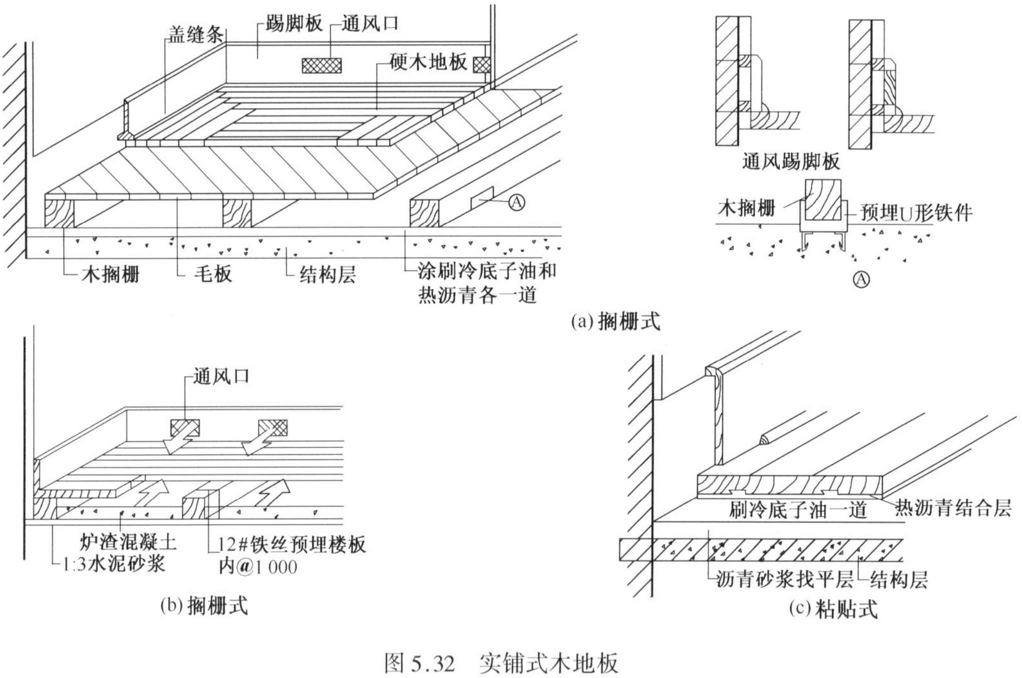

图 5.32　实铺式木地板

②粘贴式。粘贴式实铺木地面是在结构层上做好找平层,然后用黏结材料,将木板直接粘贴上,如图 5.32(c)所示。粘贴式地面省去了搁栅和毛板,可节约木板 30% ~ 50%。因此,它具有结构高度小,经济性好等优点,但是地板的弹性差,使用中维修困难。

4.人造软制品地面

常用于地面装修的人造软制品,有油地毡、塑料制品、橡胶制品及地毯等几种。按制品成型的不同,人造软制品可分为块材与卷材两类。块材可以拼成各种图案,施工灵活,修补简单;卷材整体性较好,但施工繁重,修理不便。

下面以软质聚氯乙烯地面和半硬质聚氯乙烯地板为例，说明卷材和块材的铺贴方法。

(1)软质聚氯乙烯地面

软质聚氯乙烯地面，是由聚氯乙烯(PVC)树脂、增塑剂、稳定剂、填充料和颜料等掺和制成的热塑性塑料制品，其幅面宽一般为 1 800 mm 或 2 000 mm。

软质卷材地面黏贴时，应选用与制品相配套的黏贴剂。黏结剂的黏结强度应不小于 2 kg/cm^2，对面板与基层均不能有腐蚀性，便于施工。当处于 60℃以下的温度时，黏结剂应具有良好的稳定性。

施工时，首先应进行基层处理。即要求水泥砂浆找平层平整，光洁，无突出物、灰尘、砂粒等，含水量应在 10%以下。如在施工前刷一道冷底子油，可增加黏结剂与基层的附着力。

卷材应先在地面上松卷摊开，静置一段时间，使其充分收缩，以免横向伸长产生相碰翘边。然后，根据房间尺寸和卷材宽度及花纹图案划出铺贴控制线，卷材按控制线铺平后，对准花纹条格剪截。涂黏结剂时，从一面墙开始，涂刷厚度要求均匀，接缝边沿留 50 mm暂不涂刷。涂刷后约 3 ~ 5 min，使胶淌平，等部分溶剂挥发后再进行黏贴，先黏贴一幅的一半，再涂刷、黏贴另一半。铺贴后，由中间往两边用滚筒赶压铺平，排除空气，如图 5.33所示。

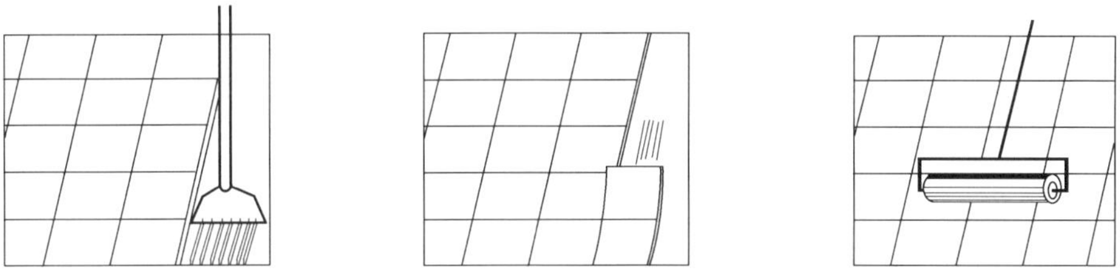

(a) 刷胶　(b) 粘贴　(c) 滚压

图 5.33　人造软质地面的铺贴

铺第二幅卷材时，为了接缝密实，可采用叠割法。其方法是：在接缝处搭接 20 ~ 50 mm，然后居中轴线，用钢板尺压在线上或用铁块紧压切割，再撕掉边条补涂胶液，压实黏牢，用滚筒滚压平整，如图 5.34 所示。

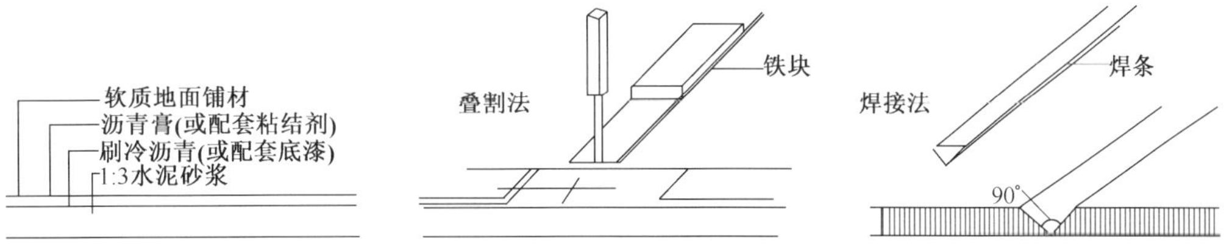

(a) 做法　(b) 叠割法拼缝　(c) 焊接法拼缝

图 5.34　人造软质地面构造

软质卷材地板也可以不用黏结剂，采用拼焊法铺贴。其方法是：将地板切成斜口，用三角形塑料焊条和电热焊枪进行焊接，如图 5.34 所示。采用拼焊法可将塑料地面接成整张地毯，空铺于找平层上，四周与墙身留有伸缩缝隙，以防地毯热胀起拱。

(2)半硬质聚氯乙烯地板

半硬质聚氯乙烯地板采用聚氯乙烯及其共聚体为树脂,加入填充料和少量的增塑剂、稳定剂、润滑剂、颜料而制成。它一般为块材,以正方形和长方形比较常见,边长 100 ~ 500 mm。黏贴前,必须做好清理基层及画线定位等准备工作。一般以房间几何中心为中心点。划出相互垂直的两条定位线,通常有十字形、丁字形和 T 形等划分方式,如图 5.35 所示。

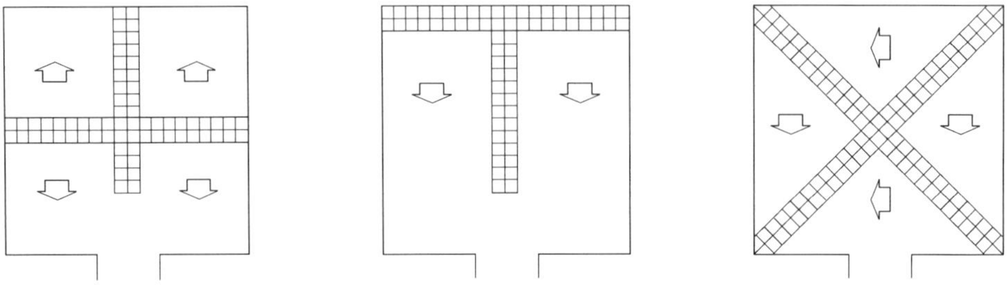

(a) 十字形　　(b) 丁字形　　(c) 交叉形

图 5.35　塑料块材地板划分定位线

铺贴通常从中心线开始,逐排进行。T 形可从一端向另一端铺贴。排缝一般为 0.3 ~ 0.5 mm。常选用聚氨酯或氯丁橡胶作为胶结剂,刷涂时厚度不宜超过 1 mm,刷涂面积不宜过大;对位黏上后,用橡胶滚筒或橡皮锤,从板中央向四周滚压或锤击,以排除空气,压严锤实,并及时将板缝内挤出的胶液用棉纱头擦净。

5.楼地面踢脚板的构造

踢脚板又称踢脚线,是楼地面与内墙面相交处的一个重要构造节点。它的主要作用是遮盖楼地面与墙面的接缝;保护地面,以防搬运东西、行走或清洁卫生时将墙面弄脏。

踢脚板的材料与楼地面的材料基本相同,所以在构造上常将其与地面归为一类。踢脚板的一般高度为 100 ~ 180 mm。常见构造做法如图 5.36 所示。

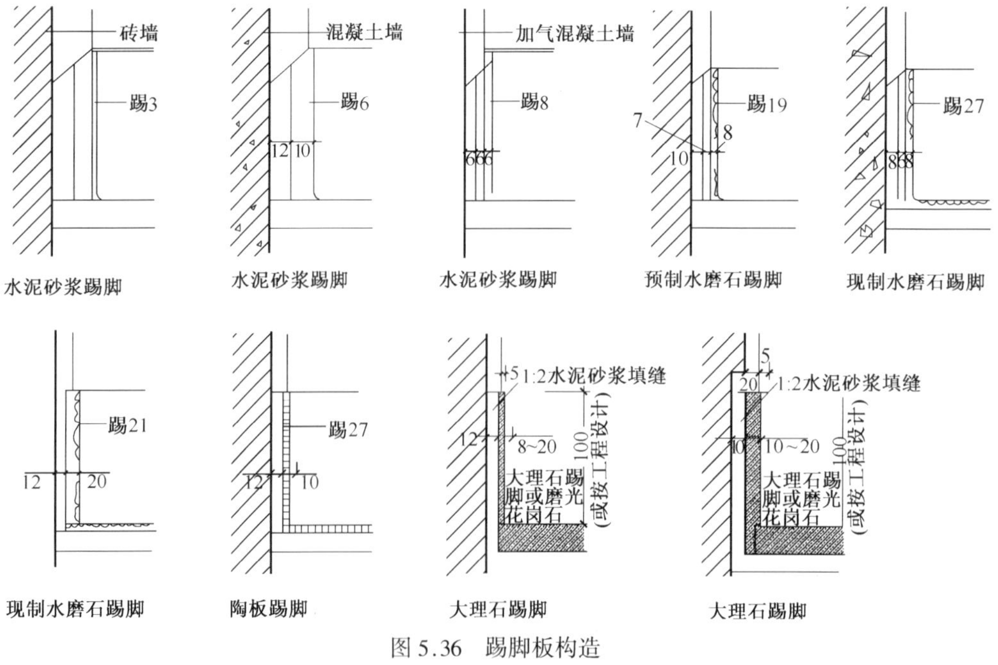

图 5.36　踢脚板构造

5.4　阳台和雨篷的构造

5.4.1　阳台的类型及要求

阳台按其与外墙面的关系可分为挑阳台、凹阳台和半挑半凹阳台(图5.37)。阳台的设计应满足以下要求：

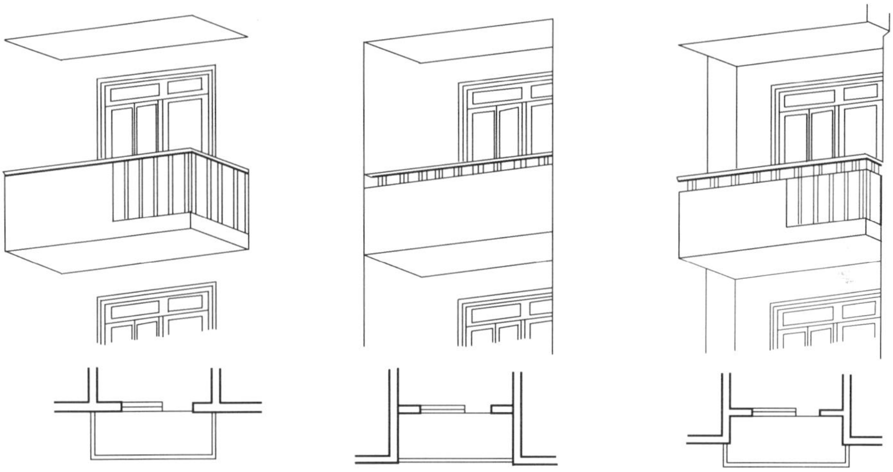

(a) 挑阳台　(b) 凹阳台　(c) 半挑半凹阳台

图5.37　阳台的类型

1. 安全、坚固、耐久

挑阳台为悬臂结构,应保证在荷载作用下不致倾覆,其挑出长度应满足结构计算要求。阳台栏杆(栏板)、扶手及与外墙的连接应牢靠。阳台扶手高度不应小于1.05 m,高层建筑适当提高。由于阳台暴露在大气中,所以所选用材料和构造方法都必须经久耐用,承重结构一般选用钢筋混凝土,金属配件应注意防锈处理,表面处理也应耐久和抗污染。

2. 解决好排水问题

阳台地面标高应低于室内标高40 mm左右,以免雨水流入室内。阳台排水一般采用外排水方式,在侧壁贴近地面外安装ϕ50塑料排水管,将水直接导出或引入雨水管,排水管应伸出阳台栏板外80 mm,以免污水影响下层阳台,并应注意与外墙面保持距离,或做成有组织排水的形式。阳台地面应有1%的排水坡度使水流向排水管。

3. 美观

阳台有多种多样的造型,丰富建筑物立面效果。

4. 便于施工

尽可能采用现场作业,在施工条件许可情况下,宜采用大型装配式构件。

5.4.2　阳台的承重结构布置

阳台承重结构通常是楼板的一部分,因此应与楼板的结构布置统一考虑。钢筋混凝土阳台可采用现浇或装配两种施工方式。

凹阳台的结构比较简单，阳台板可直接由阳台两边的墙支承，板的跨度与房屋开间尺寸相同，采用现浇或预制均可。

挑阳台的结构有以下几种方式：

1. 挑梁式

即在阳台两边设置挑梁，挑梁上搁板，见图 5.38(a)。这种方式构造简单，施工方便，阳台板与楼板规格一致，是较常用的一种方式。阳台正面可露出挑梁头，也可以在阳台板下设边梁，将挑梁头封住以连成一体。挑梁式也可以采用现浇方式，将挑梁、边梁以及圈梁、阳台板，甚至于栏板现浇成一个整体，以增加阳台的整体刚度。

2. 挑板式

挑板式是一种悬臂板结构，如图 5.38(b)所示。阳台板的一部分作为楼板压在墙内，一部分作为阳台出挑，有现浇和预制两种形式。

3. 压梁式

这种方式的阳台板与外墙上的梁浇在一起，多为现浇式，见图 5.38(c)。外墙是非承重墙时阳台板靠墙梁与梁上墙的自重平衡；外墙是承重墙时阳台板靠墙梁和梁上支承的楼板荷载平衡。也可以将梁和阳台板预制成一个构件，见图 5.38(d)。

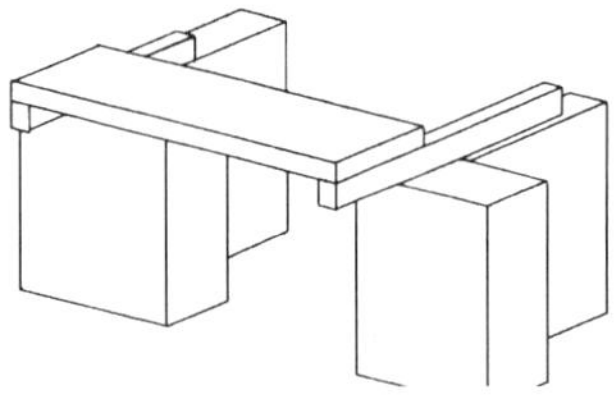

(a) 挑梁预制板阳台

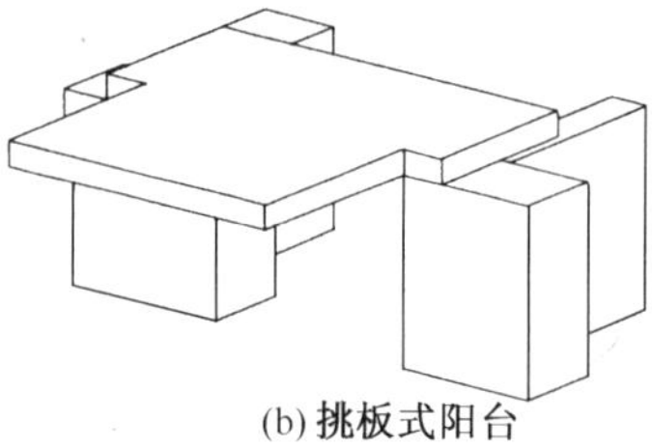

(b) 挑板式阳台

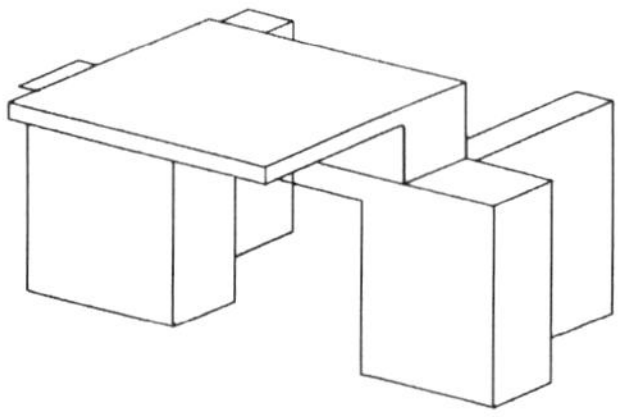

(c) 压紧式阳台

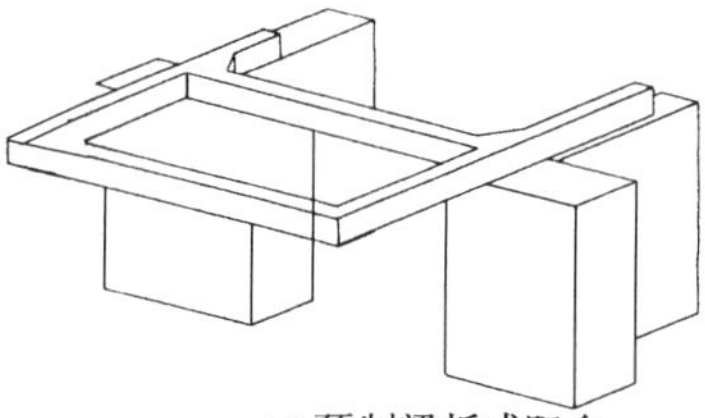

(d) 预制梁板式阳台

图 5.38 阳台结构布置

4. 转角阳台

转角阳台的结构处理也可以采用挑梁和挑板两种方式或采取现浇的办法。图 5.39(a)为现浇挑梁和转角阳台板，其余板楼板预制；图 5.39(b)为双向挑出预制板。

5.4.3 阳台的栏杆与栏板

阳台立面可以用漏空的栏杆，也可以用实心的栏板。常用的栏杆有金属栏杆或钢筋混凝土栏杆；常用的栏板有砖砌栏板和钢筋混凝土栏板。金属栏杆以铸铁、方钢、圆钢、角钢、扁钢、钢管、不锈钢管等居多；普通钢栏杆较易受腐蚀。砖砌栏板自重大、抗震性能差、占空间较多。钢筋混凝土栏杆与栏板造型丰富，可虚可实，结构安全可靠，整体性好，耐久

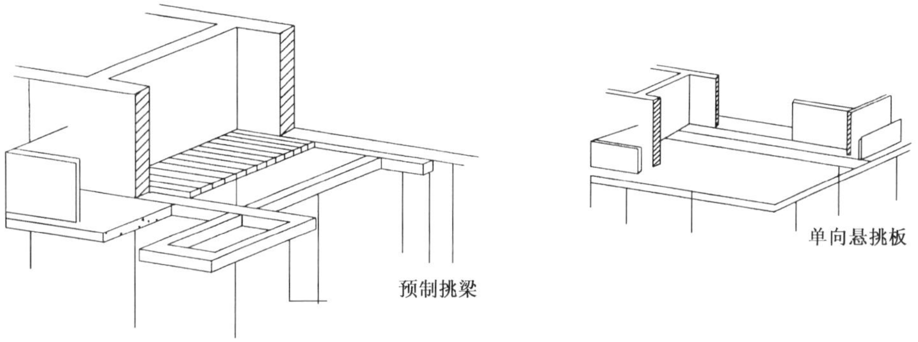

(a)现浇挑梁及转角阳台　　(b)双向悬挑板

图 5.39　转角阳台结构布置

性好，自重较轻而且拼装方便。因此，钢筋混凝土栏杆与栏板应用较为广泛。

栏杆与栏板可以相互组合以取得多种效果(图 5.40)。

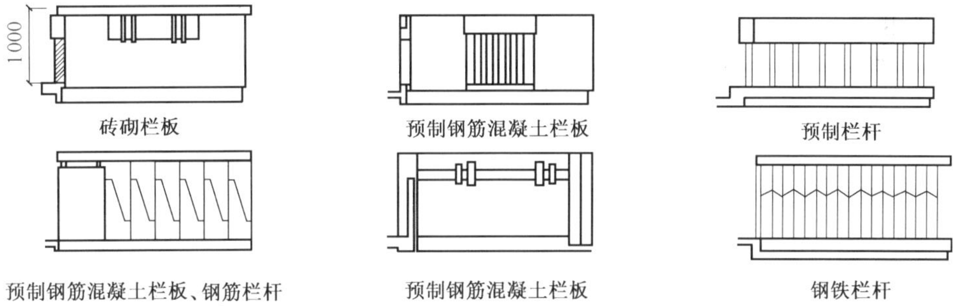

图 5.40　各种栏杆、栏板形式

栏杆和栏板与扶手及混凝土阳台板间的连接固定是关系到安全的大问题，必须稳固而持久。由于材料不同，其构造处理也不尽相同，如图 5.41 所示。

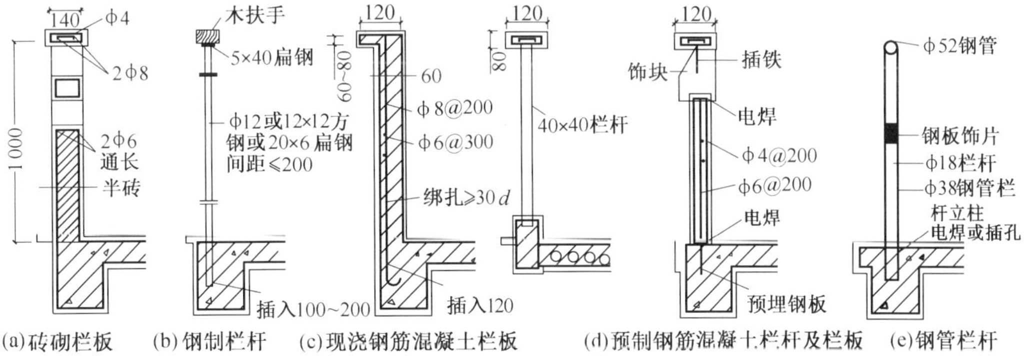

(a)砖砌栏板　(b)钢制栏杆　(c)现浇钢筋混凝土栏板　(d)预制钢筋混凝土栏杆及栏板　(e)钢管栏杆

图 5.41　各种栏杆、杆板及扶手的连接

砖砌栏板及砖与混凝土花格、扶手组合的栏板构造比较简单，通常用标准砖及 M5 混合砂浆砌筑，阳台转角处设 120 mm × 120 mm 构造柱，并在高度方向每隔 150 mm 双向伸出两根 ϕ6 钢筋 1.0 m 长砌入栏板砖缝内，构造柱下部与阳台板连接，上部与混凝土扶手连接。钢筋混凝土扶手与外墙连接处须伸出钢筋 200 mm 长至外墙预留洞内，用 C20 细石

混凝土填实,如图 5.42 所示。

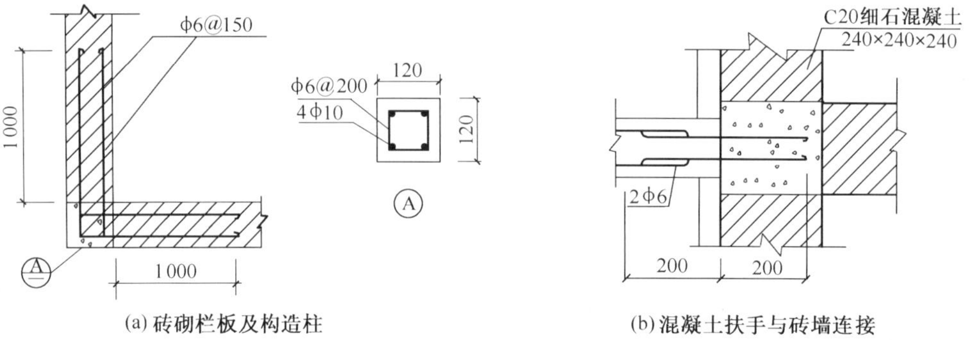

图 5.42　砖砌栏板及混凝土扶手

金属栏杆应使构件做成开脚状或弯钩等浇入阳台板或墙内,用细石混凝土灌实,并应至少伸入墙内 100 ~ 150 mm,或者与墙或板内预埋钢板焊牢。

钢筋混凝土栏杆与栏板有现浇栏板和预制构件安装两种。现浇栏板可以连扶手一起现浇,与阳台底板的连接可利用底板内伸出钢筋与栏板钢筋用绑扎或焊接的方法。预制栏板之间的拼接及与阳台板、立柱、外墙的连接均可采用预埋件焊接的方法。

预制扶手采用细石混凝土制作,截面一般为矩形,其尺寸约为 50 mm × 100 mm,内配 ϕ8 钢筋并用 ϕ4 的钢筋绑扎。表面可作各种抹面,如水泥砂浆、水磨石或黏贴面砖等。扶手与栏杆的连接方法有:双方预埋铁件采用焊接法,见图 5.43(a)。采用榫接坐浆的方式,即在扶手底面留槽,将栏杆插入槽内,并用 M10 水泥砂浆坐浆填实,以保证连接的牢固,见图 5.43(b)。或者在栏杆上留出钢筋,然后现浇扶手,见图 5.43(c)、(d)。

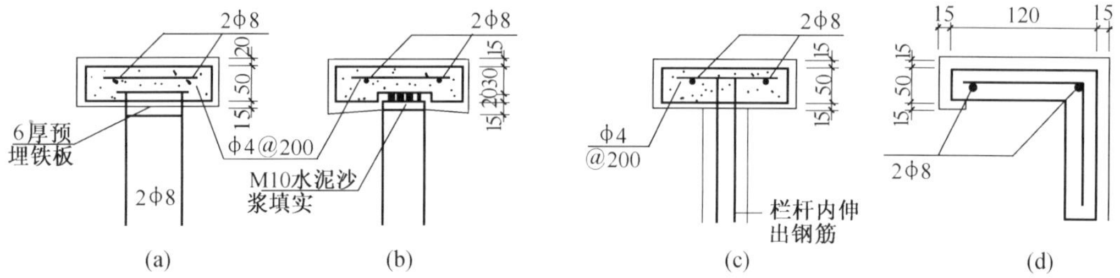

图 5.43　钢筋混凝土扶手的连接方式

为阳台组织排水和防止物品由阳台边坠落,栏杆与阳台底板的连接处需采用 C20 混凝土沿阳台板边向上现浇一个泛水的高度。并将栏杆固定牢固,如图 5.44 所示。

5.4.4　雨篷

雨篷的受力情况及结构形式与挑阳台非常相似,但不考虑上人,荷载取值较小。

一般雨篷挑出长度为 1.0 ~ 1.5 m。为防止雨篷可能倾覆,常将雨篷与建筑物门上过梁或圈梁现浇在一起,做成梁带板式。根据雨篷板与门上边缘的距离要求,悬挑板可在梁的中部、上部或下部。由于雨篷板不承受大的荷载,可以做得较薄,通常作成变截面形式,板外沿厚约 50 ~ 70 mm。为立面及排水的需要常在雨篷外沿作一向上的翻口(图 5.45)。

雨篷板的顶面应作 20 mm 厚掺有 5% 防水剂的 1:2 水泥砂浆抹面,并翻上外墙(或

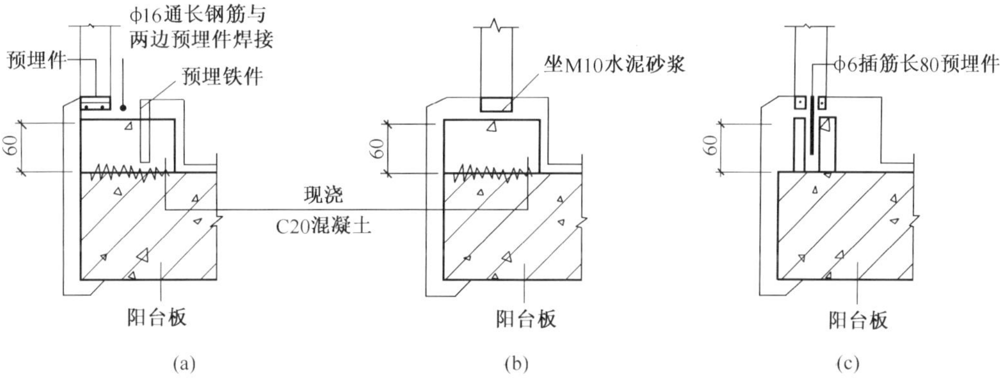

图5.44　栏杆与阳台的连接

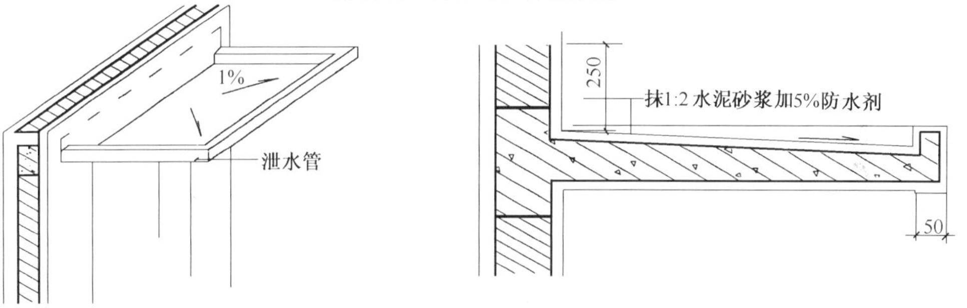

图5.45　雨篷

梁)面至少250 mm高。立面饰面材料应抹至板底50 mm深处,并作滴水槽或斜面。雨篷顶抹成1%的排水坡度将雨水引向泄水管或水落管。

当雨篷悬挑长度较大时,则可由主体结构内挑出梁来做成挑梁式结构,其做法也与挑梁式阳台相似,一般为现浇整体式。挑出过大时必须在雨篷下加设柱子。

复习思考题

1.楼板层的主要功能是什么?

2.楼板层由哪些部分组成?各起什么作用?

3.对楼板层的设计要求有哪些?

4.现浇钢筋混凝土楼板具有哪些特点?有哪几种结构形式?

5.预制装配式钢筋混凝土楼板具有哪些特点?常用的预制板有哪几种?

6.预制板的接缝形式有几种?

7.装配整体式楼板有什么特点?叠合楼板有何优越性?

8.楼板顶棚的构造形式有几类?举出每一类顶棚的一种构造做法。

9.地面有哪几部分组成?各有什么作用?

10.地面应满足哪些设计要求?

11.常用地面做法可分为几类?举出每一类地面的1~2种做法。

12.常见阳台有哪几种类型?在结构布置时应注意哪些问题?

第6章　建筑门窗

建筑门窗是建筑物围护结构的重要组成部分。

门主要起交通联系和分隔空间的作用,比如室内与室外、房间与走道、房间与房间等都需要门。窗主要起采光、通风、日照以及供人们向外观景和眺望的作用。由于门窗是围护结构的一部分,因此,同时也应具有保温、隔热、隔声、防水、防风沙等围护作用。

6.1　门的作用、类型与构造

6.1.1　门的作用

1.通行与安全疏散

门的主要作用是交通通行,起到联系各种使用空间以及室内外空间的作用。发生火灾或有其他紧急情况时,为人们提供紧急疏散通道。因此,门的位置、宽度、数量、开启方式、构造做法以及耐火等级等,都应符合防火规范的要求。

2.围护作用

门窗都是围护结构的一部分,因此都应具有围护结构的作用。比如,外门应能防雨雪、隔声、防风沙等。对于采暖建筑的外门还应保温(采暖地区的外门一般都设有门斗);房间的内门也要考虑隔声。一般夹板木门要比镶板木门的隔声能力好。

3.采光通风

全玻璃外门和半截玻璃门,都兼有采光的作用,即使普通的门,开启后也可以改善室内的采光条件。建筑物还要通过门窗组织通风,门窗的位置,直接影响室内通风效果。

4.美观

门的美观作用也很重要。在建筑物的室内外装修方面,建筑外门往往是立面处理的重点部位;而房间门又是内部装修的重点部位。

6.1.2　门的类型

根据不同的分类方法,门的类型很多。

门按所在位置分有外门和内门。

门按所用材料分有木门、钢门、铝合金门、塑料门、玻璃门、塑钢门等。目前,木门的使用还很广泛。

门按开启方式分有平开门(含各种弹簧门)、推拉门、折叠门、转门、卷帘门等(见图6.1),以平开门最为常见。

平开门有单扇门和双扇门,一般宽度在1 200 mm以上时采用双扇门。平开门也有内开和外开之分，建筑内门一般采用内开门建筑外门应为外开门或内外开的弹簧门。平开门是在门扇的侧面用铰链将门扇和门框连接，开启方便灵活，因此采用较多。但门扇尺寸不宜过大。弹簧门是平开门的一种，只是将普通铰链改为单管或双管弹簧铰链，或装地弹簧，多用于人流大的公共建筑外门。

推拉门是利用门扇在轨道上左右推拉滑行来开启的。可上挂，也可下滑；可悬于墙外，也可隐于墙中。开启后不占使用空间，受力比平开门合理，但构造复杂，民用建筑采用较少。铝合金、塑钢等材料加工的阳台落地门(或落地窗)常采用推拉的形式。

折叠门的门扇开启后可以折叠到一起，占使用空间少，但构造复杂，可用于大洞口尺寸的门，比如商店、库房等。

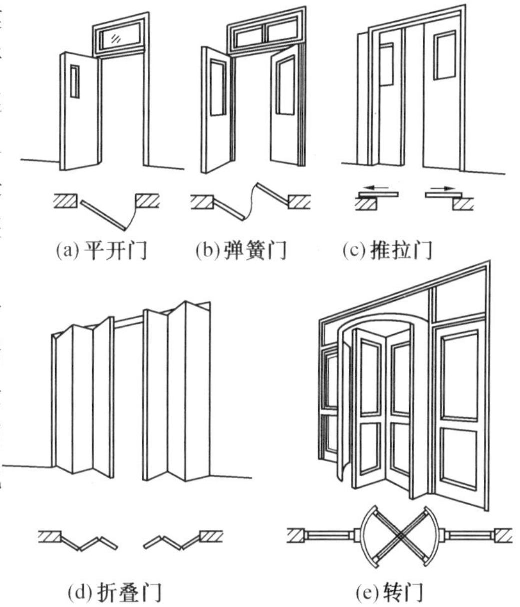

图 6.1　门的开启方式

转门一般由两侧的固定弧形门套和中间绕一固定竖轴旋转的门扇组成。优点是保温效果好、美观。但构造复杂，造价较高。多用于人流出入频繁、高标准公共建筑。

卷帘门由两侧的轨道，上方的转轴和门扇组成。门扇是由镀锌铁皮、铝合金或不锈钢薄板等轧制成型的条形页板。可采用电动或手动，使用方便、坚固，多用于商店、库房等。

6.1.3　平开木门的构造

平开木门现阶段采用比较广泛，这里仅介绍平开木门的构造。

1.平开木门的组成与尺寸

平开木门由门框、门扇组成。根据装修标准不同，有时还有贴脸板、筒子板等。门框与门扇之间用铰链连接，另外还要有拉手、插销、锁具等五金零件。门的组成见图 6.2。

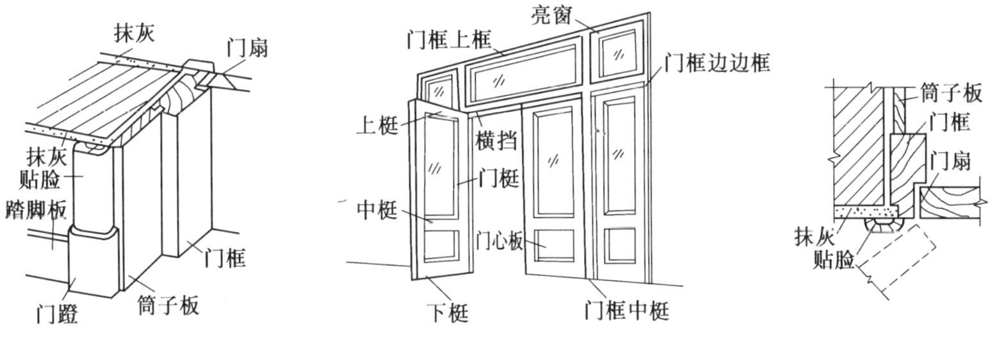

图 6.2　木门的组成

单扇门的宽度一般为 900 ~ 1 100 mm，辅助房间的门可为 700 ~ 800 mm。门洞较宽时可以装双扇门，双扇门门洞宽度一般为 1 200 ~ 1 800 mm。有时民用建筑的主入口需要较宽的门洞，此时可以把多樘门进行拼樘组合。平开门的单个门扇宽度不宜过大。

门扇的高度一般为 2 000 ~ 2 100 mm。当门洞口的高度较高时，上方一般设门亮子，门亮子既可以补充室内采光，又可避免门扇过重。空间高度较高的房间，根据比例关系门的尺寸可适当加大。

2.门框

门框由两根边框、上框、中横框、下框组成。高度较小没有亮子的门没有中横框；为通行方便，建筑的内门一般不设下框（即门槛），外门除了保温、防风沙、防水、隔声等要求较高外，一般也不设门槛。

3.门扇

木门的种类就是按木门门扇的构造形式划分的。木门主要有镶板门、夹板门、拼板门、镶玻璃门、纱门、百叶门等几种形式。

(1)镶板门

镶板门是一种常见的门扇。由较大尺寸的骨架和中间镶嵌的门芯板组成。骨架由上下梃、中梃以及两根边梃组成。门芯板的厚度为 10 ~ 15 mm。

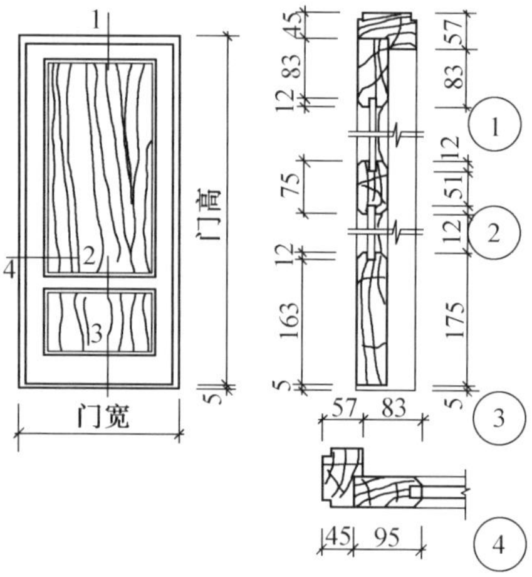

图 6.3　镶板门的构造

镶板门的构造见图 6.3。

(2)半截玻璃门

将镶板门的芯板全部换为玻璃，就成为镶玻璃门。如果将门扇上半部的芯板换为玻璃，就成为半截玻璃门。可用于建筑的外门，以及会议室的房间的门。

(3)夹板门

夹板门是采用较小规格的木料做骨架，在木骨架的两面粘贴胶合板、纤维板或其他人造板材。自重轻，开关轻便，表面平整美观，但夹板门的强度低，不耐潮湿和日晒，大量用于普通房间的内门。

夹板门的构造见图 6.4。

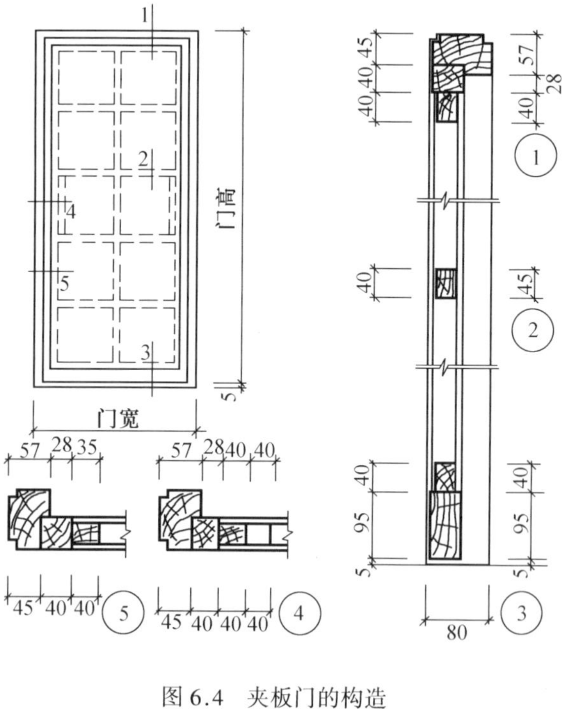

图 6.4　夹板门的构造

(4)拼板门

构造做法类似于镶板门，只不过它的芯板是由许多窄木板条企口拼合而成。板条之间的企口咬合，以便可以自由胀缩。这种门能适应周围环境湿度的变化，常用于卫生间蹲位隔间的门。

(5)纱门、百叶门

门扇骨架内镶入窗纱或百叶，就成为纱门或百叶门。住宅的非封闭阳台门应装纱门。百叶门用于通风要求较高的建筑物。

木门的安装有立口和塞口两种方式，一般采用立口安装方式。立口式安装是指门框的上框两侧各伸出120 mm(称为羊角)，沿高度方向每隔500～700 mm钉有拉结木砖，在砌墙的同时将门框就位并临时固定，把拉结木砖和羊角砌入墙体内。这种施工方式门框与墙体连接可靠。

6.2　窗的作用、类型与构造

6.2.1　窗的作用

1.采光和日照

建筑采光有两种方式：天然采光和人工照明。人工照明需要消耗电能，而且人的识别能力没有在自然光线下强，同时，人长期呆在人工的光环境下会增加视觉疲劳。因此，建筑物应尽量争取天然采光。

建筑物主要是通过窗户采光的。这就要求房屋应有合适的窗地比(窗户面积与房间地板面积的比值)。按有关规范要求每一类房间都有一定的窗地比，如卧室、起居室为1/7，教室为1/6，阅览室、陈列室为1/4，楼梯间为1/14等。

疗养院、宿舍、公寓等类型的建筑，以及住宅建筑的居室、托幼建筑中的活动室、卧室等，从卫生和舒适度的角度出发，要求有良好的日照条件，对于这些类型的建筑，窗户还应满足日照的要求。

2.通风

建筑通风有两种途径：自然通风和机械通风。对于较高标准的民用建筑，利用机械通风甚至空气调节系统、人工照明等，可以营造一个相对稳定舒适的人工环境，但国外的经验告诉我们，人长期在这种环境中对健康是有害的。

对于大量性建造的民用建筑，应通过合理设置窗户，来解决建筑通风问题。

3.围护

窗是建筑物围护结构的一部分，窗的围护功能包括保温隔热、防风雨、隔声等。

建设部颁布实施的《民用建筑节能设计标准》JGJ 26—95中规定了节能50%的新节能目标，要实现这一目标，就必须加强外墙、门窗、屋面等围护结构的保温隔热措施。以哈尔滨某砖混结构住宅为例，在建筑耗热量中，传热耗热量约占71%，空气渗透耗热量约占29%。在传热耗热量所占份额中，窗户约占28.7%，外墙约占27.9%，屋顶约占8.6%，地面约占3.6%，阳台门下部约占1.4%，外门约占1%。窗户的传热量以及空气渗透耗热量所占比例是相当大的。由此可见，窗户是建筑耗热的主要部位，也是建筑节能设计的重点部位。

窗应能防止室外雨水进入室内。雨水在风的作用下，有三种进入室内的途径：一是窗框四周与墙体之间的缝隙;二是窗框与窗扇之间的缝隙;三是窗扇与窗扇之间的缝隙。这都需要窗在构造上采取相应的措施,阻断雨水侵入室内的途径。

窗也是噪声传入室内的主要途径。窗应有相应的构造措施隔绝噪声。

4.美观

在建筑物的外观设计上,窗的形式、色彩、大小、位置等,都有很重要的作用。

6.2.2 窗的类型

1.按材料分

窗按所使用的材料分为木窗、钢窗、铝合金窗、彩钢窗、塑钢窗、塑料窗、玻璃钢窗、预应力钢丝网水泥窗等。

木窗制作方便,但窗料断面大,挡光多,消耗木材多。尤其是我国森林覆盖率低,木材资源相对缺乏,木材的再生周期又较长,本着节约木材的原则,应尽量少用。近几年木窗正逐步被一些新型窗所取代。

钢窗的强度大,坚固耐久,造价较低,防火性能好;钢窗用料断面小,增加了窗户的透光面积,透光率约为木窗的1.3倍。另外,钢窗可以采用工厂制作的方式,对促进建筑工业化也有积极意义。因此,钢窗与木窗相比,具有较大的优势。但钢窗的保温性能差,容易锈蚀,由于运输等方面原因密闭性也较差,防风沙、防空气渗透的性能差,使用维修较困难。因此,普通钢窗近几年使用逐渐减少。

铝合金窗空心薄壁,轻质高强,便于加工;窗料相对较小,挡光少,密闭性比木窗和钢窗要好;具有金属的质感,与新型建筑外墙材料组合在一起,简洁、美观。常见颜色有银白色和茶色,铝合金窗近几年已被普遍选用。

彩钢窗改善了钢窗的加工工艺及缺点。更为美观,耐腐蚀能力也大大加强;不采用焊接而用专门配套的连接件连接,组装更为灵活。但造价也较高。

塑钢窗在国内是一种较新的窗型。窗料为表层塑料,内衬钢芯,强度高、耐腐蚀,耐久性好,节点加工成型后再把表面的塑料层焊接,加上专用的五金配件,密闭性很好,室内外的颜色可以有多种多样的颜色,豪华美观,但造价高,普及应用受到一定限制。近几年国内开始生产的塑钢共挤型钢塑门窗,改变了在组装时穿入钢芯的做法,连接更为可靠,同时,由于PVC发泡结皮技术的应用,也使得这种钢塑门窗更为节能。

塑料窗类似于铝合金窗,多为白色,造价比铝合金窗稍低。但由于强度较低使用受到限制。尤其是普通双层玻璃塑料门窗和50 mm系列以下单腔结构型材的塑料门窗,建设部2001年7月第27号公告已经淘汰。

玻璃钢窗和预应力钢丝网水泥窗一般用于工业建筑,民用建筑采用较少。

2.按开启方式分

窗按开启方式分,有平开窗、固定窗、转窗(上悬窗、下悬窗、中悬窗、立转窗)和推拉窗四种基本类型。此外,还有滑轴、折叠等开启方式,窗的开启方式见图6.5。

平开窗是最常见的一种形式。窗扇用铰链(合页)与窗框连接,可向外也可向内开启。优点是通风效果好,尤其外开平开窗利于防止雨水进入室内,又不占室内空间,采用较广泛。

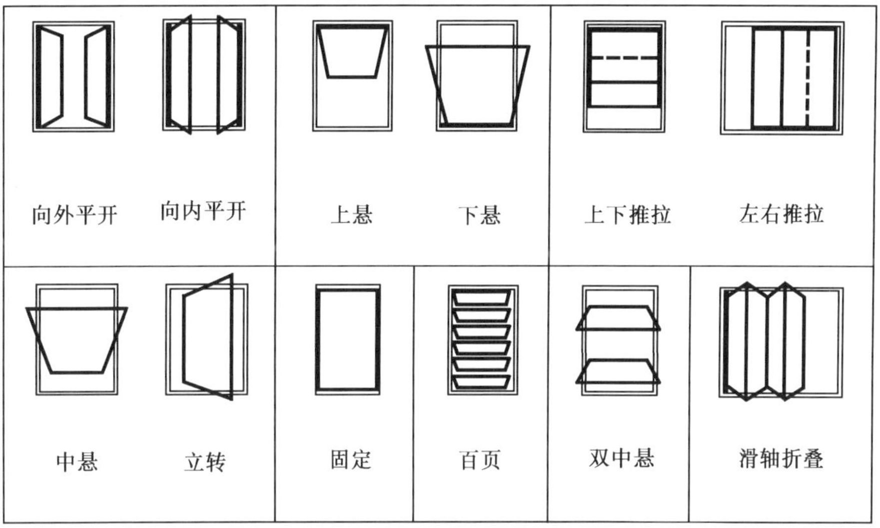

图 6.5　窗的开启方式

固定窗只能采光，不能通风。固定窗一般不设窗扇，而直接将玻璃镶嵌在窗框上。也可以设窗扇，将窗扇固定于窗框上。

转窗指绕水平轴或垂直轴旋转开启的窗户。转窗根据轴的位置不同分为上悬窗、下悬窗、中悬窗和立转窗。其中中悬窗最为常用。转窗的优点是玻璃损耗小，占室内空间少。常用于楼梯间的窗户、走道的间接采光窗以及门的亮子等部位。

推拉窗指左右推拉或上下推拉开启的窗。优点是开启后不占室内空间，玻璃损耗也小。但开启的面积受到限制，密闭性也没有平开窗好。

6.2.3　窗的构造

1.木窗

木窗多用平开的形式。木窗主要由窗框(窗樘)和窗扇组成。窗扇有玻璃扇、纱窗扇、百叶扇等。另外，还有铰链、风钩、插销等五金零件。有时根据装修标准不同，还会设置窗台板、贴脸板等。平开木窗的构造见图 6.6。

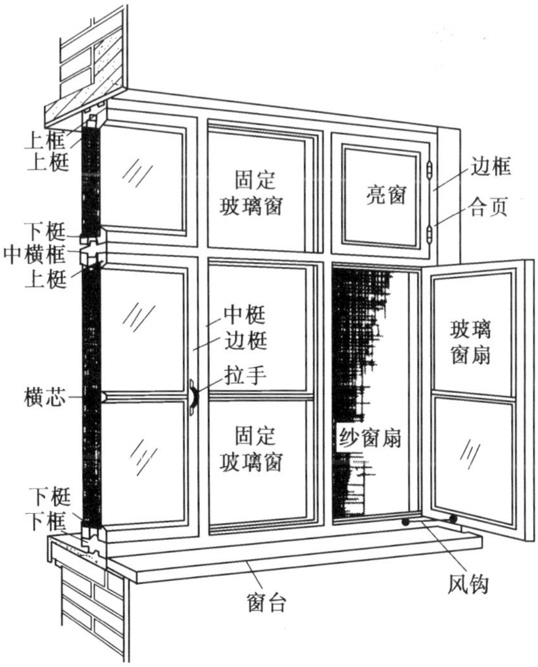

图 6.6　平开木窗的构造组成

窗框也叫窗樘，它固定在墙上以安装窗扇。窗框由上框、下框、边框以及中横框、中竖框等榫接而成。与木门相类似，木窗窗框的安装有立口和塞口两种方法。

立口安装时上下框比窗宽每边各长 120 mm 砌入墙内(称为羊角)，边框外侧沿高度方向每隔 500 ~ 700 mm 设拉结木砖砌入墙内,窗框安装与砌墙同时进行。塞口安装时窗框比洞口略小,墙体砌筑完工后再塞入窗框,用铁钉固定在预先砌到洞口两侧的预埋木砖上。

所有砌入墙体里的木砖,为防止木材在墙体中腐烂,都应涂刷沥青进行防腐处理。在窗框与墙体之间,为使窗框与墙体间连接紧密,可采取做灰口、钉压缝条、钉贴脸板等一些构造措施,如图 6.7 所示。

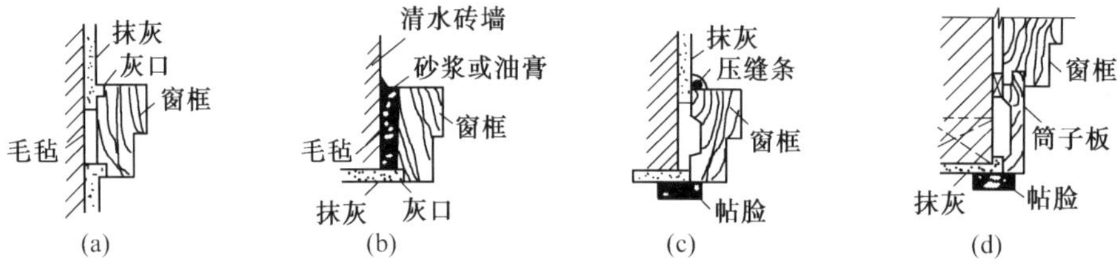

图 6.7　窗框与墙的接缝处理

木窗扇由上下梃(上下冒头)、左右边梃、中间窗芯(窗棂)组成。它们全部榫接,厚度一致(约 35 ~ 42 mm),上下左右梃的宽度也一致(约 55 ~ 60 mm),并做出玻璃裁口(宽度为 10 mm,深度为 12 ~ 15 mm),以便安装玻璃。裁口的另一侧,应做成各式的线脚,以减少挡光,增加美观。窗扇的组成见图 6.8。

窗洞尺寸应按采光通风的需要确定,并符合以 300 mm 为级差的模数数列。窗扇宽度一般为 400 ~ 600 mm,高度一般为 800 ~ 1 500 mm;亮窗的高度为一般 300 ~ 600 mm。

2.钢门窗

钢窗按所用材料断面分有实腹式钢窗和空腹式钢窗两种类型。

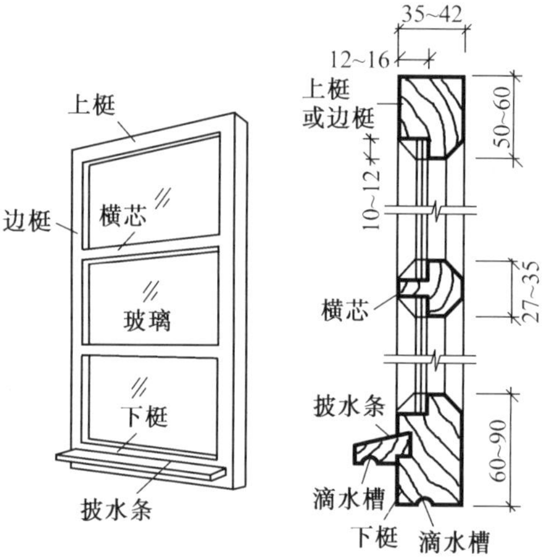

图 6.8　木窗扇的构造组成及用料

实腹钢门窗料是热轧的型材,称为热轧窗框钢。它的规格按截面高度分为 20 mm、22 mm、25 mm、32 mm、35 mm、40 mm、50 mm、55 mm 和 68 mm 九个系列,每个系列又有若干型号。窗料的厚度为 2.5 ~ 4.5 mm,由于厚度较厚,耐腐蚀能力也较强,但耗钢量较大。

空腹钢门窗是用 1.2 mm 厚的钢板,经冷轧和高频焊接、调直制成的中空门窗料。比实腹料节省钢材 40% ~ 50%,但耐腐蚀性能差,耐久性也较差。与实腹式钢窗相类似,也有多种系列供选用。

当窗洞尺寸较大时,钢窗可以水平或竖向进行拼樘,每个系列都有相应的拼樘件。拼樘件与洞口墙体固定牢固,窗框用螺栓固定于拼樘件上。

钢门窗框的安装,类似于木窗的塞口式,与墙的连接方法,采用开脚扁铁沿窗框四周固定,并用水泥砂浆将开脚扁铁嵌固于窗洞四周的预留空洞中(见图 6.9)。固定点的间隔距离一般为 400 ~ 500 mm。钢门窗与钢筋混凝土过梁之间也可采取预埋件焊接的方式。

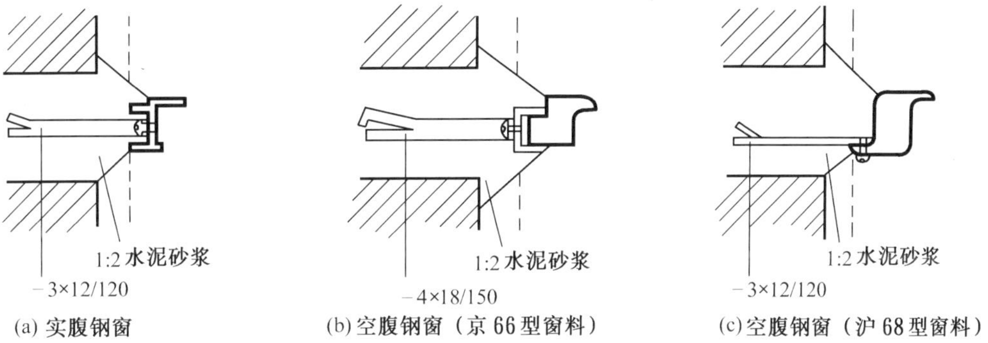

图 6.9 钢窗框的安装节点

3.铝合金门窗、塑钢门窗

铝合金门窗、塑钢门窗及塑钢共挤型钢塑门窗等与钢门窗相类似，都是由工厂定型生产窗料，有多种系列的门窗料可以选用，经现场或工厂加工成门窗后，现场安装。

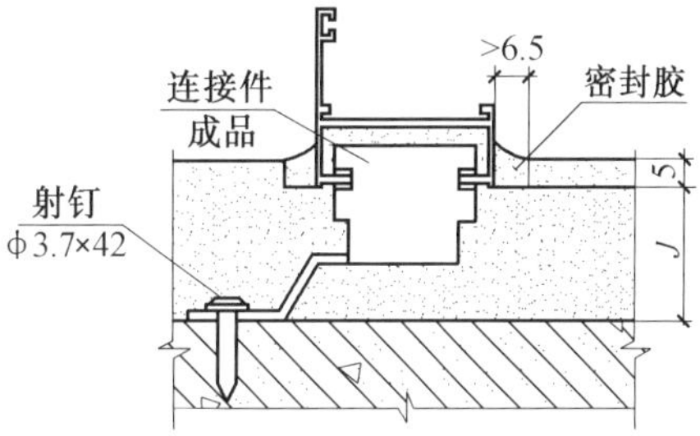

图 6.10 是铝合金窗固定方法举例

这些门窗安装固定方法也与钢门窗相类似。一般采用塞口式安装，通过各自的专用连接件用射钉、膨胀螺栓或塑料胀管螺栓与门窗洞口四周的墙体连接。固定连接点间距一般不大于 500 mm。第一个固定点与门窗框边缘的距离为 50 mm。

复习思考题

1.按开启方式分有哪几种类型？

2.门按所用材料分有哪几种类型？常用的是哪些类型？

3.窗按开启方式分有哪几种类型？

4.窗按所用材料分有哪几种类型？常用的是哪些类型？

第 7 章　楼梯与电梯

楼梯与电梯是建筑物中联系上下各层的垂直交通设施。

在低层和多层建筑物中，主要靠楼梯联系上下各层。有些医院、疗养院等建筑，楼层之间当没有电梯时，应设便于推担架床的坡道，坡道是楼梯的一种特殊形式。建筑室内外高差以及室内有高差处，常常设置台阶，台阶也是楼梯的一种特殊形式。

在高层建筑中，日常使用的垂直交通设施是电梯，但紧急疏散还是靠疏散楼梯。有大量人流使用，并且方向性极强的大型公共建筑中，比如车站、商场等，经常设置自动扶梯作为日常使用的垂直交通设施，但紧急疏散也要靠疏散楼梯。因此，设电梯和自动扶梯的建筑物，其疏散楼梯的数量并不会减少。

7.1　楼梯的组成与类型

7.1.1　楼梯的组成

楼梯是由梯段、平台和中间平台扶手和栏杆(栏板)三大部分组成的，如图 7.1 所示。

1.楼梯梯段

梯段指楼梯的倾斜段，是楼梯的主要部分，它是由多个踏步组成的。而每一个踏步都由一个踏面和一个踢面组成。踏步的水平上表面称为踏面，踏步的垂直面称为踢面。

梯段的坡度与踏步级数，直接影响着楼梯的舒适程度。《民用建筑设计通则》GB 50352—2005 中规定，踏步数不应多于 18 级，也不应少于 3 级。一般的公共建筑，楼梯的坡度以 1:2 为宜。

梯段与梯段之间的透空部分，称为梯井。梯井大的楼梯间显得开阔、敞亮，也是一个不安全因素，诸如幼儿园建筑不宜采用。梯井小显得楼梯间闭塞，但节省空间。

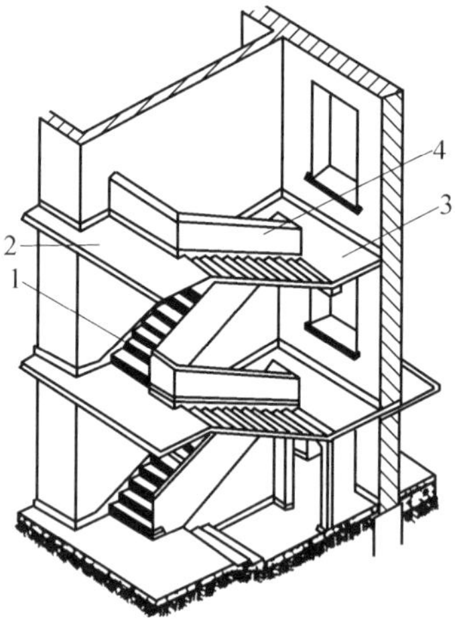

图 7.1　楼梯的组成

1—梯段；2—平台；3—中间平台；4—扶手与栏板

2.平台和中间平台

平台是指连接梯段与楼地面之间的水平段。开敞式楼梯间可借用走廊作为楼梯的平台。

中间平台是指上下楼层之间的平台。有缓解上下楼梯疲劳的作用，因此又称为休息平台。

3.扶手和栏杆(栏板)

为保证上下楼梯的安全,在梯段和平台的临空部分应装设栏杆或栏板。楼梯的梯段比较宽时,梯段的中间应加设栏杆,靠墙一侧也应装设扶手。

装设在栏杆或栏板上部供人们上下楼梯时手扶的建筑配件称为扶手。

7.1.2　楼梯的类型

楼梯的形式有多种。按所在位置有室内楼梯和室外楼梯之分;按使用性质有主要楼梯、辅助楼梯、疏散楼梯、消防楼梯之分;按所用材料有木梯、钢梯、钢筋混凝土楼梯之分。此外,按照楼梯间的防火性能分,有开敞式楼梯间、封闭式楼梯间和防烟楼梯间等。

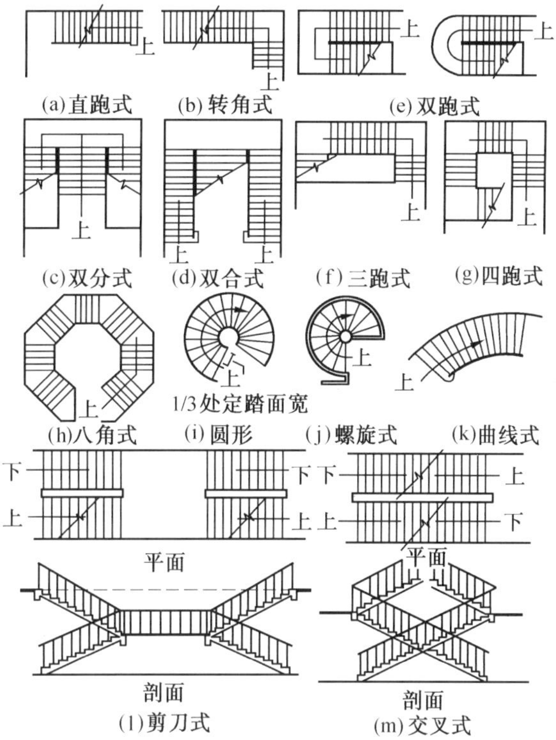

图 7.2　楼梯的常见形式

楼梯如果按照它的形式划分,有直跑式、双跑式、双分式、双合式、转角式、三跑式、四跑式、多跑式、多边形式、螺旋式、曲线式、剪刀式、交叉式等等。

图 7.2 是几种常见的楼梯形式。

在平面上两个梯段相互平行的双跑式楼梯是最为常用的一种形式。这种形式所占的楼梯间进深尺寸小,上下楼梯的起落点在一处,比较节省空间,也便于与其他房间进行组合。

7.2　楼梯的尺度

7.2.1　楼梯的坡度

所谓楼梯的坡度就是指梯段的坡度。

坡度有两种表示方法:一种是用斜面与水平面的夹角(度)表示;一种是用斜面的垂直投影高度与其水平投影的长度之比表示。从图 7.3 可知,楼梯的坡度范围在 20°~45°之间,也就是在 1:2.75~1:1 之间。坡道的坡度范围在 0~20°之间。当坡度大于 45°时,称为爬梯,常用于屋面检修或一些大型设备处。

实验证明,楼梯最舒适的坡度是 1:2 的坡度,也就是 26°34′。使用人数较多的公共建筑一般应采用这种坡度。使用人数较少的住宅建筑等可以相对陡一些。

7.2.2　楼梯的宽度

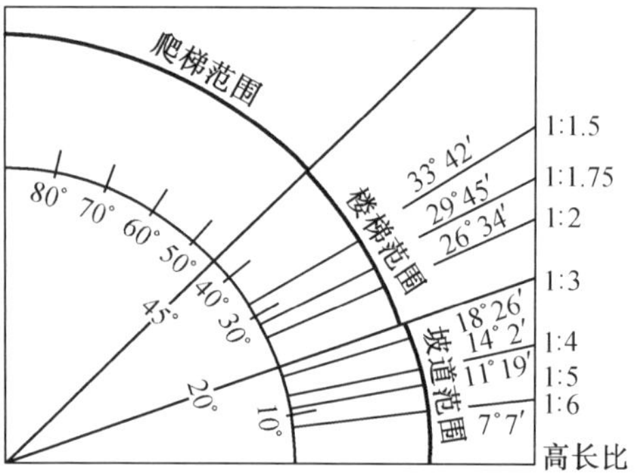

图 7.3　楼梯的坡度

楼梯的宽度包括梯段的宽度和平台的宽度。

为保证安全疏散，在防火设计规范中，对楼梯的宽度作了相应的规定。它与建筑物的耐火等级及层数有关。比如，一座五层的办公楼，耐火等级为二级，每层的使用人数为 150 人，根据楼梯的宽度不应小于每百人 1 m 的宽度指标，该层的楼梯宽度应为 1 500 mm。当每层的使用人数不等时，下层楼梯的总宽度按其上人数最多的一层的人数计算。

楼梯的净宽还应按人流的股数确定。一般每部楼梯的人流股数不少于两股，每股人流的宽度按 0.55 ± (0 ~ 0.15) m 计，其中 0 ~ 0.15 m 为人流行进的摆幅及手拿东西所占的宽度，取值大小依建筑物的使用性质来定。梯段为两股人流时，一侧设扶手；为三股人流时，应两侧设扶手；四股及四股以上人流时，除两侧设扶手外，中间应加设一道或多道扶手。

楼梯的总宽度确定后，再根据楼梯的数量确定每部楼梯的宽度，一般是经常使用的主要楼梯稍微宽些，辅助楼梯可稍微窄些。楼梯的数量应根据建筑物的总长以及疏散楼梯必须满足的间距来确定，在防火设计规范中都有严格的规定。

对于居住建筑，《住宅设计规范》GB 50096—1999(2003 年版)中规定，共用楼梯梯段净宽不应小于 1.1 m；六层及六层以下住宅，共用楼梯梯段净宽可不小于 1 m。套内楼梯的梯段净宽，当一边临空时不应小于 0.75 m；当两侧都有墙时，不应小于 0.90 m。

楼梯平台的净宽度应不小于梯段净宽。平台的净宽是指从楼梯扶手的中心线到楼梯间外墙的水平距离。当平台上有其他的突出物(如暖气片、电表箱、垃圾道等)时，指扶手中心线到突出物边缘的水平距离。《住宅设计规范》GB 50096—1999(2003 年版)中规定，住宅建筑的共用楼梯平台净宽度不应小于梯段净宽，且不小于 1.2 m。

7.2.3　净空高度

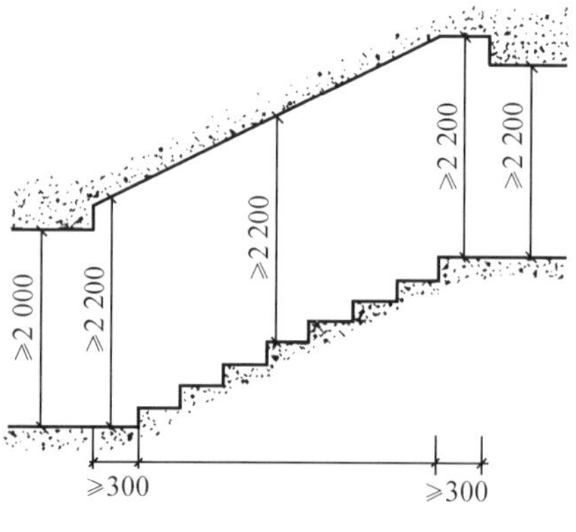

图 7.4　楼梯的净空高度

楼梯的净空高度包括梯段的净高和平台净高。

梯段的净空高度是指自踏步前缘到上方突出物的垂直高度。规范规定梯段净高不应小于 2.2 m。必须注意，梯段还包括最低和最高一级踏步的前缘以外的 0.3 m 的范围。见图 7.4 所示。

平台处的净空高度不应小于 2.0 m。

7.2.4　踏步尺寸

楼梯的踏步尺寸包括踏面的宽度和踢面的高度。

踏步的踢面高度和踏面宽度的比值决定梯段的坡度。踏面的宽度不宜过小，也不宜过大，以人的脚可以全部落在踏步面上为宜。高度值也应合适，以保证楼梯有合适的坡度。计算踏步尺寸有一经验公式

$$2r + g = 600 \sim 610\ \text{mm 或 } r + g = 450\ \text{mm}$$

式中　r——踏步高度；

　　g——踏步宽度。

公共建筑由于使用人数多，其楼梯的踏步尺寸也取相对舒适的数值。一般情况下，宽度取 300 mm，高度为 150 mm。对于居住建筑，《住宅设计规范》GB 50096—1999(2003 年版)中规定，踏步宽不应小于 260 mm，高度不应大于 175 mm；套内楼梯的踏步宽不应小于 220 mm，高度不应大于 200 mm，扇形踏步转角距扶手边 250 mm 处，宽度不应小于 220 mm。

7.2.5　扶手高度

扶手的高度应能够保证人们上下楼梯的安全。

《民用建筑设计通则》GB 50352—2005 规定，室内楼梯的扶手高度不宜小于 0.9 m，靠梯井一侧水平扶手超过 500 mm 长时，其高度不应小于 1.05 m。

室外楼梯扶手高度一般不应小于 1.10 m。

7.3　钢筋混凝土楼梯的类型与构造

钢筋混凝土楼梯的耐久性和耐火性能好，采用最为广泛。钢筋混凝土楼梯按照施工方法的不同，分为现浇和预制装配式两大类。

7.3.1　现浇钢筋混凝土楼梯

现浇钢筋混凝土楼梯的梯段与平台可以一起浇注，整体性能好，刚度大，坚固耐久，尤其在地震地区楼梯一般采用这种形式。但施工时需要支模板、绑扎钢筋、浇注混凝土、养护、拆模板等工序，工序繁杂，施工进度慢。

现浇钢筋混凝土楼梯按照梯段的受力情况，分为板式楼梯和梁板式楼梯两种。

1.板式楼梯

板式楼梯的梯段相当于一块斜放于上下平台梁上的板，梯段把荷载直接传给平台梁，平台梁的间距即是梯段板的跨度，梯段的受力钢筋沿着跨度方向布置，如图 7.5(a)所示。

板式楼梯的梯段跨度相对较大，因而其厚度一般也较厚，跨度越大，厚度也越大。板式楼梯的优点是梯段板底平整，便于装修。板式楼梯常用于梯段跨度较小的建筑物，如普通住宅楼一般采用板式楼梯的形式。

2.梁板式楼梯

与板式楼梯不同，梁板式楼梯的梯段由斜梁和放于斜梁上的梯段板组成。荷载的传

力路线是板传给斜梁,斜梁再传给平台梁。因此,斜梁的间距即是板的跨度,跨度比板式楼梯小,也可以相对薄些。对于大跨楼梯,梁板式楼梯受力比板式楼梯合理。

一侧靠墙的楼梯段,一般只在临空的一侧设置斜梁,梯段板的另一侧直接搁置于墙上。梯段板的斜梁一般在板下,如图 7.5(b)所示。为使板底平整,并避免在洗刷楼梯间地面时污水下流,也可以将斜梁反到梯段板的上面,如图 7.5(c)所示。

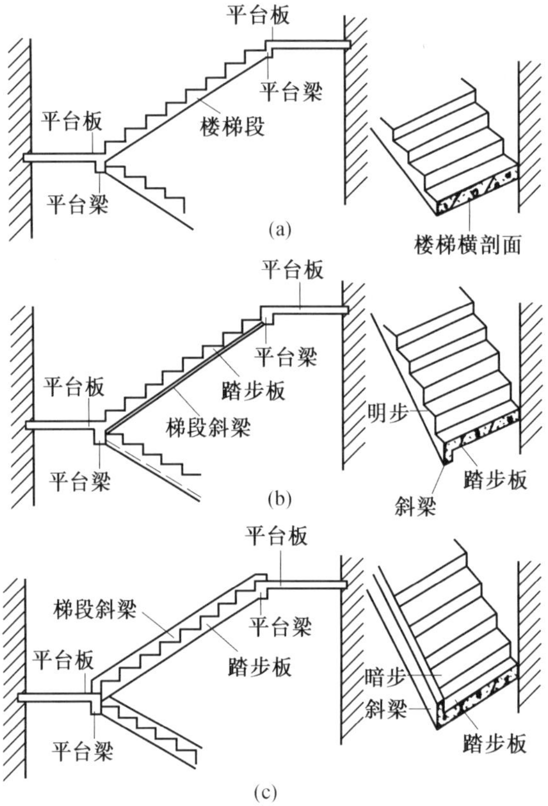

图 7.5 现浇钢筋混凝土楼梯

7.3.2 预制装配式钢筋混凝土楼梯

为适应建筑工业化的需要,加快建筑工程的施工速度,也可以采用预制装配式钢筋混凝土楼梯。由于预制装配式钢筋混凝土楼梯的抗震性能不如现浇式钢筋混凝土楼梯,预制楼梯的运用受到一定的限制。

按照楼梯构件的合并程度不同,预制装配式钢筋混凝土楼梯分为小型构件装配式楼梯、中型构件装配式楼梯和大型构件装配式楼梯。

1.小型构件装配式楼梯

小型构件装配式楼梯,就是把楼梯各部分划分成体积小、重量轻、便于制作安装和运输的小型构件。施工时不需大型吊装设备,但工序繁多,湿作业量大,施工速度也相对较慢。

小型构件装配式楼梯一般有三种形式:悬挑式、墙承式和梁承式。

(1)悬挑式楼梯

悬挑式楼梯的梯段由多个独立的踏步板组成,踏步板由墙内挑出,可达 1.5 m 长。平台部分可用普通的预制板。

踏步板的形式有"L"形和"一"字形,一般采用"L"形踏步板。"L"形踏步板伸入墙体内 240 mm,墙内部分的断面为矩形。"L"形悬挑踏步楼梯见图 7.6。

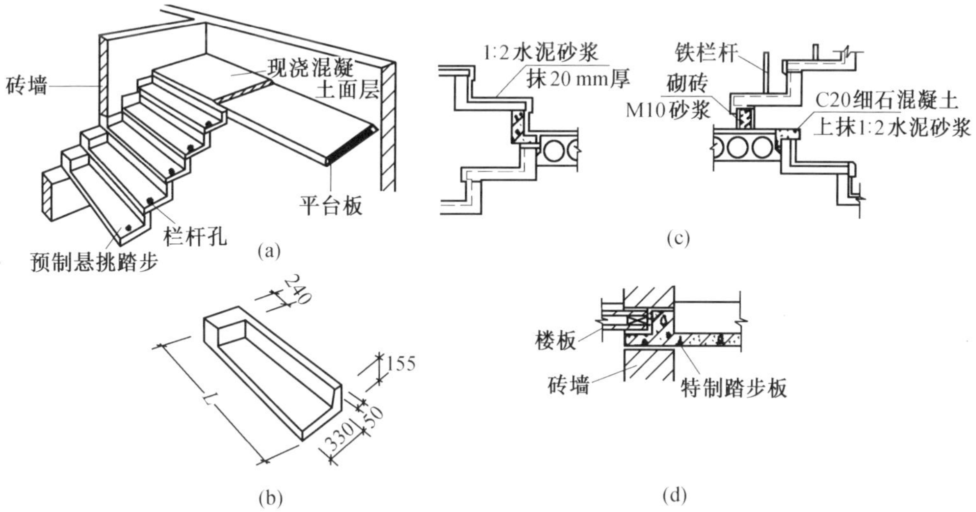

图 7.6　悬挑式楼梯

这种楼梯的安装与砌筑墙体一起施工,需要加设临时支撑,施工较为麻烦,而且不能承受较大振动荷载,7 度及 7 度以上抗震地区不能采用这种楼梯形式。

(2)墙承式楼梯

与悬挑式楼梯不同,墙承式楼梯是将预制踏步板的两端都搁置于墙上,则踏步板变悬挑构件为简支构件,受力更合理,可用于地震地区,一般适用于单跑楼梯。

墙承式用作双跑楼梯时,由于在两跑之间梯井的位置有一段墙,阻碍上下楼梯人的视线,对采光也不利,通过开设一些窗洞口可以改善这种状况。这种楼梯空间闭塞,搬运大型家具设备不方便。墙承式双跑楼梯见图 7.7。

图 7.7　墙承式楼梯

(3)梁承式楼梯

梁承式楼梯是将踏步板放在斜梁上,斜梁放在两侧的平台梁上,平台梁放在两侧的墙体上,并最终把楼梯段的荷载传给墙体。

踏步板有三角形踏步板、"L"形踏步板、"一"字形踏步板等形式。

斜梁的外形要与踏步板的形式相适应。三角形踏步板所采用的斜梁上表面是平直的;"L"形踏步板和"一"字形踏步板只能用锯齿形的斜梁,见图 7.8。

斜梁的断面可以做成矩形也可以做成"L"形。"L"形与矩形相比,可以使踏步板的底

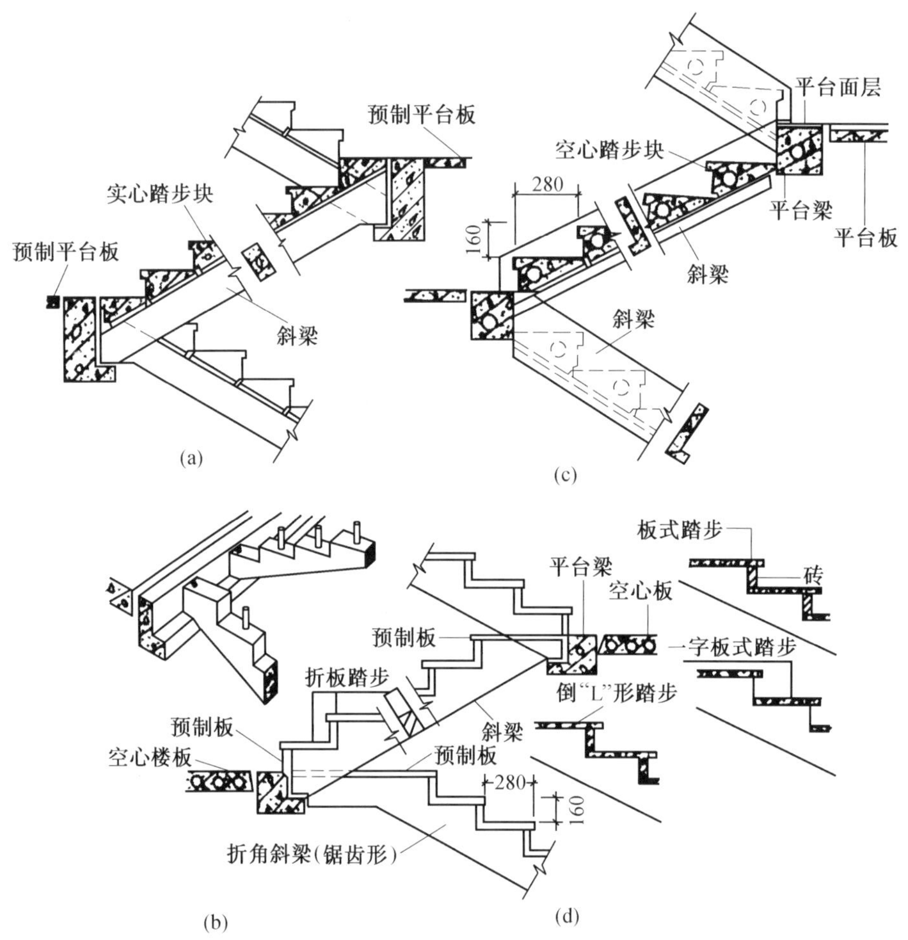

图 7.8　梁承式楼梯

面下移,以减少楼梯段的厚度,节省空间。

平台梁的截面一般做成"L"形,以便于搁置斜梁并使上表面平整。安装完毕二者之间要用铁件焊牢。

2.中型和大型构件装配式楼梯

当施工机械化程度比较高时,可采用中型或大型构件装配式楼梯。与小型构件装配式楼梯相比,构件的种类少,施工速度快;减少了湿作业,改善了工人的劳动条件。

中型构件装配式楼梯,是把楼梯划分为楼梯段和带梁平台板两部分。其中的梯段板也有板式和梁板式两种类型。

大型构件装配式楼梯,是把平台和梯段连在一起组成一个构件,每层楼梯由这样两个相同的构件组成。这种楼梯的装配化程度更高,施工速度也最快,但需要大型吊装设备。一般用于预制装配式建筑。

7.3.3　楼梯的细部构造

楼梯的细部构造包括踏步的面层和前缘、栏杆(或栏板)和扶手等。

1.踏步面层

楼梯的踏步表面应耐磨而光滑,便于行走和清扫。因此,楼梯的踏步面层应该做抹灰处理。常见的有水泥砂浆面层、水磨石面层、缸砖面层、花岗岩面层、地板砖面层等。

2.踏步前缘

为防止上下楼梯时摔倒,在踏步前缘处应做防滑处理。楼梯的踏步前缘处的防滑措施,有防滑凹槽、防滑条(用耐磨的砂浆、金属等材料制作)或在踏口部位做包口处理等几种形式。踏步的防滑构造见图7.9。

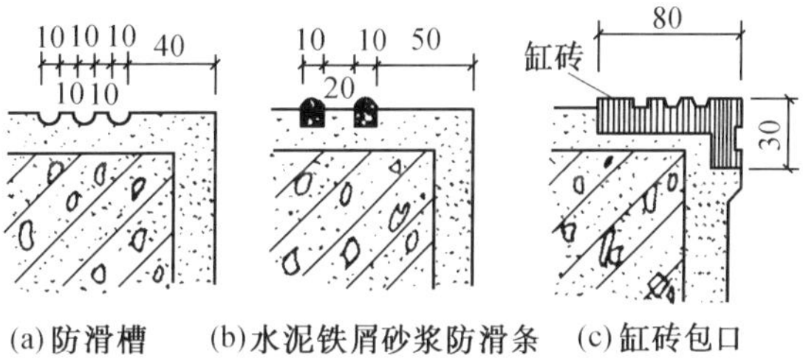

图7.9　踏步防滑措施

3.栏杆和栏板

栏杆或栏板是楼梯的安全设施,设置于楼梯段或平台的临空一侧。栏杆或栏板的上缘为扶手,供人们上下楼梯时手扶或倚靠。栏杆(或栏板)与扶手应与梯段或平台连接牢固,能够抵抗一定的水平推力。栏杆(或栏板)与扶手也是室内的一个装饰构件。

栏杆多用方钢、圆钢、扁钢等型钢制作,可以做成各种各样的图案。用作楼梯栏杆的方钢的截面边长一般为20 mm左右,圆钢直径一般不大于20 mm,扁钢截面40 mm×6 mm左右。栏杆与钢筋混凝土楼梯之间的连接,不外乎以下几种:一是通过踏步内的预埋件焊接,二是螺栓连接,三是踏步预留空洞锚固连接,四是膨胀螺栓连接等。较高级的建筑物常常采用铜、不锈钢、有机玻璃、铸铁铁艺、木雕、石雕等制作栏杆。常见的普通栏杆扶手举例见图7.10。

图7.10　常见普通楼梯栏杆的形式

用实体材料制作成的称为栏板。栏板常常采用钢筋混凝土或加筋砖砌体制作。砖砌栏板的厚度一般为60 mm,外侧用钢筋网加固,并与钢筋混凝土的扶手连在一起。栏板的构造见图7.11。

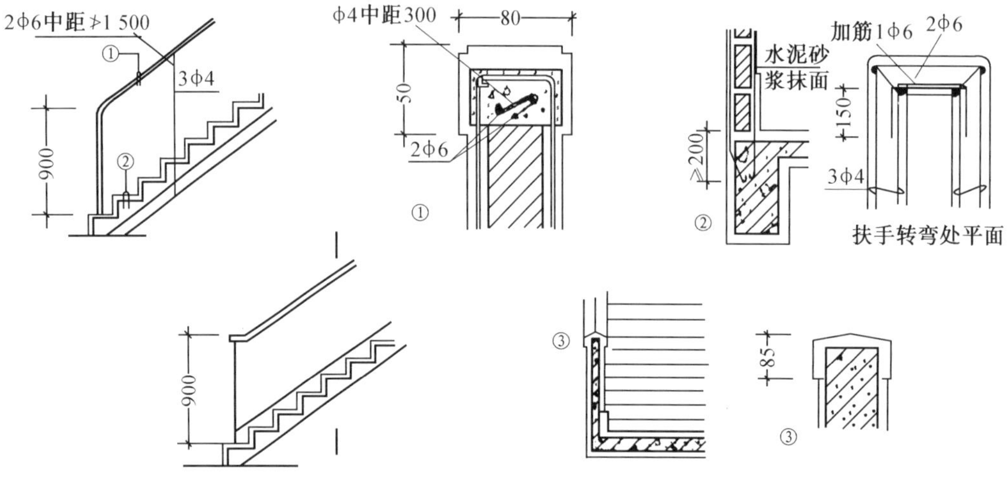

图 7.11　栏板的构造

4.扶手

楼梯的扶手可用硬木、塑料制品制作,也可用圆钢管等型钢制作。在钢筋混凝土或砖砌栏板上侧的扶手可做水泥砂浆抹灰、水磨石等作为扶手。木扶手和塑料扶手,应在栏杆的顶端焊接通长的扁钢,然后将扶手用木螺丝固定于扁钢上;钢材扶手可以采用焊接的方式连接。扶手的举例见图 7.12。

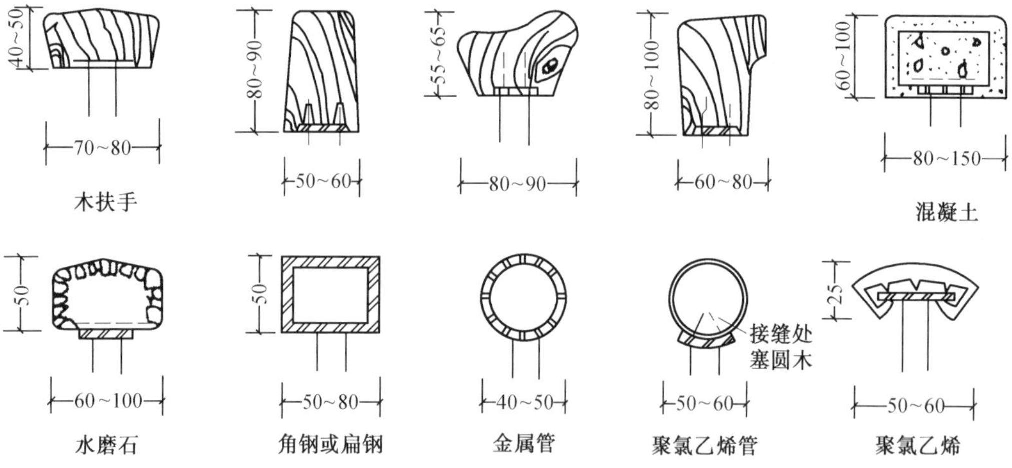

图 7.12　扶手的类型

7.4　台阶与坡道

7.4.1　台阶

台阶由踏步和平台组成。室外台阶一般位于建筑物的出入口处,每边比门洞口宽出 500 mm 左右。有时室内有高差时也需要设台阶。台阶的踏步宽度不宜小于 300 mm,高度不宜大于 150 mm。当高差较大而致使踏步级数较多时,应设栏杆和扶手。

常见的台阶形式有单面踏步、三面踏步、单面踏步带垂带石(或方形石、花池等)、台阶坡道组合式等等,见图 7.13。

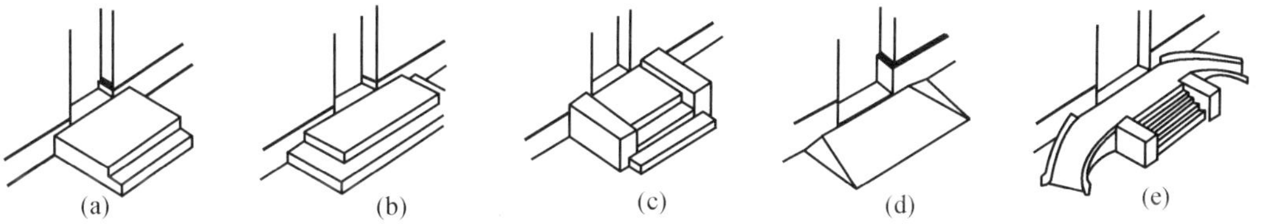

图 7.13　台阶的形式

台阶的构造做法,包括基层、垫层和面层几部分。基层一般为素土夯实,在季节性冰冻地区应加砂垫层,以防台阶被冻坏。垫层一般为混凝土,有时也用砖砌。面层和地面的做法基本相同,有水泥砂浆、水磨石、缸砖、天然石材等面层。也有一些建筑物直接用条石砌筑,不再做面层。寒冷地区台阶的地面应采用稍微粗糙些的材料作为面层,防止冬季台阶表面有飘雪后滑倒行人。图 7.14 为普通混凝土垫层、水泥砂浆面层台阶的构造做法。

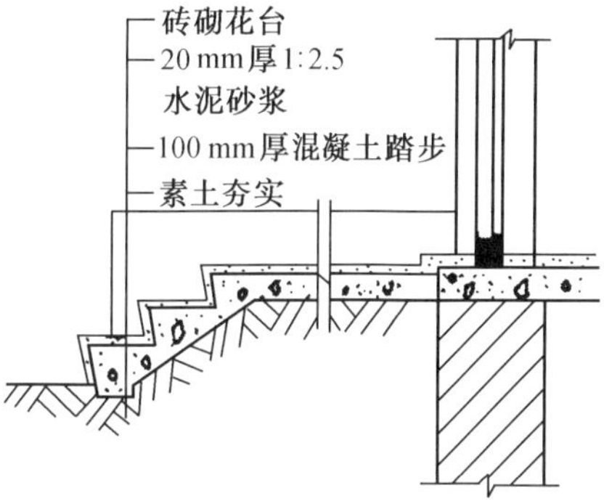

图 7.14　台阶的构造

7.4.2　坡道

医院的门诊部、急诊部、病房,较高级的旅馆酒店、办公楼,体育建筑等建筑物的出入口处,除了设有供人通行的台阶外,还设有供车辆上下的坡道。另外,无障碍设计规范规定,为方便残疾人,民用建筑物的出入口处,应设有供轮椅通行的坡道。我国近几年在无障碍设计方面也逐渐得到了重视。

坡道应有合适的坡度、宽度和转弯半径。

供机动车辆通行的坡道,其坡度常常在 10% 左右,一般不应大于 12%。当坡度较大时,应在坡道两端的 3.6 ~ 6.0 m 的范围内做缓坡,缓坡的坡度为中间坡道坡度的 1/2。坡道的宽度和转弯半径与所通行的车辆有关。

供轮椅通行的坡道,既不能太陡,又不能太长。坡道的坡度一般为 1/12,每段的水平长度不应超过 9.00 m,当高差较大时中间应设休息平台。当受场地限制时,坡度最大可为 1/8,每段的水平长度则不应超过 2.80 m。坡道的宽度不应小于 0.90 m,在出入口的内外,应留有不小于 1.50 m × 1.50 m 的轮椅回转面积。

7.5　电梯与自动扶梯

当民用建筑的层数较高或建筑物的等级较高时,一般都装有乘客电梯;仓库、商场等为运送货物方便,有时装有货梯;医院及疗养建筑为方便病人使用也会装有病床电梯;有特殊需要的建筑物有时装有小型杂物梯。此外,高层建筑除了普通的客梯之外还应装有消防电梯,以便在发生火灾时消防人员能够迅速到达火灾现场。

交通类建筑、大型商业建筑、科技博览建筑等,由于人流密集,并且方向性强,为加快人流速度，一般都装有自动扶梯，而不是采用装设乘客电梯的办法。

7.5.1　电梯

电梯由机房、井道和轿箱三大部分组成。

电梯轿箱由电梯厂家定型生产，不同种类、不同载重量以及不同厂家的电梯轿箱尺寸也不尽相同。普通乘客电梯的载重量一般有 500 kg、750 kg、1 000 kg、1 500 kg、2 000 kg 五种，货梯的载重量一般较大，而小型杂物梯的载重量较小。病床电梯除考虑载重量外，还应考虑病人担架床的尺寸。

电梯井道是电梯运行的通道，每层设有出入口，井道内设有轿箱导轨及导轨撑架、轿箱的平衡重，井道底部还安装有缓冲器，轿箱沿着导轨上下运行。井道一般为钢筋混凝土结构，也可以采用砖混结构。无论采用哪种结构形式，土建施工时必须满足安装电梯的一些要求，比如，装设导轨撑架等的预埋件的预埋，入口向井道方向挑出的装设电梯门的牛腿，顶板处穿过缆绳的预留洞等。

电梯井道的平面和剖面见图 7.15 和图 7.16。

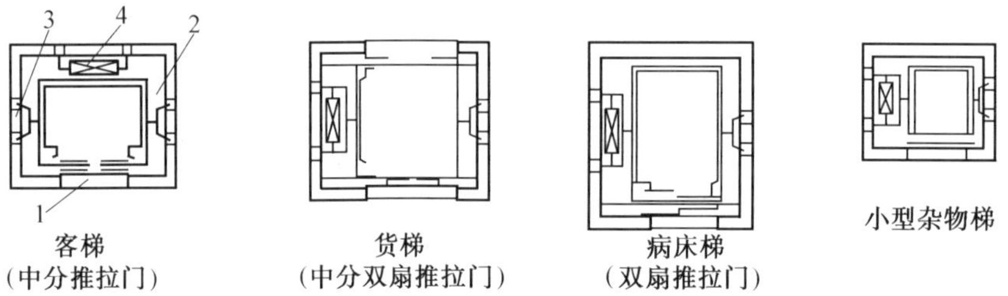

图 7.15　电梯井道平面

1—出入口；2—导轨；3—导轨撑架；4—平衡重

电梯的驱动电机以及控制部分安装在机房内，机房设在井道的正上方。机房应至少在两个方向比井道略宽，作为检修空间。液压电梯不需设置机房，而是直接将液压驱动部分安装在井底。但液压电梯的提升高度受到一定限制。

7.5.2　自动扶梯

自动扶梯由电动机械牵动，踏步和扶手同步运行，运行的方向可正可反，即可以提升也可以下降。自动扶梯的机房设在楼地面以下。图 7.17 为自动扶梯的示意图。

自动扶梯的安装角度一般为 30°，与电梯相类似，自动扶梯也是由厂家生产，在施工现场进行组装即可。土建施工必须按要求准确预埋安装自动扶梯的一些预埋铁件。

自动扶梯的栏板分为全透明型、透明型、半透明型和不透明型几种。并可以安装灯具，可根据不同的室内装修标准选用。

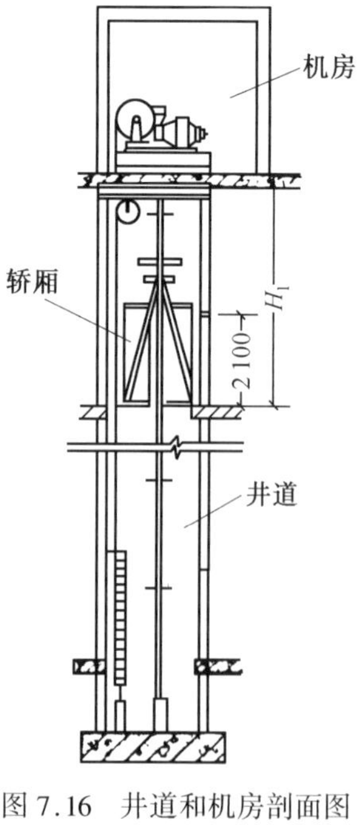

图 7.16　井道和机房剖面图

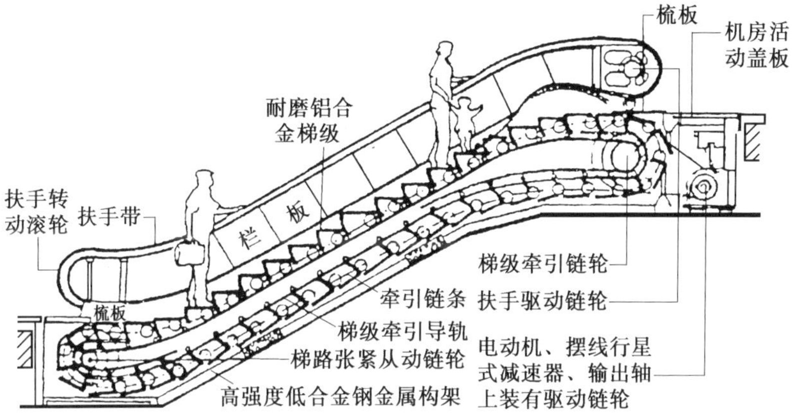

图 7.17　自动扶梯示意图

复习思考题

1.楼梯是由哪几部分组成的?

2.楼梯的形式有哪些? 常用的是哪几种形式?

3.公共建筑常用的踏步尺寸是多少?

4.楼梯梯段的净空高度是如何确定的?

5.钢筋混凝土楼梯有哪些形式?

6.现浇钢筋混凝土楼梯有哪些形式?

7.预制装配式钢筋混凝土楼梯有哪些形式?

8.室外台阶有哪几种类型?

9.电梯有几种类型?

10.自动扶梯一般用于什么建筑?

第8章　屋　　顶

8.1　屋顶的作用、组成、类型和防水等级

8.1.1　屋顶的作用和要求

屋顶是房屋最上层起覆盖作用的外围护构件，除承担自重，风、雨、雪及检修屋面时的荷载外；同时还要用以抵抗风、雨、雪、太阳的辐射和冬季低温的影响。因此，屋顶设计必须满足坚固、防水、排水、保温（隔热）、抵御侵蚀等要求，同时还应做到自重轻、构造简单、施工方便和经济合理等。

8.1.2　屋顶的基本组成

屋顶由屋面、承重结构、保温（隔热）层和顶棚等部分组成。

1.屋面

屋面是屋顶的面层，它暴露在大气中，直接受自然界的影响。因此，屋面的材料应具有一定的防水抗渗能力和耐自然侵蚀的性能，同时屋面也应具有一定的强度，以便承受风雪荷载和屋面检修荷载。

2.屋顶的承重结构

承重结构承受屋面传来的荷载和屋顶自重，并将它们传给墙或柱。常见的屋顶承重结构有木结构、钢筋混凝土结构、钢结构等。

3.保温、隔热层

由于一般屋面材料及承重结构的保温或隔热性能较差，故在寒冷地区须加设保温层，炎热地区加设隔热层，以满足节能要求。保温和隔热层应采用导热系数小的轻质材料，其位置常设于顶棚和屋面之间。

4.顶棚

顶棚是屋顶的底面，又称天棚。当承重结构为板式或梁板式结构时，可以做直接抹灰式顶棚。当承重结构为屋架或要求顶棚平齐（不允许梁外露）时，可以采用吊顶棚。屋顶的组成见图8.1。

8.1.3　屋顶的类型

由于屋面材料和承重结构形式的不同，屋顶有多种类型，一般可分为平屋顶、坡屋顶、曲面屋顶三大类。屋顶的类型见图8.2。

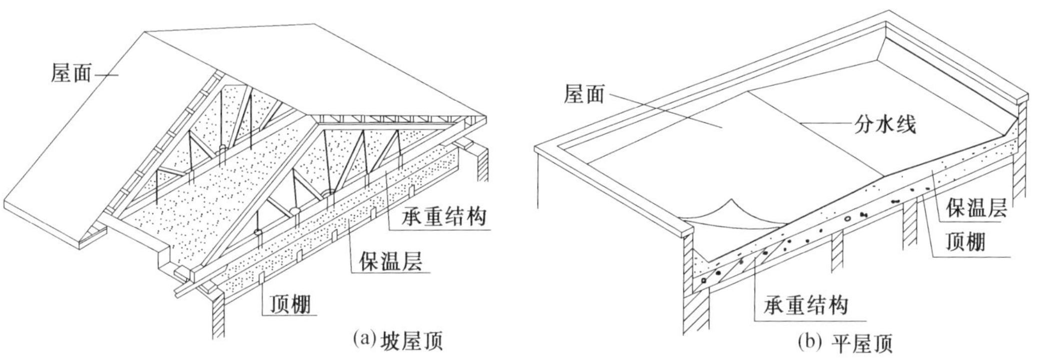

图 8.1　屋顶的组成

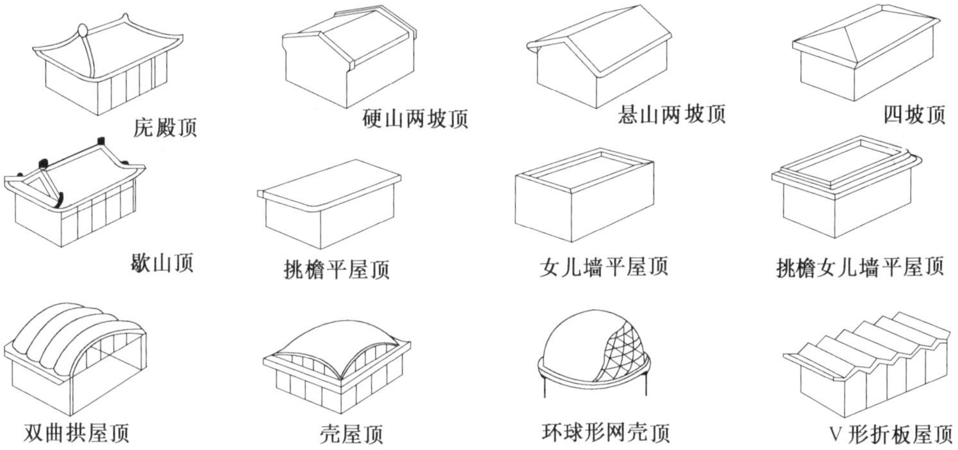

图 8.2　屋顶的类型

1.平屋顶

一般采用现浇或预制钢筋混凝土结构作为承重结构，屋面采用防水性能好的防水材料，屋面的排水坡度一般为 3%以下，常用 2% ~ 3%。

2.坡屋顶

坡屋顶是常见的屋顶类型，有单坡、双坡、四坡、歇山、庑殿、卷棚等。屋面材料多以各种小块瓦为防水材料，排水坡度较大，一般在 15%以上。也可以使用波形瓦、镀锌铁皮等为屋面防水材料。

3.曲面屋顶

曲面屋顶是由各种薄壁结构或悬索结构所形成屋顶，有筒形、球形、双曲面等形式。这种结构形式受力合理，能充分发挥材料的力学性能，故常用于大跨度的建筑中。

8.1.4　屋面的防水等级

屋面工程根据建筑物的性质、重要程度、使用功能要求以及防水层合理使用年限，《屋面工程技术规范》GB 50345—2004 中将屋面防水分为四个等级，见表 8.1。

表 8.1 屋面防水等级

项目	屋面防水等级			
	Ⅰ	Ⅱ	Ⅲ	Ⅳ
建筑物类别	特别重要或对防水有特殊要求的建筑	重要的建筑和高层建筑	一般的建筑	非永久性的建筑
防水层合理使用年限	25 年	15 年	10 年	5 年
设防要求	三道或三道以上防水设防	两道防水设防	一道防水设防	一道防水设防
防水层选用材料	宜选用合成高分子防水卷材、高聚物改性沥青防水卷材、金属板材、合成高分子防水涂料、细石防水混凝土等材料	宜选用合成高分子防水卷材、高聚物改性沥青防水卷材、金属板材、合成高分子防水涂料、高聚物改性沥青防水涂料、细石防水混凝土、平瓦油毡瓦等材料	宜选用合成高分子防水卷材、高聚物改性沥青防水卷材、三毡四油沥青防水卷材、金属板材、合成高分子防水涂料、高聚物改性沥青防水涂料、刚性防水层、平瓦、油毡瓦等材料	可选用二毡三油沥青防水卷材、高聚物改性沥青防水涂料等材料

注:1.本规范中采用的沥青均指石油沥青,不包括煤沥青和煤焦油等材料。

2.石油沥青纸胎和沥青复合胎柔性防水材料,系限制使用材料。

3.在Ⅰ、Ⅱ级屋面防水设防中,如仅作一道金属板材时,应符合有关技术规定。

8.2 屋顶的排水与防水

屋顶设计必须满足坚固耐久、防水、排水、保温(隔热)、耐侵蚀等要求。在这些要求中防水和排水是至关重要的内容。屋面防水是指屋面材料应该具有一定的抗渗能力,做到不漏水;屋面排水是指屋面雨水能迅速排除而不积存,以减少渗漏的可能性。如果屋面排水处理不好,雨水积存在屋面上形成一定的压力就必然增加渗漏的可能性,因此屋面设计中排水设计是基础,防水设计是关键。

8.2.1 屋顶的排水

1.屋顶排水坡度的形成

(1)材料找坡(亦称垫置坡度)

屋面板水平搁置,屋面坡度由铺在屋面板上的厚度有变化的找坡层形成。一般用于跨度较小的屋面。找坡层的材料应用造价低的轻质材料,如水泥炉渣、石灰炉渣、加气混凝土等。民用建筑中采用较多。

(2)结构找坡(亦称搁置坡度)

屋面板倾斜搁置形成坡度。顶棚是倾斜的,由于不需另设找坡层,因而减轻了屋顶的荷载,多用于工业建筑及有吊顶的民用建筑,民用建筑中采用较少。

2.排水方式

屋面的排水方式分为无组织排水和有组织排水两类。

(1)无组织排水

无组织排水是指雨水经屋檐自由下落的排水方式,也称自由落水。无组织排水的檐口应设挑檐,以防屋面雨水下落冲刷墙面,一般用于檐口高度较小的建筑中。

(2)有组织排水

当建筑较高或年降雨较大时,应采用有组织排水。有组织排水是设置天沟将雨水汇集后,经天沟底部1%的坡度将雨水导向雨水口,然后经雨水管排到室外地面或地下排水系统。有组织排水分为外排水和内排水两种方式。

①外排水。外排水是指雨水管装在室外的一种排水方式,常见的形式有挑檐沟外排水、女儿墙外排水、女儿墙挑檐沟外排水等。

②内排水。内排水就是指雨水由内天沟汇集,经雨水口和室内雨水管排入下水系统,多用于高层建筑、多跨房屋及寒冷地区的房屋。

屋顶的排水方式见图8.3。

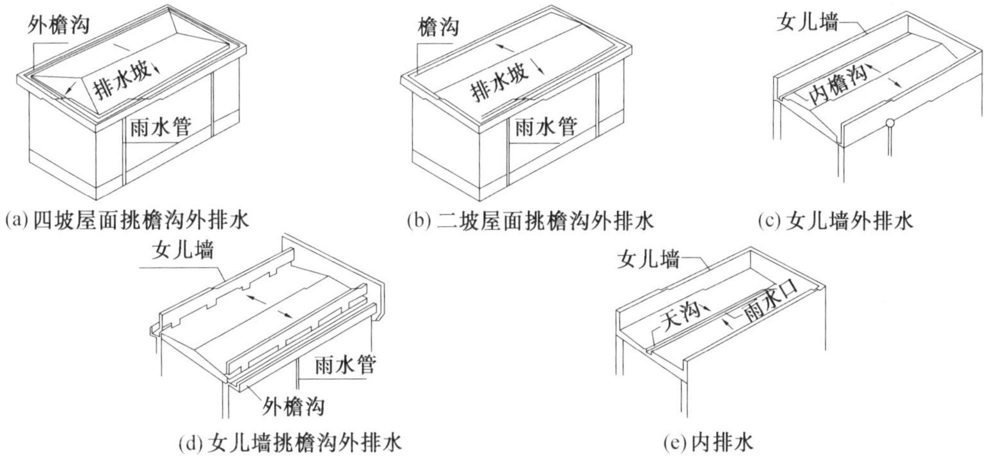

图8.3　平屋顶的排水方式

(3)雨水管的间距

有组织排水时,不论内排水还是外排水,都要通过雨水管将雨水排除,因而必须有足够数量的雨水管才能将雨水及时排走。雨水管的数量与降雨量和雨水管的直径有关,雨水管的常用间距为10~15 m。

常用的雨水管有UPVC管、铸铁管、镀锌铁皮管等几种,其直径有ϕ50、ϕ75、ϕ100、ϕ125、ϕ200等几种规格,民用建筑常用75~100 mm。

8.2.2　屋顶的防水

平屋顶的防水方式有卷材防水、涂膜防水和刚性防水等。

1.卷材防水屋面

常用的防水卷材有沥青防水卷材、高聚物改性沥青防水卷材、合成高分子防水卷材等。卷材防水适用于防水等级Ⅰ～Ⅳ级的屋面防水。

(1)沥青防水卷材

沥青防水卷材，是用原纸、纤维织物、纤维毡等胎体材料浸沥青，表面撒布粉状、粒状或片状材料制成可卷曲的片状防水材料。

①石油沥青纸胎油毡。石油沥青纸胎油毡分为200号、350号和500号三种标号；按所用隔离材料不同，又分为粉状面油毡和片状面油毡；350号和500号粉面油毡，适用于屋面、地下、水利等工程的多层防水；片状面油毡用于单层防水。

②沥青玻璃布油毡。适用于地下防水、防腐层用，也适合于平屋顶防水层及非热力的金属管道防腐保护层。

③铝箔面油毡。系采用玻纤毡为胎基，浸涂氧化沥青，在其上面用压纹铝箔贴面，底面撒以细颗粒矿物材料或覆盖聚乙烯膜，所制成的具有热反射和装饰功能的防水卷材。

(2)高聚物改性沥青防水卷材

高聚物改性沥青防水卷材，是以合成高分子聚合物改性沥青为涂盖层，纤维织物或纤维毡为胎体，粉状、粒状、片状或薄膜材料为覆面材料制成可卷曲的片状防水材料。

①再生胶油毡。再生胶油毡，是再生橡胶、10号石油沥青和碳酸钙，经混炼、压延而成的无胎防水卷材。它的主要特点是具有一定的延伸性，低温柔性较好，耐腐蚀能力较强，可单层冷作业铺设。

②弹性体沥青防水卷材。弹性体沥青防水卷材是用沥青或热塑弹性体(如SBS改性沥青)浸渍胎基，两面涂以弹性体沥青涂盖层，上表面撒以细纱、矿物粒(片)料或覆盖聚乙烯膜，下面撒以细纱或覆盖聚乙烯膜所制成的一类防水卷材。它的特点是耐高温性、耐低温性和耐疲劳性较好，耐撕裂强度、耐穿刺性和弹性较高。改性沥青柔性油毡，适用于屋面及地下防水工程。

(3)合成高分子防水卷材

合成高分子防水卷材，是以合成橡胶、合成树脂或两者的共混体为基料，加入适量的化学助剂和填充料等，经不同工序加工而成可卷曲的片状防水卷材。

①橡胶系防水卷材有硫化型橡胶卷材、三元乙丙橡胶卷材等。

②塑料系防水卷材有聚氯乙烯防水卷材和氯化乙烯防水卷材等。

③橡塑共混型防水卷材是氯化聚乙烯－橡胶共混的防水卷材，它兼有塑料和橡胶的优点，使卷材的抗拉强度、伸长率和耐老化性能等，都有显著提高。

2.涂膜防水屋面

涂膜防水的防水涂料有沥青基防水涂料、高聚物改性沥青防水涂料和合成高分子防水涂料等，涂膜防水主要用于防水等级为Ⅲ级、Ⅳ级的屋面防水，也可用作Ⅰ级、Ⅱ级屋面多道防水中的一道防水层。

(1)沥青基防水涂料

以沥青为基料配制成的水乳型或溶剂型防水涂料。

(2)高聚物改性沥青防水涂料

以沥青为基料，用合成高分子聚合物进行改性，配制成的水乳型或溶剂型防水涂料。这种涂料可冷作业施工、机械化喷涂，施工效率高。

①氯丁胶乳沥青防水涂料，是以氯丁橡胶和沥青为基料，先分别配制成乳液，再按比例均匀混合在一起的产物。

②再生胶沥青防水涂料，是以石油沥青为基料，再生橡胶为改性材料，复合而成的防水涂料。这种涂料有水乳型和油溶型两种。

(3)合成高分子防水涂料

合成高分子防水涂料，是以合成橡胶或合成树脂为主要成膜物质，配制成的单组分或多组分的防水涂料，如聚氨酯防水涂料。

3.刚性防水屋面

刚性防水屋面，是指用防水砂浆或密实混凝土作为防水层的屋面。

防水砂浆或密实混凝土的形成方法有：

(1)加防水剂

防水剂掺入砂浆或混凝土后，能产生不溶性物质堵塞毛细孔，提高防水能力。一般防水剂掺入量为水泥重量的3%～5%。

(2)加泡沫剂

泡沫剂形成的微小气泡构成封闭的互不连通的细小空泡结构，破坏了砂浆或混凝土中的毛细孔，提高防水能力。

(3)提高密实性

在配制水砂浆或混凝土时，注意骨料级配、控制施工质量，可以提到水砂浆或混凝土的密实性。

4.屋面密封材料

适用于屋面防水工程的密封处理，并于卷材防水屋面、涂膜防水屋面、刚性防水屋面等配合使用。

(1)改性沥青密封材料

改性沥青密封材料，是用沥青为基料，用适量的合成高分子聚合物进行改性，加入填充料和其他化学助剂配制而成的膏状密封材料，如建筑防水沥青嵌缝油膏、煤焦油－聚氯乙烯油膏等。

(2)合成高分子密封材料

合成高分子密封材料，以合成高分子材料为主体，加入适量的化学助剂、填充材料和着色剂，经过特定的生产工艺加工而成的膏状密封材料，有聚氯乙烯建筑防水接缝材料(简称PVC)、磺化聚乙烯嵌缝密封膏、水乳型丙烯酸酯密封膏、聚氨酯建筑密封膏等

8.3　平屋顶的构造

8.3.1 柔性防水屋面的构造

柔性防水屋面指以卷材为防水层的屋面。

1.柔性防水屋面的构造组成

柔性防水屋面的构造组成从下至上有：

(1)结构层

是屋顶的承重结构,一般采用现浇或预制钢筋混凝土屋面板。

(2)找平层

为了保证卷材基层表面的平整度,一般在结构层或保温层上作 1∶3 水泥砂浆找平层厚 15～30 mm,为防止找平层变形开裂破坏卷材防水层,宜在找平层上设置分格缝,缝宽一般为 20 mm,并嵌填密封材料,分格缝的间距不宜大于 6 m。

(3)结合层

由于砂浆找平层表面存在因水分蒸发形成的孔隙和小颗粒粉尘,很难使沥青与找平层黏结牢固,所以需要在找平层上刷一层冷底子油作为结合层。冷底子油是用沥青加入柴油或汽油等有机溶剂稀释而成,由于配制是在常温下进行不需加热,故称冷底子油。

(4)防水层

防水层的材料有沥青防水卷材、高聚物改性沥青防水卷材、合成高分子防水卷材等。卷材铺设应采用搭接法,上下层及相邻两幅卷材的搭接缝应错开。平行于屋脊的搭接缝应顺水流方向搭接;垂直于屋脊的搭接缝应顺最大频率风向搭接。各卷材的搭接宽度应满足表 8.2 要求。

表 8.2　卷材搭接宽度

搭接方向		短边搭接宽度/mm		长边搭接宽度/mm	
铺贴方法 卷材种类		满铺法	空铺法 点铺法 条铺法	满铺法	空铺法 点铺法 条铺法
沥青防水卷材		100	150	70	100
高聚物改性沥青防水卷材		80	100	80	100
自粘聚合物改性沥青防水卷材		60	—	60	—
合成高分子防水卷材	粘贴剂	80	100	80	100
	胶粘带	50	60	50	60
	单缝焊	60,有效焊缝宽度不小于 25			
	双缝焊	80,有效焊缝宽度 10×2+空腹宽			

(5)保护层

卷材防水层在阳光和大气长期作用下会失去弹性而变脆开裂,故需在防水层上设置保护层。

屋面为不上人屋面时,热玛脂粘贴的沥青防水卷材可选用粒径为 3～5 mm、色浅、耐风化和颗粒均匀的绿豆砂;冷玛脂贴的沥青防水卷材可选用云母或蛭石等片状材料。有的地区试用铝银粉为保护层,其具有反射太阳辐射性能好、施工方便、重量轻及造价低等优点。

上人屋面保护层,可以在防水层上浇注 30～40 mm 厚的细石混凝土面层,每隔 2 m 设一道分格缝,见图 8.4(a)。也可铺设预制 C20 级的细石混凝土板(400 mm×400 mm×300 mm),用 1∶3 水泥砂浆作为结合层,见图 8.4(b)。为了防止块材或整体面层由于温度变形将卷材防水层拉裂，应在保护层和防水层之间设置隔离层。隔离层可采用低强度砂浆或干铺一层卷材。

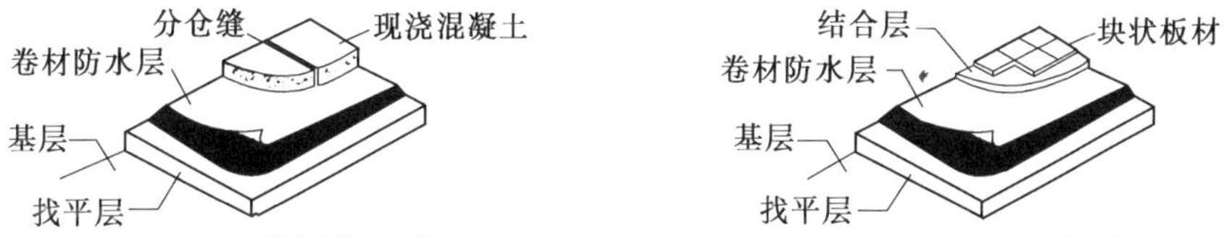

(a) 现浇混凝土面层　(b)预制板材面层

图 8.4　上人屋面保护层作法

2.柔性防水屋面的细部构造

柔性防水屋面构造除应作好大面积防水外，还应按照《屋面工程技术规范》GB 50345—2004的要求，特别注意屋面各节点部位的构造、处理，如屋面防水层与垂直墙面相交处的泛水、屋面檐口、雨水口、变形缝和伸出屋面的管道、烟囱、屋面检查口等与屋面防水层的交接处的构造，这些部位是防水层切断处或防水层的边缘，是屋面防水层最容易处理不当的部位。

(1)泛水

屋面防水层与垂直墙面相交处的构造处理称泛水，如女儿墙、出屋面水箱、出屋面的楼梯间等与屋面的相交部位，均应作泛水。泛水与屋面相交处的找平层应做成圆弧（R = 100 ~ 150 mm），以防止卷材由于直角铺设而折断。为增强泛水处的防水能力，泛水处应加铺一层卷材。卷材在垂直墙面上的粘贴高度应≥250 mm，通常为 300 mm。为防止卷材与墙面脱离，卷材上部应收头，砖墙泛水构造见图 8.5(a)，钢筋混凝土墙泛水构造见图 8.5(b)。

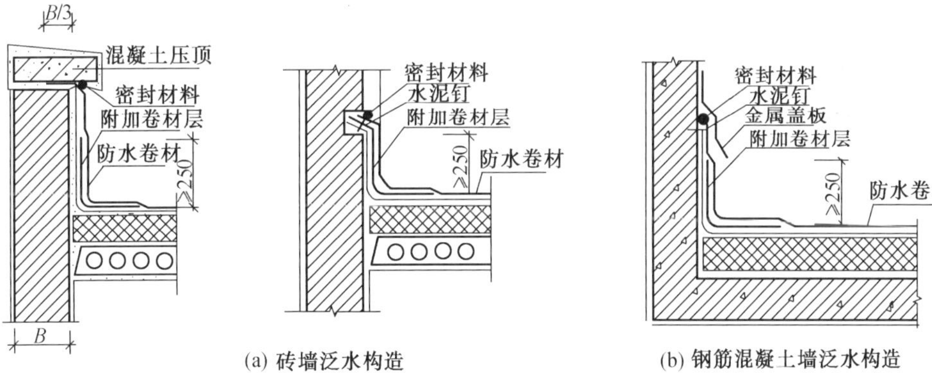

(a) 砖墙泛水构造　(b) 钢筋混凝土墙泛水构造

图 8.5　泛水构造

(2)檐口

包括自由落水檐口、挑檐沟檐口、女儿墙内檐沟檐口等。

①自由落水檐口。一般采用现浇或预制钢筋混凝土挑檐，卷材在檐口 800 mm 范围内应采用满贴法，卷材端部收头应固定密封。

自由落水檐口构造见图 8.6。

②挑檐沟檐口。挑檐沟檐口一般采用现浇或预制钢筋混凝土挑檐沟挑出。檐沟内应加铺 1 ~ 2 层卷材，檐沟与屋面交接处的加铺卷材宜空铺，空铺宽度应为 200 mm。卷材在檐沟端部收头。挑檐沟檐口构造见图 8.7。

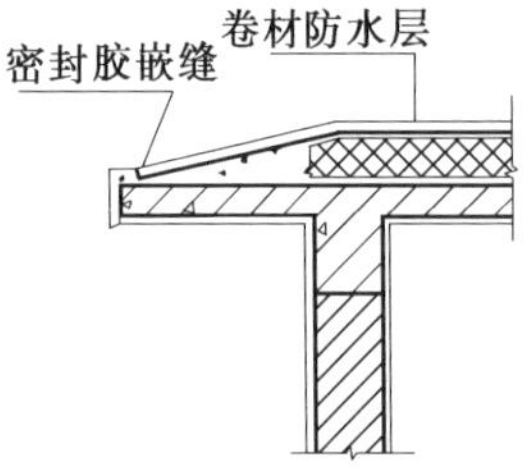

图 8.6 自由落水檐口构造

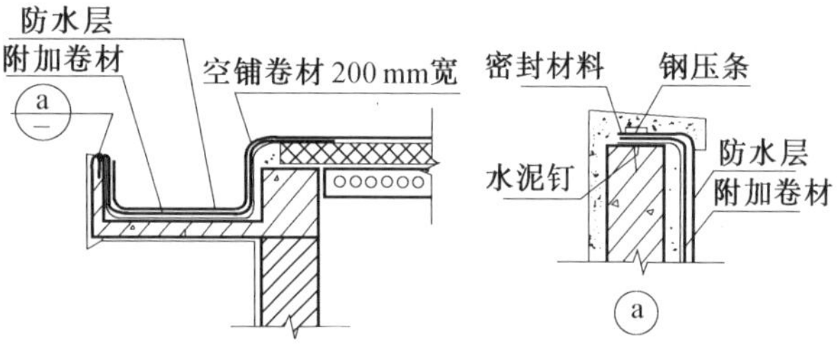

图 8.7 挑檐沟檐口构造

(3)雨水口

有组织排水的雨水口可分为设在檐沟底部的水平雨水口和设在女儿墙上的垂直雨水口两种。水落口杯有铸铁和塑料两种，水落口周围 500 mm 范围内坡度不应小于 5%，并用防水涂料或密封材料涂封。为防止渗漏，雨水口处应加铺一层卷材并铺至落水口杯内，用油膏嵌缝。水落口杯与基层相接处应留宽 20 mm、深 20 mm 凹槽，嵌填密封材料，雨水口构造见图 8.8。

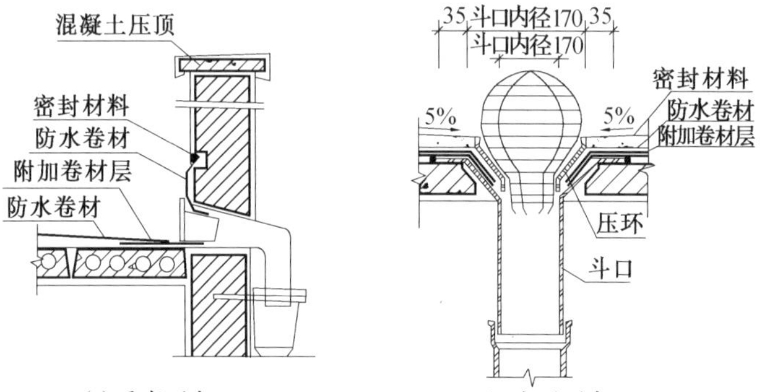

(a) 垂直雨水口 (b) 水平雨水口

图 8.8 雨水口的构造

(4)管道出屋面的构造

伸出屋面管道周围的找平层应作成圆锥台，管道与找平层之间应留凹槽，并嵌填密封材料，防水层卷材卷起高度不应小于 250 mm。防水层收头处应用金属箍箍紧，并用密封材料密封，其构造见图 8.9。

(5)屋面出入口的构造

卷材防水层的收头应压在混凝土压顶圈下，见图 8.10。

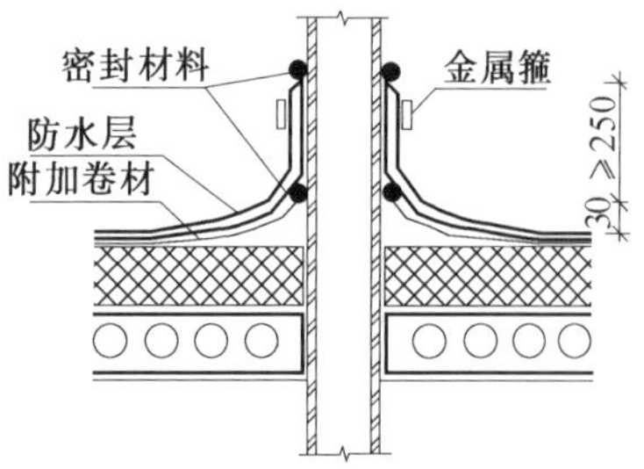

图 8.9 管道出屋面构造

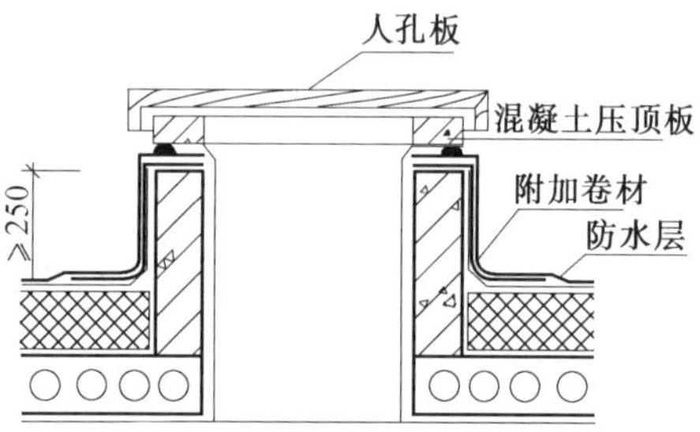

图 8.10 屋面出入口构造

8.3.2　刚性防水屋面

1.刚性防水屋面的构造组成

(1)防水层

刚性防水屋面常采用不低于C20级细石混凝土整浇防水层,其厚度不应小于40 mm。为防止混凝土收缩时产生裂缝,应在混凝土中配置直径为ϕ4～ϕ6,间距为100～200 mm的双向钢筋网片。钢筋网片在分格缝处应断开,其保护层的厚度应不小于10 mm。

为了防止因温度变化产生的裂缝无规律的扩展,通常在防水层中设置分格(仓)缝。分格缝的位置应设在结构层的支座处、屋面转折处、防水层与突出屋面结构的交接出,其纵横间距不宜大于6 m。分格缝的宽度为20 mm左右,缝口用油膏嵌20～30 mm深,缝内填沥青麻丝。

为防止嵌缝油膏老化,常用卷材覆盖分格缝。纵向分格缝采用平缝,纵向分格缝采用凸出表面30～40 mm的凸缝。

(2)隔离层

刚性防水层受温度变化热胀冷缩,如与结构层做成整体则受结构层约束,从而产生约束应力导致防水层开裂,所以应在结构层和防水层之间设置隔离层。隔离层可采用纸筋灰、干铺卷材、低强度等级砂浆等。

(3)找平层

当结构层采用预制钢筋混凝土屋面板时,应作20 mm厚1∶3水泥砂浆找平层;当采用现浇钢筋混凝土屋面板时,可不设找平层。

(4)结构层

一般采用现浇或预制钢筋混凝土屋面板。

刚性防水屋面的构造见图8.11。分格缝的构造见图8.12。

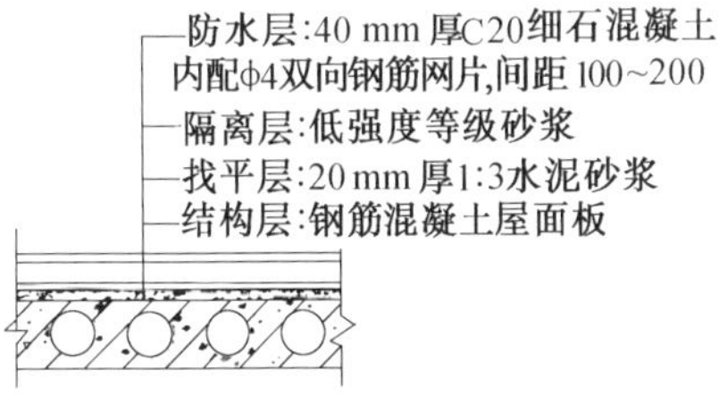

图8.11　刚性防水屋面的构造

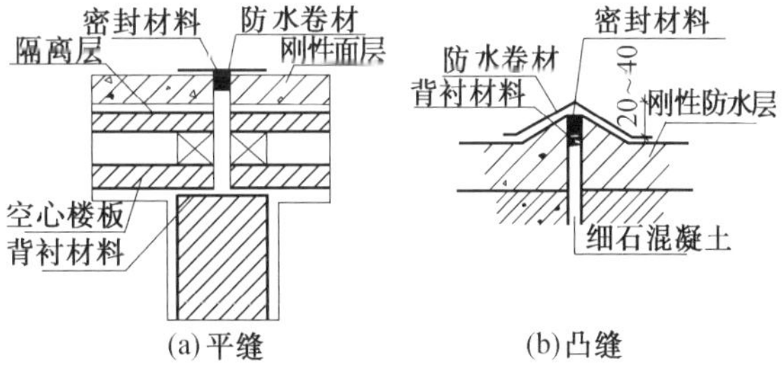

图8.12　分格缝的构造

8.4　坡屋顶的构造

8.4.1　坡屋顶的承重结构

坡屋顶的承重结构有硬山搁檩和屋架承重两种。硬山搁檩是把横墙上部砌成三角形,直接搁置檩条以支撑屋顶荷载,一般用于小开间的房屋。当房屋开间较大时则选用屋架承重,屋面上的荷载通过屋面板、檩条等构件传给屋架,再由屋架传给墙或柱,见图 8.13。

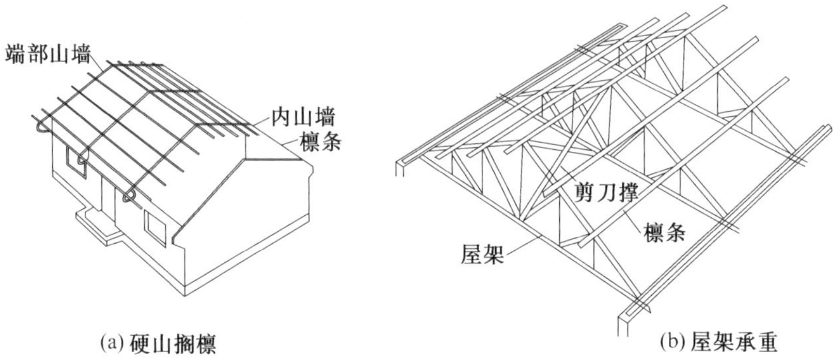

图 8.13　坡屋顶的承重结构

房屋平面有凸出部分时,屋顶结构有两种做法:一种是将凸出部分的檩条搁置在房屋的檩条上,另一种是将檩条搁置在房屋的斜梁上,见图 8.14。四坡屋顶的屋顶结构是利用半屋架或斜梁搁置檩条,见图 8.15。

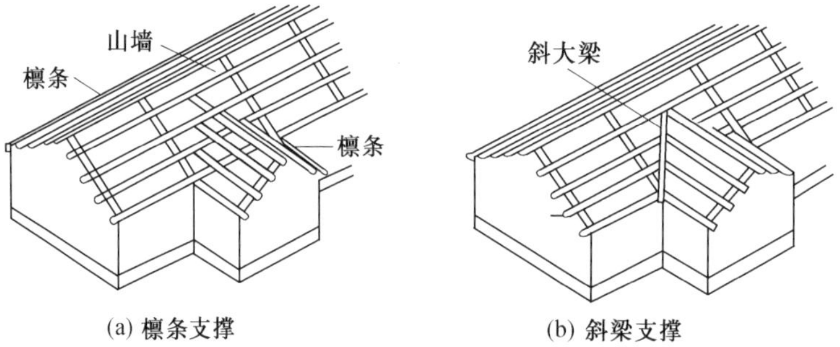

图 8.14　平面凸出部分的承重结构

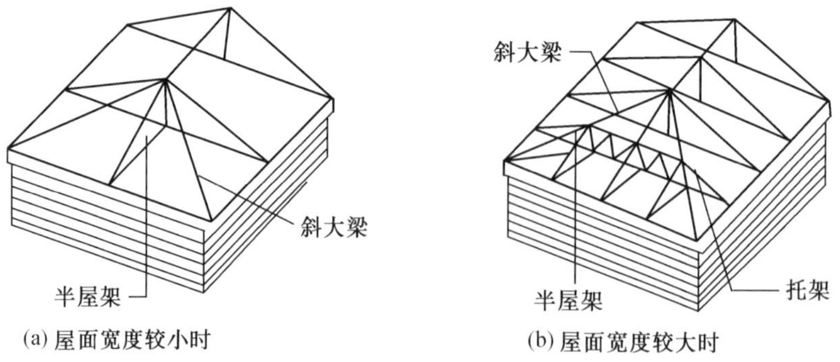

图 8.15　四坡屋顶的承重结构

8.4.2　坡屋面的基层和防水层

坡屋面所采用的防水层有平瓦屋面、小青瓦屋面、波形瓦屋面,压型钢板屋面等,这里主要介绍平瓦屋面和波形瓦屋面。

1. 平瓦屋面

平瓦屋面所用的瓦材有黏土平瓦及水泥平瓦两种，其规格 400 mm × 240 mm，厚度 20 mm。

(1) 平瓦屋面的做法

①冷摊瓦屋面。是直接在椽条上钉挂瓦条，见图 8.16。这种做法构造简单，但雨雪易从瓦缝中飘入室内。

②木望板瓦屋面。是在屋架上或砖墙上设檩条，在檩条上钉望板，并平行屋脊干铺一层油毡，在油毡上面垂直于屋脊方向钉断面为 6 mm × 24 mm 或 9 mm × 30 mm 的顺水条，间距 400 ~ 500 mm，然后垂直于顺水条钉断面 20 mm × 25 mm 的挂瓦条，最后挂平瓦。这种做法的优点是由瓦缝渗漏的雨水被阻于油毡之上，可以沿顺水条排除，屋面的保温效果也好。构造做法见图 8.17。

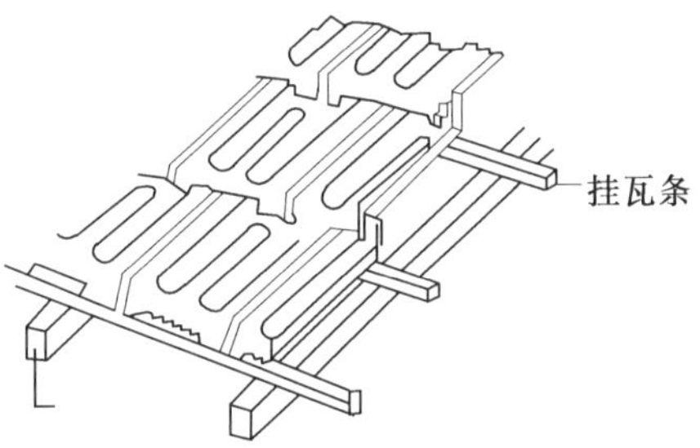

图 8.16 冷摊瓦屋面构造

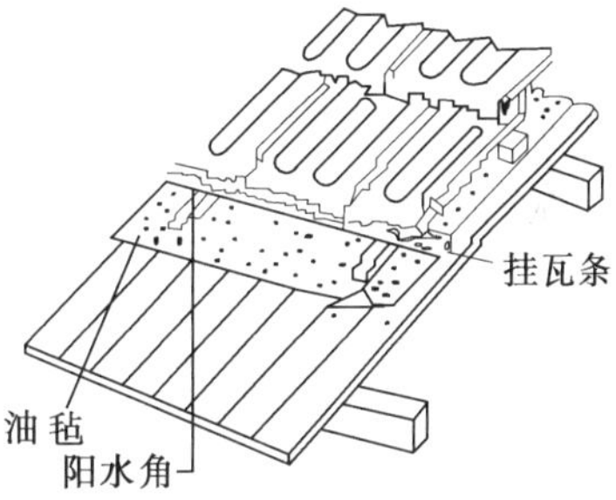

图 8.17 木望板瓦屋面构造

③钢筋混凝土屋面板瓦屋面。在钢筋混凝土屋面板上直接粘贴或设木质挂瓦条挂贴各种型瓦如琉璃瓦、波纹瓦、水泥瓦等，构造做法见图 8.18。

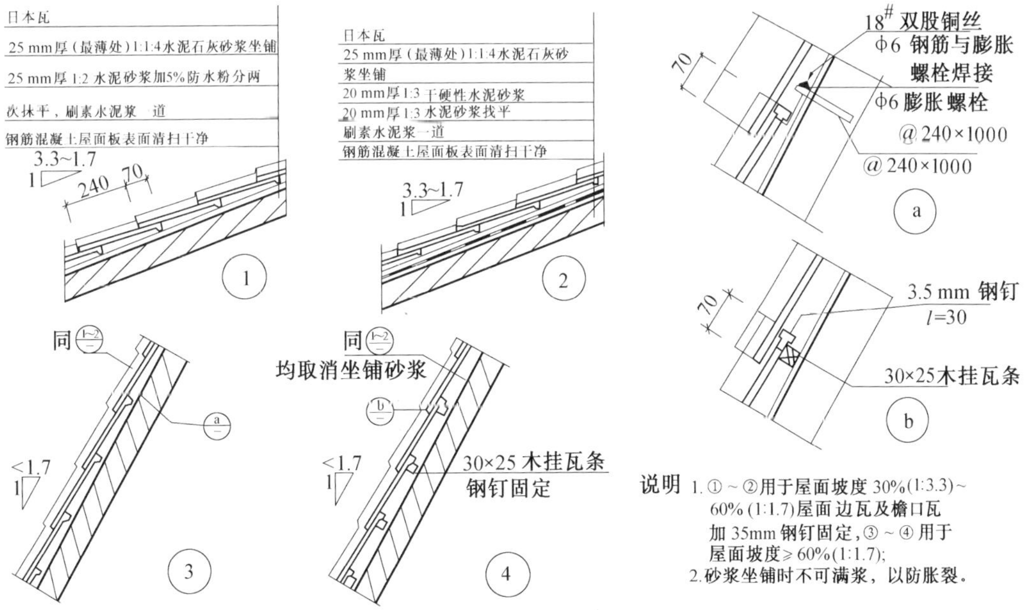

图 8.18 钢筋混凝土屋面板瓦屋面构造

(2)平瓦屋面的细部构造

①纵墙檐口。当檐口出檐较小时,可采用砖挑檐,砖逐皮挑出 1/4 砖,挑出总长度不大于墙厚的 1/2。有椽子的屋面可以用椽子出挑,挑檐长度一般为 300 ~ 500 mm。当檐口出挑较大时,采用屋架下弦设托木或挑檐木挑檐,这种做法挑檐长度可达 500 ~ 800 mm,见图 8.19。

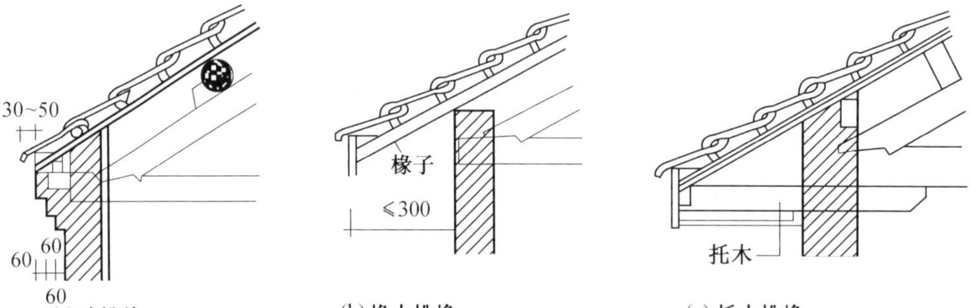

(a)砖挑檐 (b)椽木挑檐 (c)托木挑檐

图 8.19 纵墙檐口构造

②山墙檐口。山墙檐口按屋顶形式分为硬山和悬山两种。硬山是将山墙高出屋面形成山墙女儿墙。女儿墙与屋面相交处做泛水处理,做法有 1:3 水泥砂浆泛水及水泥麻刀石灰泛水等,见图 8.20。悬山是把屋面挑出山墙之外的做法,一般先将檩条外挑,檩条端部钉木封檐板,再用加麻刀的混合砂浆将边压住,抹出封檐线,见图 8.21。

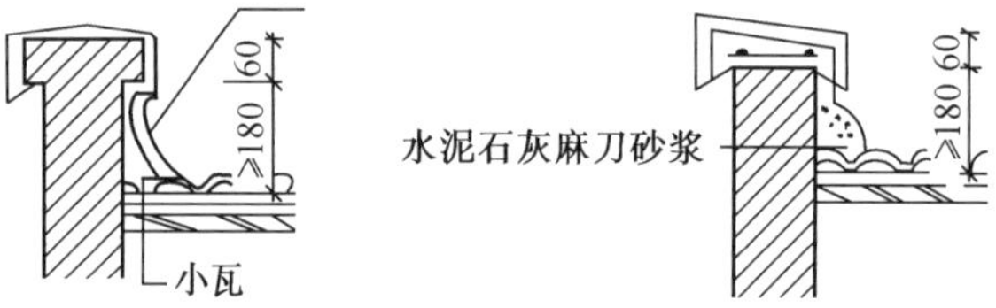

(a)小青瓦泛水 (b)砂浆泛水

图 8.20 硬山檐口构造

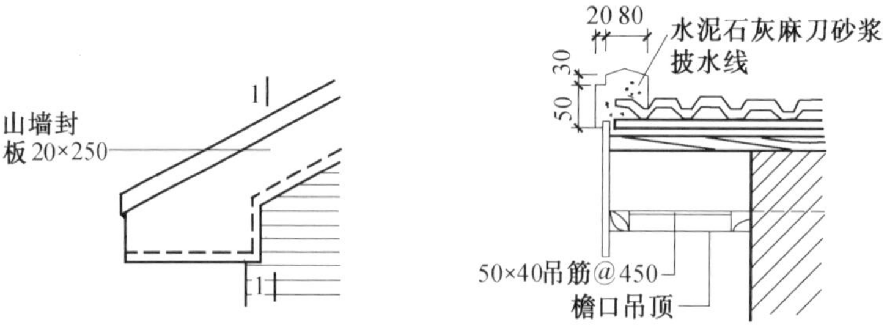

1-1

图 8.21 悬山檐口构造

③烟囱根部的泛水。烟囱根部常做镀锌铁皮泛水,在烟囱近屋脊一侧,铁皮应镶入瓦下;在烟囱近檐口一侧,铁皮应盖在瓦上;两侧镀锌铁皮上翻 250 mm 高,插入墙内或钉在墙内的预埋木砖上,见图 8.22。

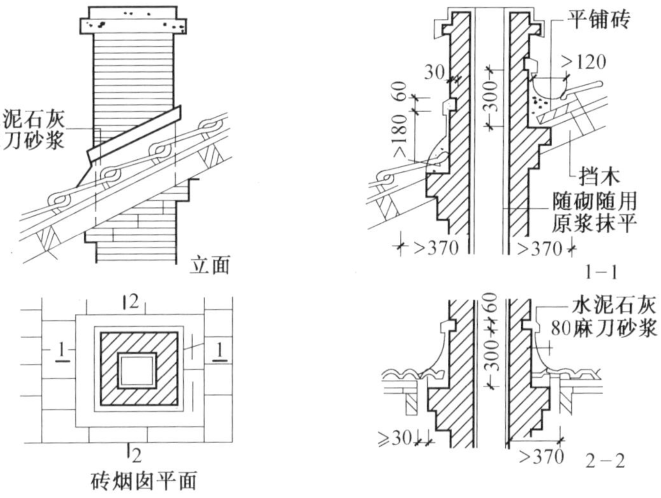

图 8.22 烟囱根部的泛水构造

2.波形瓦屋面

波形瓦包括石棉水泥波形瓦、木质纤维波形瓦、钢丝网水泥波形瓦、镀锌瓦楞铁皮、玻璃钢波形瓦等。

波形瓦的特点是自重轻、强度高、尺寸大、接缝少、防漏性能好等。波形瓦可直接用瓦钉铺或用钩子挂铺在檩条上。上下搭接至少 100 mm,左右应顺主导风搭接,搭接宽度至少一个半瓦垄。瓦钉的钉固孔位应在瓦的波峰处,并应加设铁垫圈、毡垫等,做法见图 8.23。

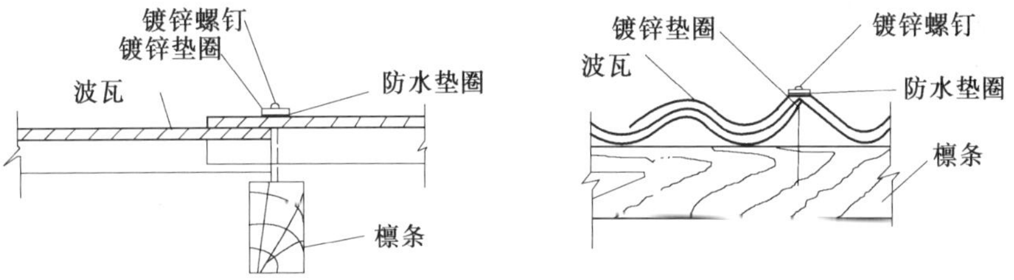

图 8.23 波形瓦的搭接

3.压型钢板屋面

压型钢板屋面可直接铺设在檩条上,通过固定支架与檩条相连接,上下两排的搭接长度不小于 200 mm,缝内用密封材料嵌填严密,檐口处应设异型镀锌钢板的堵头封檐板,山墙处应用异型镀锌钢板的包角板和固定支架封严,做法见图 8.24。

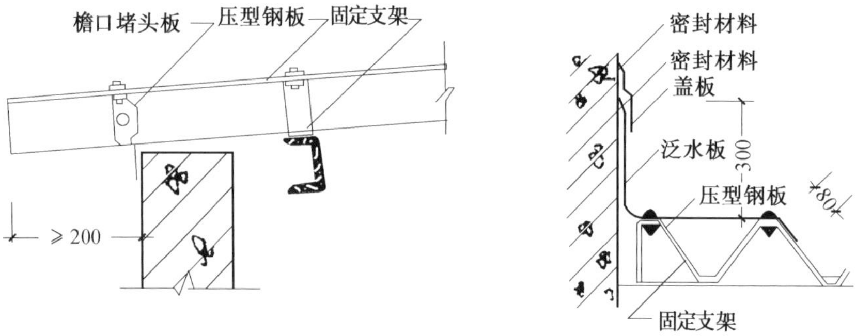

图 8.24 压型钢板屋面构造

8.5 屋顶的保温与隔热

8.5.1 平屋顶的保温

北方地区,为减少冬季室内的热量通过屋顶向室外散失,屋顶应设置保温层。

1.保温材料的类型

保温材料必须是空隙多、容重轻、导热系数小的材料。按施工方式不同可分为三类:

(1)松散保温材料

有膨胀珍珠岩、炉渣(粒径为 5 ~ 40 mm)、矿棉等。

(2)整体保温材料

沥青膨胀珍珠岩、沥青膨胀蛭石、水泥膨胀珍珠岩、水泥膨胀蛭石、水泥炉渣等。

(3)板状保温材料

加气混凝土板、泡沫混凝土板、膨胀珍珠岩板、膨胀蛭石板、矿棉板、泡沫塑料板等。

2.平屋顶的保温构造

平屋顶保温层的位置有两种:一种是将保温层放在防水层之下,结构层之上,成为封闭的保温层;另一种是将保温层放在防水层之上,成为敞露的保温层。前一种方式叫正铺法,后一种方式叫倒铺法。

冬季室内温度高于室外,室内的水蒸气通过结构层的空隙渗透进保温层,使保温层受潮,从而降低保温层的保温性能。同时保温层中的水分遇热后转化为蒸汽,体积膨胀,会导致卷材防水层起鼓破坏。所以正铺法保温屋面需在保温层和结构层之间作隔蒸汽层。正铺法卷材保温屋面构造见图 8.25。

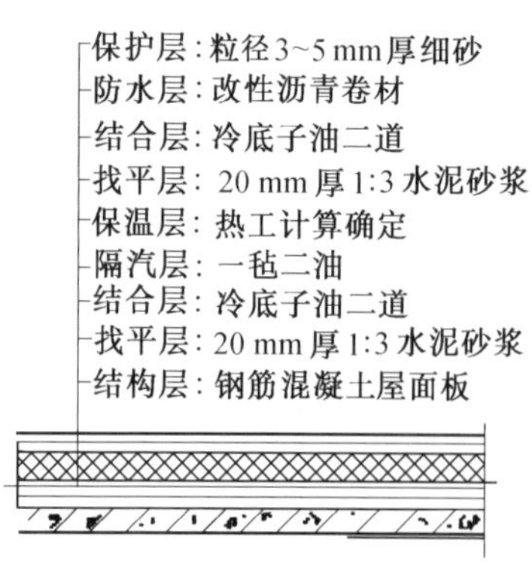

图 8.25 正铺法卷材屋面的构造

隔气层阻止了外界水蒸气渗入保温层,但施工中残留在保温层或找平层中的水分却无法散失,这就需要在保温层中设置排气道和排气孔,排气道构造见图8.26。

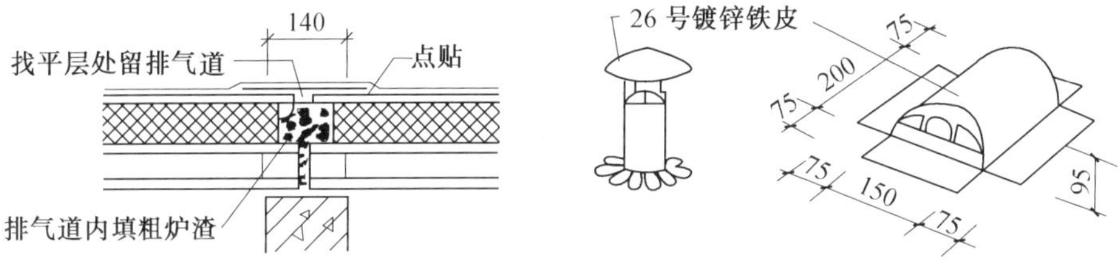

(a) 排气道　　(b) 排气帽

图8.26 排汽道的构造

倒铺法卷材保温屋面构造是将保温层设在防水层之上。倒铺屋面保温层采用憎水性的保温材料，如聚苯乙烯泡沫塑料板、聚氨酯泡沫塑料板等。保温层在防水层之上既保护了防水层，同时也提高了屋面的热工性能，节省能源。倒铺屋面保温层上面可采用混凝土板、卵石等做保护层，倒铺法卷材保温屋面见图8.27。

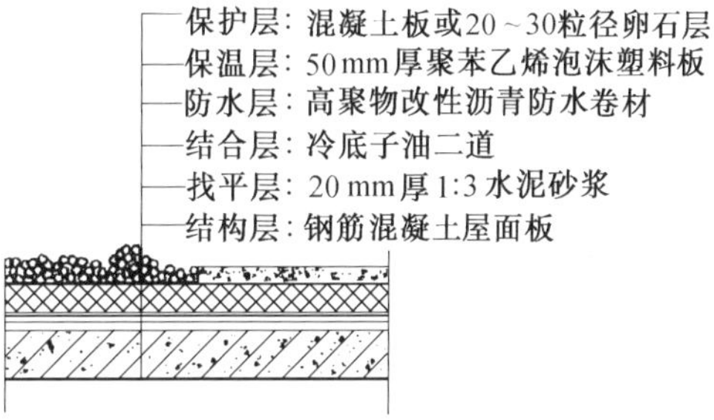

图8.27 倒铺法卷材屋面的构造

3.平屋顶的隔热

南方地区，为避免夏季太阳辐射热从屋顶进入室内，对屋面需做隔热处理。

屋顶隔热降温的基本原理是减少太阳辐射热直接作用于屋顶表面。隔热的构造措施有：种植屋面、蓄水屋面、通风隔热屋面、反射降温隔热等四种方式，这里主要介绍常用的通风隔热屋面。

通风隔热屋面就是在屋顶中设置通风隔热间层，利用间层的空气流动不断地将热量带走，使下层屋面板传给室内的热量减少，达到隔热降温的目的。通风间层通常有两种方式，一种是在屋面上作架空通风隔热层，另一种是利用顶棚内的空间作通风隔热层。

架空通风隔热屋面：

架空通风隔热层的高度与屋面的宽度和坡度成正比，一般架空通风隔热层的净空高度宜为100～300 mm。当屋面的宽度大于10 m时，必须设通风脊，以便增加风压来改善通风效果。另外，为保证有足够的通风口，架空通风隔热层与女儿墙之间应留不小于250 mm的距离。

通风层可以采用砖墩或砖垄墙支承大阶砖和预制拱形、三角形、槽形混凝土瓦。通风层的进风口宜设在夏季主导风的正压区，出风口宜设在负压区，这样空气对流速度快，散热效果好。平屋顶的通风降温隔热屋面构造见图8.28。

4.坡屋顶的保温与隔热

(1)坡屋顶的保温

当屋顶有吊顶棚时，保温层应设在吊顶棚上。不设吊顶的屋顶，保温层设在屋面层中。保温材料多用膨胀珍珠岩、玻璃棉、矿棉、白灰锯末等，坡屋顶保温构造见图8.29。

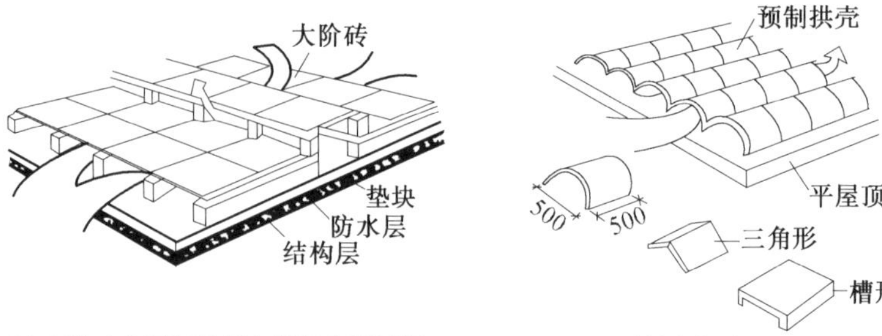

(a)大阶砖或预制混凝土板架空通风层　　(b)预制配件通风层

图 8.28　平屋顶通风降温隔热示意图

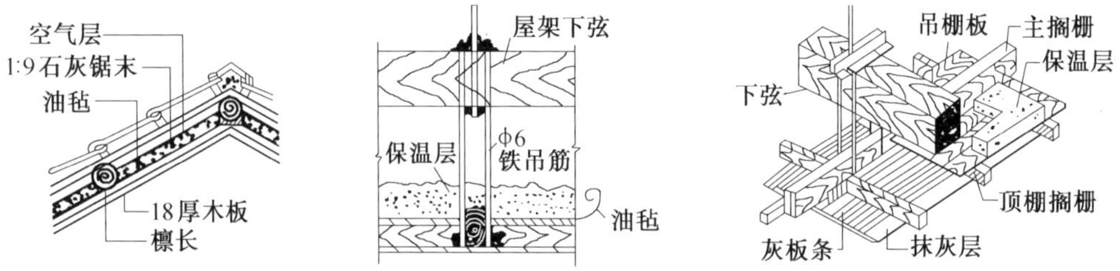

(a)保温层在屋面中　　(b) 保温层在顶棚上

图 8.29　坡屋面的保温构造

(2)坡屋顶的通风隔热

屋面可设成双层屋面,屋檐设进风口,屋脊设出风口,利用空气流动带走间层中的一部分热量,从而达到降温的目的。另外当屋顶有吊顶棚时,可利用吊顶棚与屋面之间的空隙来通风,通风口一般设在檐口、屋脊、山墙等处。

坡屋顶的通风构造见图 8.30。

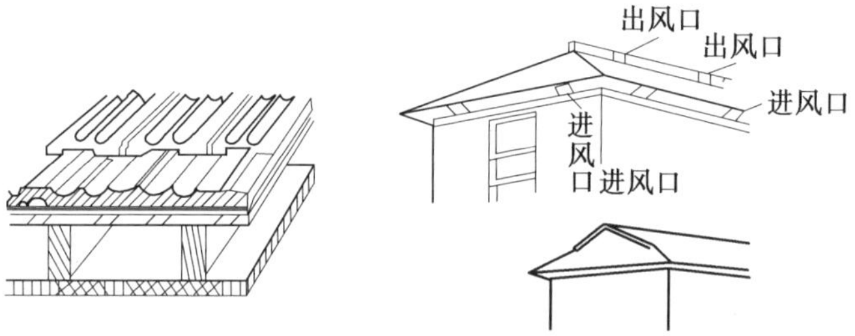

(a) 双层通风屋面　　(b) 顶棚通风屋面

图 8.30　坡屋顶的通风构造

复习思考题

1.屋顶是由哪几部分组成的?它们的作用是什么?

2.屋顶的坡度是根据什么确定的?

3.什么样的屋顶叫平屋顶?

4.屋顶的排水方式有哪些?

5.雨水管的间距是如何确定的?

6.卷材防水屋面的构造层次有哪些？

7.了解常见的屋面防水节点构造做法？

8.刚性防水屋面为什么设分仓缝？

9.了解常见坡屋顶的构造做法？

第9章 变 形 缝

9.1 变形缝的作用、类型

9.1.1 变形缝的作用

房屋受到外界各种因素的影响,会使房屋产生变形、开裂而导致破坏。这些因素包括温度变化的影响、房屋相邻部分荷载差异较大、结构类型不同、地基承载力差异较大以及地震的作用等。为了防止房屋的破坏,常将房屋分成几个独立变形的部分,使各部分能相对独立变形,互不影响,各部分之间的缝隙称为房屋的变形缝。

9.1.2 变形缝的类型

变形缝分为伸缩缝、沉降缝和防震缝。

1.伸缩缝

伸缩缝是为了防止建筑因温度变化产生破坏的变形缝。由于自然界冬夏温度变化的影响,建筑物构件会因热胀冷缩引起变形,这种变形与房屋的长度有关,长度越大变形越大,当变形受到约束时,就会在房屋的某些构件中产生应力,从而导致破坏。在房屋中设置伸缩缝就是使缝间建筑的长度不超过某一限值,减小温度应力,避免破坏建筑构件。伸缩缝的间距与结构类型有关。

伸缩缝要从房屋基础的顶面开始,墙体、楼地面、屋顶均应设置。由于地下温度变化较小,故基础可以不设伸缩缝。屋面材料为平瓦或波形瓦时,其间缝隙较大可以伸缩,也可以不设伸缩缝。伸缩缝的宽度一般为20~30 mm。

表9.1 钢筋混凝土结构伸缩缝最大间距 /m

结构类别		室内或土中	露天
排架结构	装配式	100	70
框架结构	装配式	75	50
	现浇式	55	35
剪力墙结构	装配式	65	40
	现浇式	45	30
挡土墙、地下室墙壁等类结构	装配式	40	30
	现浇式	30	20

注:1.如有充分依据或可靠措施,表中数值可予以增减;

2.当屋面板上部无保温或隔热措施时,对框架、剪力墙结构的伸缩缝间距,可按表中露天栏的数值选取;对排架结构的伸缩缝间距,可按表中室内栏的数值适当减小;

3.排架结构的柱长(从基础顶面算起)低于8 m时,宜适当减小伸缩缝间距;

4. 外墙装配内现浇的剪力墙结构，其伸缩缝最大间距宜按现浇式一栏的数值选用。滑模施工的剪力墙结构，宜适当减少伸缩缝的间距。现浇墙体在施工中应采取措施减小混凝土收缩应力；
5. 位于气候干燥地区、夏季炎热且暴雨频繁地区的结构或处于高温作用下的结构，可按照使用经验适当减小伸缩缝间距；
6. 伸缩缝的间距尚应考虑施工条件的影响，必要时（如材料收缩较大或室内结构因施工外露时间较长）宜适当减小伸缩缝间距。

表 9.2 砌体房屋温度伸缩缝的最大间距 /m

<table>
<tr><th>砌体类别</th><th colspan="2">屋盖或楼盖类别</th><th>间距</th></tr>
<tr><td rowspan="6">各种砌体</td><td rowspan="2">整体式或装配整体式
钢筋混凝土结构</td><td>有保温层或隔热层的屋盖、楼盖</td><td>50</td></tr>
<tr><td>无保温层或隔热层的屋盖</td><td>40</td></tr>
<tr><td rowspan="2">装配式无檩体系钢筋混凝土结构</td><td>有保温层或隔热层的屋盖、楼盖</td><td>60</td></tr>
<tr><td>无保温层或隔热层的屋盖</td><td>50</td></tr>
<tr><td rowspan="2">装配式有檩体系钢筋混凝土结构</td><td>有保温层或隔热层的屋盖</td><td>75</td></tr>
<tr><td>无保温层或隔热层的屋盖</td><td>60</td></tr>
<tr><td>黏土砖、空心砖砌体</td><td colspan="2" rowspan="3">黏土瓦或石棉水泥瓦屋盖
木屋盖或楼盖
砖石屋盖或楼盖</td><td>100</td></tr>
<tr><td>石砌体</td><td>80</td></tr>
<tr><td>硅酸盐砌体和
混凝土砌块砌体</td><td>75</td></tr>
</table>

注：1. 当有实践经验时，可不遵守本表的规定。
2. 层高大于 5 m 的混合结构单层房屋，其伸缩缝间距可按表中数值乘以 1.3，但当墙体采用硅酸盐块体和混凝土砌块砌筑时，不得大于 75 m。
3. 温差较大且变化频繁地区和严寒地区的不采暖的房屋及构造物墙体的伸缩缝的最大间距，应按表中数值予以减小。
4. 墙体的伸缩缝应与其他结构的变形缝相重合，缝内应嵌以软质材料，在进行立面处理时，必须使缝隙能起伸缩作用。

2. 沉降缝

房屋因不均匀沉降造成某些薄弱部位产生错动开裂。为了防止房屋无规则的开裂，应设置沉降缝，沉降缝是在房屋适当位置设置的垂直缝隙，把房屋划分为若干个刚度较一致的单元，使相邻单元可以自由沉降，而不影响房屋整体。

设置沉降缝的原则是：

①房屋的相邻部分高差较大（例如相差两层及两层以上）；

②房屋相邻部分的结构类型不同；

③房屋相邻部分的荷载差异较大；

④房屋的长度较大或平面形状复杂；

⑤房屋相邻部分一侧设有地下室；

⑥房屋相邻部分建造在地基土的压缩有显著差异处；

⑦分期建造房屋的交界处。

沉降缝应包括基础在内，从屋顶到基础全部构件均需分开。沉降缝可以兼起伸缩缝的作用，伸缩缝却不能代替沉降缝。

为了防止房屋相邻两单元沉降时互相接触影响自由沉降，沉降缝的宽度与地基性质和房屋的层数（高度）有关，沉降缝的宽度一般为 30 ~ 70 mm。

3. 防震缝

建造在地震区的房屋，地震时会遭到不同程度的破坏，为了避免破坏应按抗震要求进行设计。地震设防烈度6度以下地区地震时,对房屋影响轻微可不设防;地震设防烈度为10度地区地震时,对房屋破坏严重,建筑抗震设计应按有关专门规定执行。地震设防烈度为6~9度地区,应按一般规定设防,包括在必要时设置防震缝。

防震缝将房屋划分成若干形体简单、结构刚度均匀的独立单元,以避免震害。

防震缝的设置原则和宽度,以地震设防烈度、房屋结构类型和高度不同而异。

(1)多层砌体结构房屋有下列情况之一时宜设置防震缝:

①房屋立面高差在6 m以上;

②房屋有错层,且楼板高差较大;

③房屋各部分结构刚度、质量截然不同。

防震缝应沿房屋基础顶面以上全部结构设置,缝两侧均应设置墙体,基础因埋在土中可不设缝。防震缝宽可采用50~100 mm,地震设防地区房屋的伸缩缝和沉降缝应符合防震缝的要求。

(2)钢筋混凝土房屋宜选用合理的建筑结构方案不设防震缝,当必须设置防震缝时,其最小宽度为:框架结构房屋,当高度不超过15 m时,可以采用70 mm,当高度不超过15 m时,抗震设防烈度为6度、7度、8度和9度相应每增加高度5 m,4 m,3 m和2 m,宜加宽20 mm;框架-抗震墙结构房屋的防震缝宽度可采用上列相应数值的70%;抗震墙结构房屋的防震缝宽度可采用上列相应数值的50%;且均不宜小于70 mm。

9.2 变形缝的构造

9.2.1 墙体变形缝

墙体伸缩缝分为内外两个表面,外表面与自然界接触、内表面则与使用建筑的人接触,所以内外表面应采取相应的构造措施。一般做法是:外墙面上铁皮盖缝;内墙面上则应用木材盖缝条装修。伸缩缝应设置在建筑平面有变化处,以利隐蔽处理,有时考虑对立面的影响,在可能条件下,也可用落水管挡住伸缩缝,当外墙不抹灰(清水墙)时,不必加钉钢丝网片。外墙变形缝做法见图9.1、图9.2,内墙变形缝做法见图9.3。

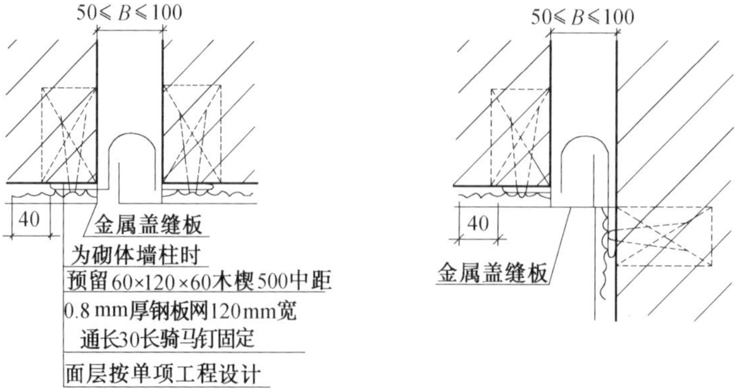

图9.1 外墙变形缝(一)

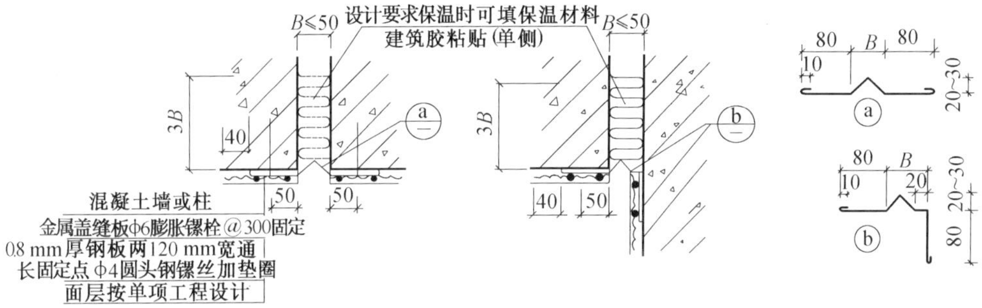

图 9.2　外墙变形缝(二)

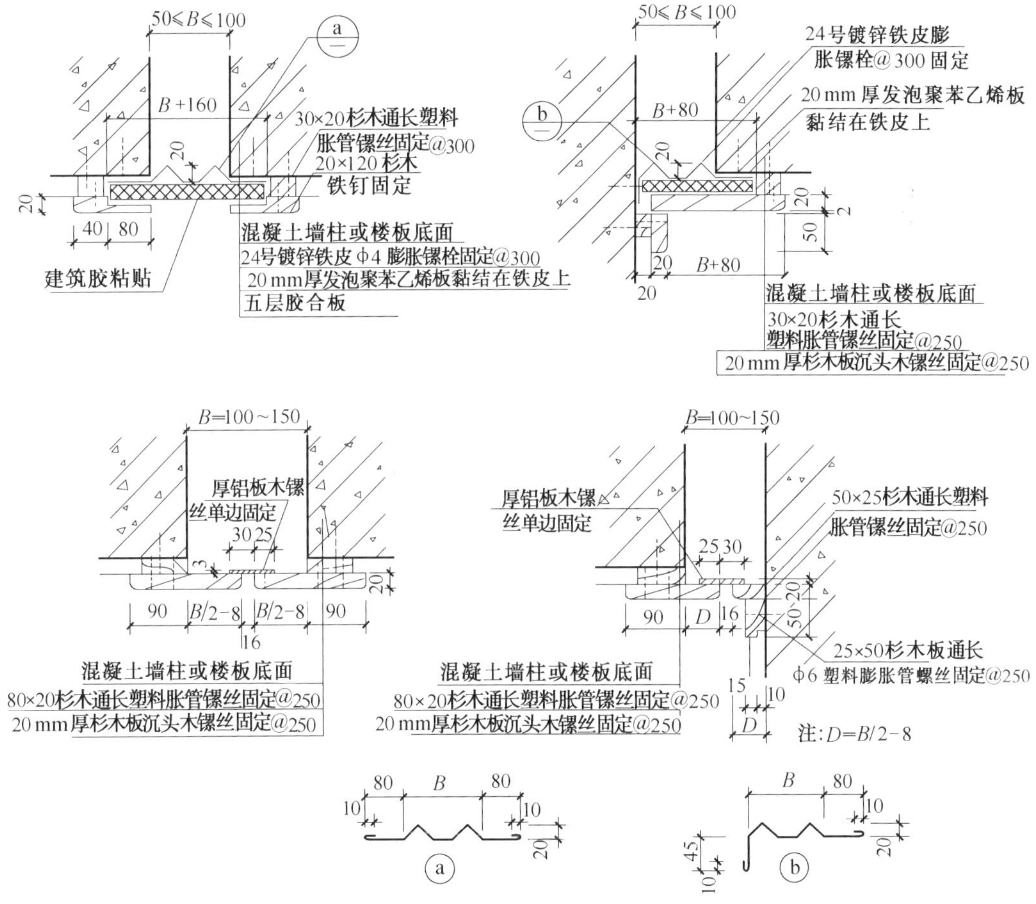

图 9.3　内墙变形缝

9.2.2　楼地面变形缝

楼地面变形缝的位置和尺寸，应与墙体变形缝相对应。在构造上应保证地面面层和顶棚美观，又应使缝两侧的构造自由伸缩。

楼层地面和首层地面的整体面层、刚性垫层均应在变形缝处断开。垫层的缝内常以可压缩变形的沥青麻丝填充，面层用金属板、硬橡胶板、塑料板盖缝，以防灰尘下落。楼层变形缝下表面为顶棚面，一般采用木质或硬质塑料盖缝条。

地面变形缝做法见图 9.4，楼面变形缝做法见图 9.5。

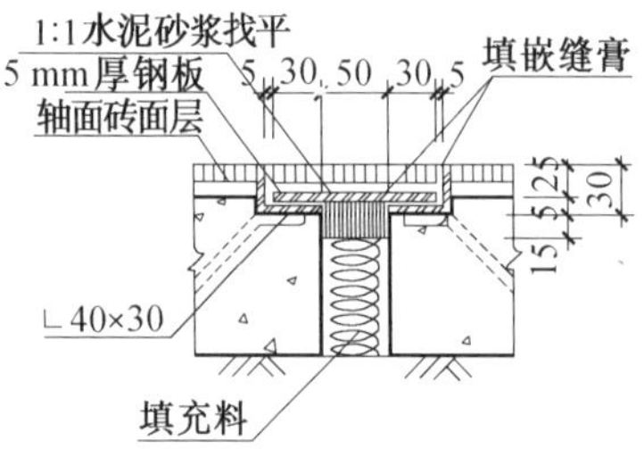

图 9.4　地面变形缝

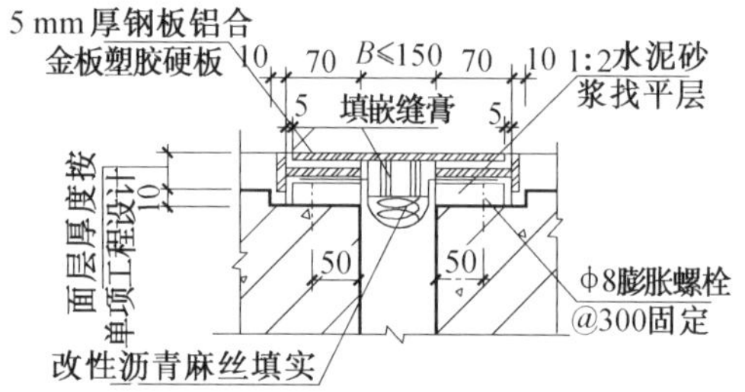

图 9.5　楼面变形缝

9.2.3　屋面变形缝

屋面变形缝的位置有两种情况，一种是变形缝两侧屋面的标高相同，另一种是变形缝两侧屋面的标高不同。

卷材防水屋面变形缝做法见图 9.6。

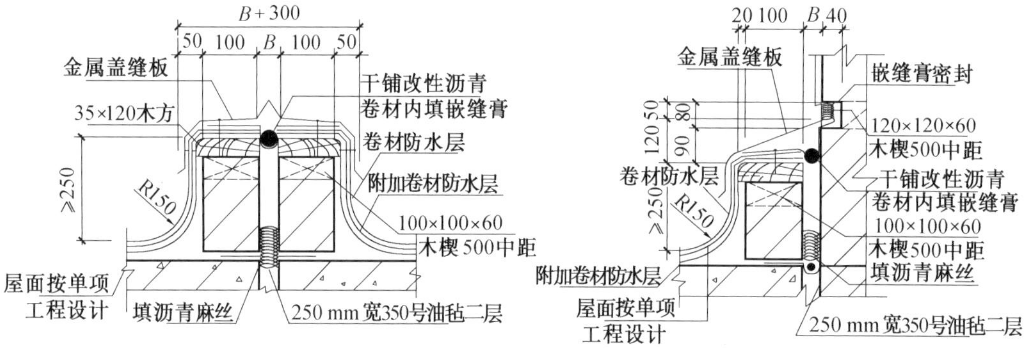

图 9.6　卷材防水屋面变形缝

刚性防水屋面变形缝做法见图 9.7。

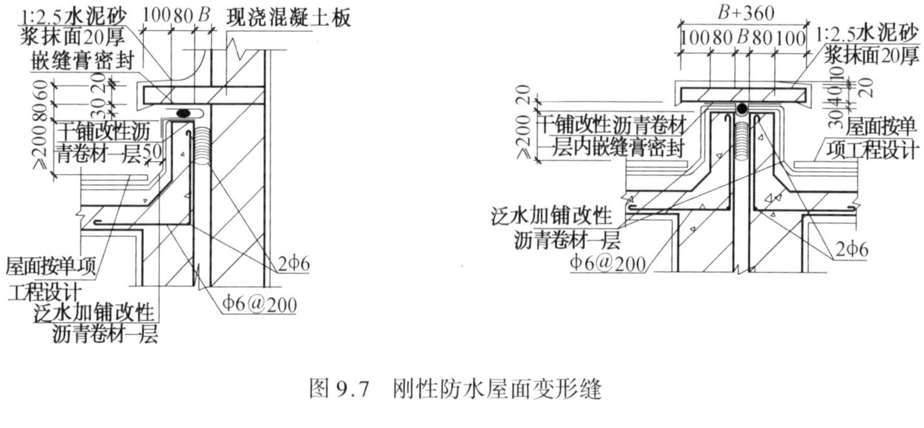

图 9.7　刚性防水屋面变形缝

复习思考题

1. 房屋变形缝分为哪几类？他们的作用是什么？
2. 在什么情况下设置伸缩缝？伸缩缝的间距与哪些因素有关？
3. 为什么要设置沉降缝？设置的原则是什么？
4. 在什么情况下设置抗震缝？
5. 了解常用变形缝的构造做法？

第 10 章　预制装配式建筑

10.1　概　　述

建筑工业化是指用现代工业的生产方式来建造房屋。具体内容包括建筑标准化、构件工厂化、施工机械化和管理科学化。其中标准化是工业化的前提,工厂化是工业化的手段,机械化是工业化的核心,科学化是工业化的保证。

目前普遍认为,实现建筑工业化的途径有两个方面,一方面是发展预制装配式建筑,另一方面是发展现场工业化的施工方法。

现场工业化施工方法,主要是在现场采用大模板、滑升模板、升板升层等先进施工方法,完成房屋主要结构的施工,而非承重构配件采用预制方法。混凝土集中搅拌,避免了在现场堆积大量建筑材料。施工进度较砌体结构明显加快,适应性强,整体性和抗震性比预制装配式建筑好,适于荷载大、整体性要求高的房屋。

预制装配式建筑,就是在加工厂生产构配件,运输到施工现场后,用机械安装。这种方法的优点是生产效率高,构件质量好,施工受季节影响小,能均衡生产。但生产基地一次性投资大,建设量不稳定时,预制设备不能充分发挥效益。按主要承重构件不同,可分为砌块建筑、大板建筑和框架轻板建筑等结构形式。

10.2　砌块建筑

砌块建筑是指墙体由各种砌块砌成的建筑(图 10.1)。由于砌块尺寸比黏土砖大得多,表观密度小,所以能提高生产效率以及墙的保温隔热能力。砌块能充分利用工业废料和地方材料,对降低房屋造价,减少环境污染也有一定好处。生产砌块比较容易,施工不需要复杂的机械设备,因此砌块建筑是一种易于推广的结构形式。

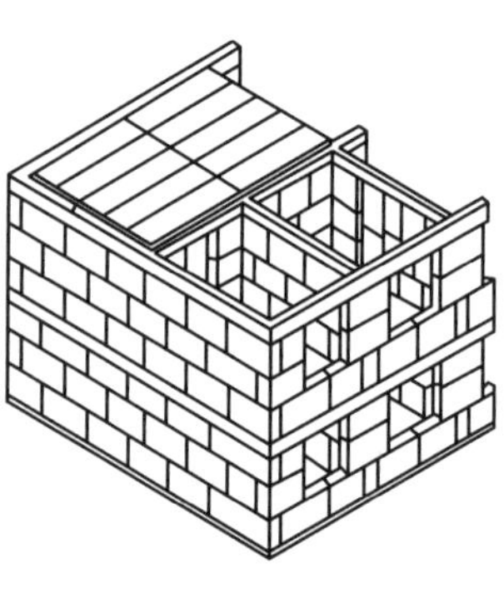
图 10.1　砌块建筑

10.2.1　砌块的类型

砌块的类型很多,按材料分有普通混凝土砌块、轻骨料混凝土砌块、加气混凝土砌块、工业废渣混凝土砌块及粉煤灰硅酸盐砌块等。

按块体分有小型砌块、中型砌块和大型砌块。一般块高 380 ~ 940 mm 的为中型砌块,小于 380 mm 的为小型砌块。

按用途分有墙体砌块和楼面砌块。

目前国内常用的品种有:

1.粉煤灰硅酸盐中型砌块

(1)粉煤灰硅酸盐砌块

粉煤灰硅酸盐砌块是以粉煤灰、石灰、石膏等为胶凝材料,煤渣或高炉矿渣、石子、人造轻骨料等为骨料和水按一定比例配合,经搅拌、振动成型、蒸汽养护而制成的实心砌块。

粉煤灰硅酸盐砌块的规格有:厚度 240 mm、200 mm、190 mm、180 mm;宽度 1 180 mm、880 mm、580 mm、430 mm;高度 380 mm。

粉煤灰硅酸盐砌块的强度等级主要有 MU10、MU15 两种;表观密度以煤渣为骨料的是 1 650 kg/m^3,以砂石为骨料的是 2 100 kg/m^3。

(2)粉煤灰硅酸盐空心中型砌块

原料同粉煤灰实心砌块,经搅拌、振动成型、抽芯、蒸汽养护而制成的空心砌块。

2.普通混凝土砌块

(1)普通混凝土空心小型砌块

简称混凝土小型砌块,是以水泥为胶凝材料,砂、碎石或卵石为骨料(最大粒径不大于砌块最小壁、肋厚的 1/2),和水按一定比例配合经搅拌、振动、加压或冲压成型、养护而制成的砌块(图 10.2)。

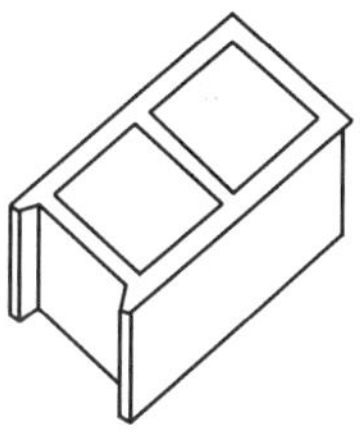

图 10.2 混凝土小型砌块

承重混凝土小型砌块的强度等级主要有 MU3.5、MU5、MU7.5、MU10 四种。

非承重混凝土小型砌块的强度等级只有 MU3.0 一种。

普通混凝土空心小型砌块的表观密度为 1 150 kg/m^3。

(2)普通混凝土空心中型砌块

简称混凝土空心中型砌块,是以普通混凝土为原料,以手工立模抽芯工艺成型而制成的一种混凝土薄壁结构的空心砌块(图 10.3)。

混凝土空心中型砌块材料强度等级有 C10、C15、C20、C25 四种,砌块的表观密度为 950 ~ 1 080 kg/m^3。

10.2.2 施工要点

1.砌块排列方法和要求

普通黏土砖尺寸小,使用灵活,并可通过砍砖获得各种尺寸。但砌块的尺寸比砖大得多,灵活性不如砖,同时也不能任意砍切,所以砌筑前必须周密计划。

砌筑砌块以前,应根据施工图的具体情况、结合砌块规格尺寸,绘制基础和墙体砌块排列图。砌块排列过程中,需对砌体的局部尺寸作适当调整,使之与砌块的模数相符。当不满足错缝要求时,可用辅助砌块或普通黏土砖调节错缝。

砌块排列时,应注意以下几点:

①砌块排列应按设计要求,从地基或基础顶面开始排列,或从室内 ± 0.000 开始排列。

②砌块排列时,尽可能采用主规格和大规格砌块,以减少吊次,增加墙体的整体性。

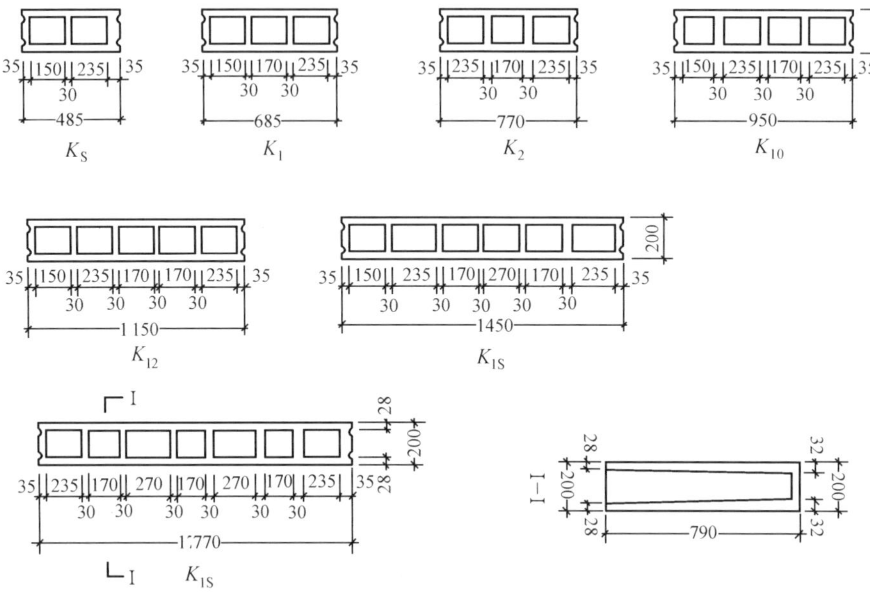

图 10.3　混凝土空心中型砌块构造

主规格砌块应占总数量的 75% ~ 80% 以上，副砌块和镶砌用砖应尽量减少，宜控制在 5% ~ 10% 以内。

③砌块排列时，上下皮应错缝搭砌，搭砌长度一般为砌块长度的 1/2 不得小于砌块高的 1/3，且不应小于 15 cm。如无法满足搭砌长度要求时，应在水平灰缝内设置 $2\phi^{b}4$ 钢筋网片予以加强，网片两端离垂直缝的距离不得小于 30 cm(图 10.4)。同时还要避免砌体的垂直缝与窗洞口边线在同一条垂直线上。

④外墙转角处及纵横墙交接处，应将砌块分皮咬槎，交错搭砌(图 10.5)。当不能满足要求时，应在交接处的灰缝中设置柔性钢筋拉接网片(图 10.6)。

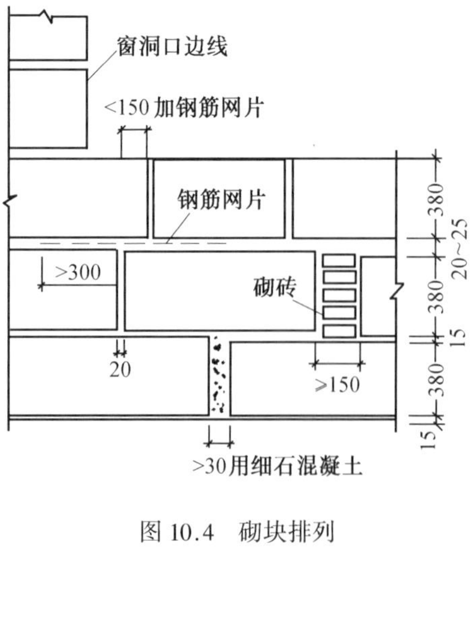

图 10.4　砌块排列

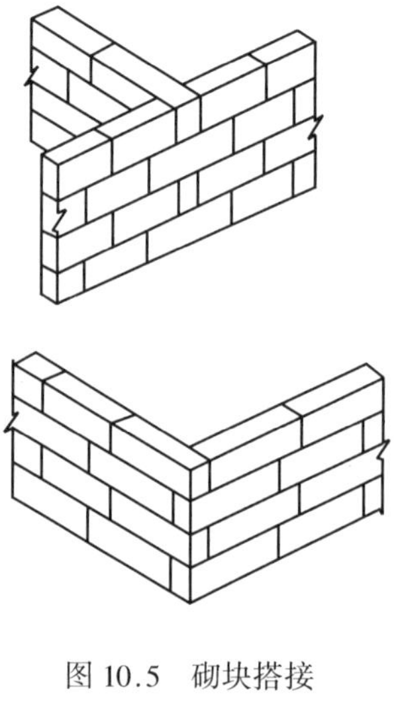

图 10.5　砌块搭接

⑤砌体的水平灰缝一般为 15 mm,有配筋或钢筋网片的水平灰缝为 20～25 mm。垂直灰缝为 20 mm,当大于 30 mm 时,应用 C20 细石混凝土灌实,当垂直灰缝大于 150 mm 时,应用整砖镶砌(图10.4)。

⑥构件布置位置与砌块发生矛盾时,应先满足构件布置。在砌块砌体上搁置梁或有其他集中荷载时,应尽量控制在砌块长度的中部,即竖向缝不出现在梁的宽度范围内。

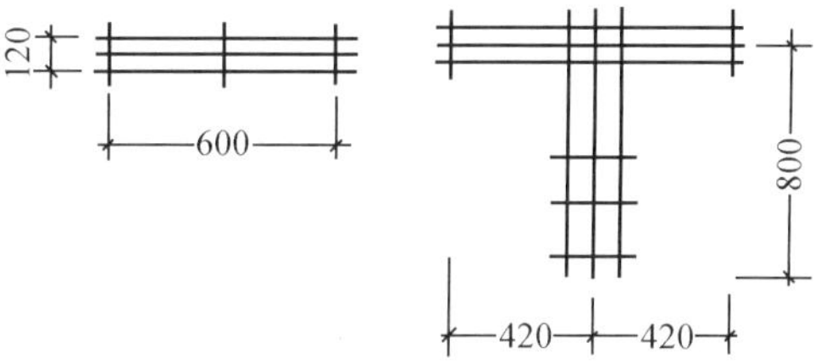

图 10.6　柔性钢筋拉接网片

2.施工注意事项和构造措施

①砌体施工前,先将基础顶面或楼地面按标高要求找平,按图纸放出第一皮砌块的轴线、边线和洞口线,然后按砌块排列图依次吊装砌筑。

②砌块砌筑时,应先远后近,先下后上,先外后内;每层应从转角处或定位砌块处开始,内外墙同时砌筑。应砌一皮,校正一皮,皮皮拉线控制砌块标高和墙面平整度。

③砌体水平灰缝不小于 10 mm,亦不应大于 20 mm;如因施工或砌块材料等原因造成砌块标高误差,应在灰缝允许偏差范围内逐皮调整。

④跨度 >6 m 的屋架和跨度 >4.2 m 的梁支承面下,应设混凝土或钢筋混凝土垫块;当墙体设有现浇圈梁时,垫块与圈梁应浇筑成整体。

⑤应按相应规范要求设置圈梁,如采用预制圈梁,应注意施工时坐浆垫平,不得干铺,并保证有一定长度的现浇钢筋混凝土接头。基础和屋盖处圈梁宜现浇。

⑥预制钢筋混凝土板的搁置长度,在砌块砌体上不宜小于 10 cm,在钢筋混凝土梁上不宜小于 8 cm,当搁置长度不满足时,应采取锚固措施,一般情况下,可在与砌体或梁垂直的板缝内配置不小于 1ϕ16 的钢筋,钢筋两端伸入板缝内的长度为 1/4 板跨。

⑦木门窗预留洞口处,洞口两侧适当部位应砌筑预埋有木砖的砌块,或直接砌入木砖,以便固定门窗框。钢门窗框的固定可在门窗洞侧墙内凿出孔穴,将固定门窗用的铁脚塞入,并用 1:2 水泥砂浆埋设牢固。

⑧当板跨 >4 m 并与外墙平行时,楼盖和屋盖预制板紧靠外墙的侧边宜与墙体或圈梁拉接锚固。

10.3　大板建筑

大板建筑是装配式建筑中的一个重要类型。它由预制的外墙板、内墙板、楼板、楼梯和屋面板组成。与其他建筑不同的是,垂直力和水平力都由板材承受,不设柱子和梁等构件,因此也称无框架板材建筑(图 10.7)。

大板建筑能充分发挥预制工厂和吊装机械的作用,装配化程度高,能提高劳动生产率。板材的承载能力高,可减少墙体厚度,既减轻了房屋自重,又增加了房间的使用面积。与砖混结构相比,可减轻自重 15%～20%,增加使用面积 5%～8%,但钢材和水泥等材料用量较大。

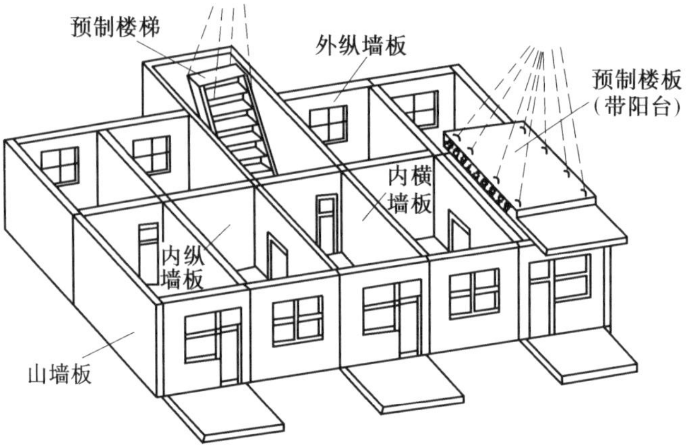

图 10.7　装配式大板建筑示意图

大板建筑施工方法可分为全装配式和内浇外挂式两种。内浇外挂式大板建筑,外墙板和楼板都采用预制,内墙板用现浇钢筋混凝土。本节只介绍全装配式大板建筑。

10.3.1　大板建筑的主要构件

1.墙板

墙板按所在位置可分为外墙板和内墙板;按受力情况可分为承重和非承重两种墙板;按构造形式又可分为单一材料板和复合材料板;按使用材料有振动砖墙板、粉煤灰矿渣墙板和钢筋混凝土墙板等。

(1)外墙板

外墙板是房屋的围护构件,不论承重与否都要满足防水、保温、隔热和隔声的要求。无论是承重墙还是非承重墙,都要承担风荷载、地震作用及其自重,因此都要满足一定的强度要求。

外墙板可根据具体情况采用单一材料,如矿渣混凝土、陶粒混凝土、加气混凝土等;也可采用复合材料,如在钢筋混凝土板间加入各种保温材料。

外墙板的划分水平方向有一开间一块,两开间一块和三开间一块等方案;竖向一层一块、两层一块或三层一块等。其中一开间一块和一层一块应用较多,这时外墙板的宽度为两横墙的中距减去垂直缝宽,高度为层高减去水平缝宽。

(2)内墙板

内墙板是主要承重构件,应有足够的强度和刚度。同时内墙板也是分隔内部空间的构件,应具有一定的隔声、防火和防潮能力。在横墙承重方案中,纵墙板虽然为非承重构件,但它与横墙板共同组成一个空间体系,使房屋具有一定的纵向刚度,因此纵墙板常采用与横墙板同一类型的墙板,使之具有相同的强度和刚度。

内墙板常采用单一材料的实心板,墙板材料可采用钢筋混凝土墙板、粉煤灰矿渣墙板和振动砖墙板等。

(3)隔墙板

隔墙板主要用于建筑物内部的房间分隔,不承重。主要是隔声、防火、防潮及轻质等要求。目前多采用加气混凝土条板、碳化石灰板和石膏板等。

2.楼板和屋面板

大板建筑的楼板，主要采用横墙承重(或双向承重)布置，大部分设计成按房间大小的整间大楼板。类型有实心板、空心板，轻质材料填芯板等，屋面板常设计成带挑檐的整块大板。

10.3.2　大板建筑的连接构造

大板建筑主要是通过构件之间的牢固连接，形成整体。其主要做法如下：

横墙作为主要承重构件时，在纵横墙交接处，一般将横墙嵌入纵墙接缝内，以纵墙作为横墙的稳定支撑(图 10.8)。

上下楼层的水平接缝设置在楼板板面标高处，由于内墙支承楼板，外墙自承重，所以外墙要比内墙高出一个楼板厚度。通常把外墙板顶部做成高低口，上口与楼板板面平，下口与楼板底平，并将楼板伸入外墙板下口(图 10.9)。这种做法可使外墙板顶部焊接均在相同标高处，操作方便，容易保证焊接质量。同时又可使整间大楼板四边均伸入墙内，提高了房屋的空间刚度，有利于抗震。

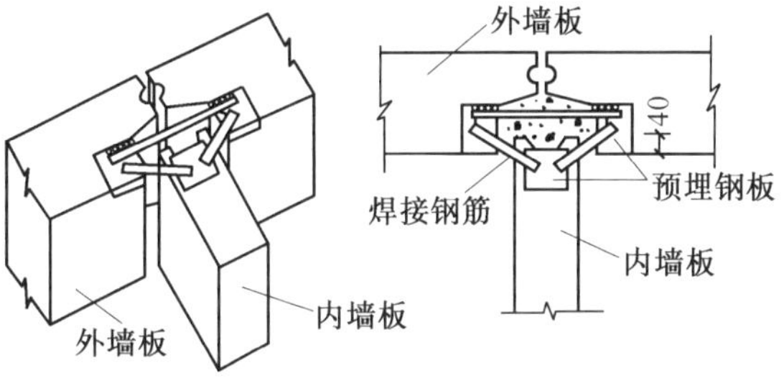

图 10.8　内外墙板上部连接

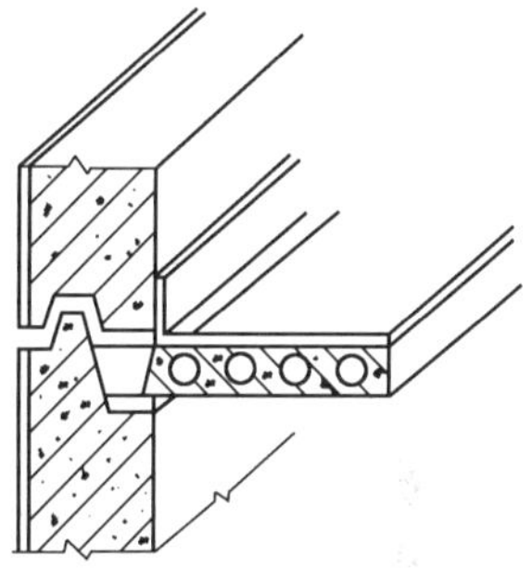

图 10.9　楼板与外墙板的连接

墙板构件之间，水平缝坐垫 M10 砂浆。垂直缝浇灌 C15 ~ C20 混凝土，周边再加设一些锚拉钢筋和焊接铁件连成整体。墙板上角用钢筋焊接，把预埋件连接起来(图 10.8)，这样，当墙板吊装就位，上角焊接后，可使房屋在每个楼层顶部形成一道内外墙交圈的封闭圈梁。墙板下部加设锚拉钢筋，通过垂直缝的现浇混凝土连成整体(图 10.10)。

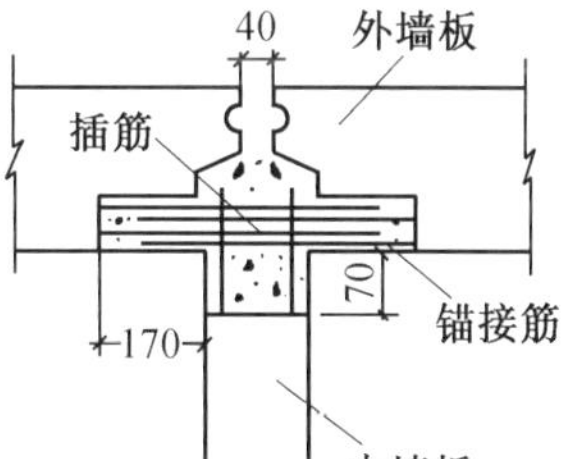

图 10.10　内外墙板下部锚接做法

内墙板十字接头部位，顶面预埋钢板用钢筋焊接起来，中间和下部设置锚环和竖向插筋与墙板伸出的钢筋绑扎或焊在一起，在阴角支模板，然后现浇 C20 混凝土连成整体(图 10.11 和图 10.12)。

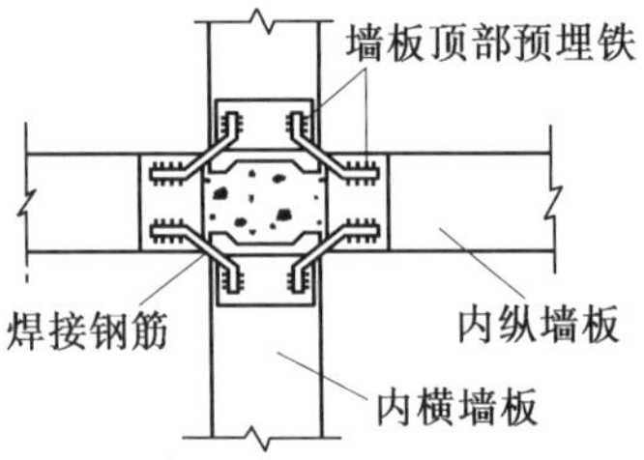

图 10.11　内纵横板顶部连接

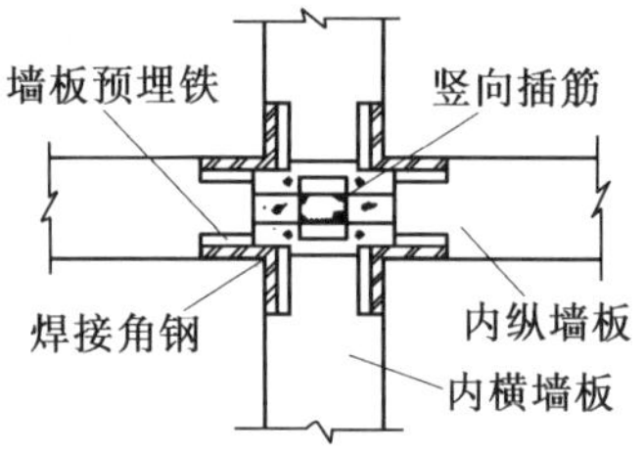

图 10.12　内纵横墙板下部连接

10.4　框架轻板建筑

框架轻板建筑是由柱、梁、板组成的框架承重结构，以各种轻质板材为围护结构的新型建筑形式。其特点是承重结构与围护结构分工明确，可以充分发挥不同性能材料的作用。从而使建筑材料的用量和运输量大大减少。并具有空间分隔灵活，湿作业少，不受季节限制，施工进度快等优点。整体性好是其另一特点，因此特别适用于要求有较大空间的建筑，多层和高层建筑和大型公共建筑。

10.4.1　框架结构的类型

框架按所使用的材料可分为钢筋混凝土框架和钢框架两种。钢筋混凝土框架的梁、板、柱均用钢筋混凝土制作，具有坚固耐久、刚度大、防火性能好等优点，因此应用很广。

钢框架的特点是自重轻，适用于高层建筑(一般在 20 层以上)。

框架按施工方法可分为全现浇式、全装配式和装配整体式三种。装配整体式框架是将预制梁、柱就位后通过局部现浇混凝土将预制构件连成整体的框架。其优点是保证了节点的刚性连接，整体性好，减少了装配式框架的连接铁件和焊接工作量。全现浇框架现场湿作业工作量大。

框架按构件组成可分为以下三种：

1.梁板柱框架

由梁、楼板和柱组成的框架。在这种结构中，梁与柱组成框架，楼板搁置在框架上，优点是柱网做的可以大些，适用范围较广，目前大量采用的主要是这类框架，见图 10.13(a)。

2.板柱框架

由楼板、柱组成的框架。楼板可以是梁板合一的肋形楼板，也可以是实心大楼板，见图 10.13(b)。

3.剪力墙框架

框架中增设剪力墙。剪力墙的作用是承担大部分水平荷载，增加结构水平方向的刚度。框架基本上只承受垂直荷载，简化了框架的节点构造。所以剪力墙结构在高层建筑中应用较普遍，见图 10.13(c)。

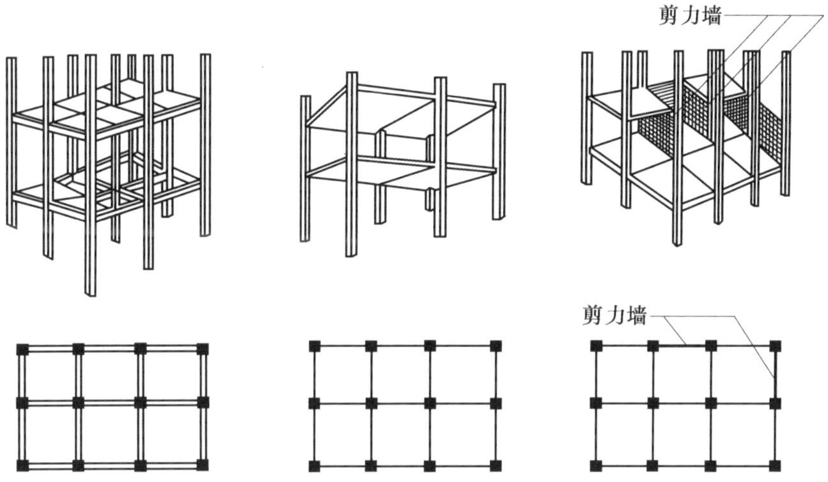

(a) 梁板柱框架系统　(b) 板柱框架系统　(c) 剪力墙框架系统

图 10.13　框架结构类型

10.4.2　装配式钢筋混凝土框架构件的划分

整个框架是由若干基本构件组合而成的,因此构件的划分将直接影响结构的受力、接头的多少和施工的难易等。构件的划分应本着有利于构件的生产、运输、安装,有利于增强结构的刚度和简化节点构造的原则来进行。通常有以下几种划分方式。

1.单梁单柱式

即按建筑的开间、进深和层高划分单个构件。这种划分使构件的外形简单,重量轻,便于生产、运输和安装,是目前采用较多的形式,其缺点是接头多,且都在框架的节点部位,施工较复杂。如果吊装设备允许,也可以做成直通两层的柱子(图 10.14)。

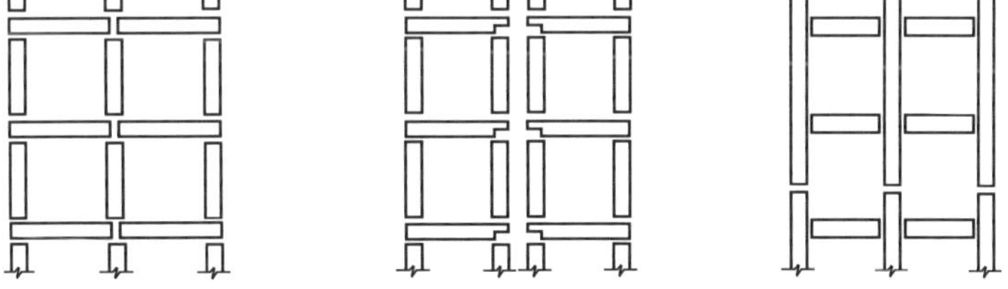

(a) 直线式　(b) 悬臂式　(c) 长柱单梁式

图 10.14　单梁单柱式

2.框架式

把整个框架划分成若干小的框架。小框架的形状有 H 形、十字形等。其优点是扩大了构件的预制范围,接头数量减少,能增强整个框架的刚度。但构件制作、运输、安装都较复杂,只有在条件允许的情况下才能采用(图 10.15)。

3.混合式

同时采用单梁单柱和框架两种形式。可以根据结构布置的具体情况采用(图10.16)。

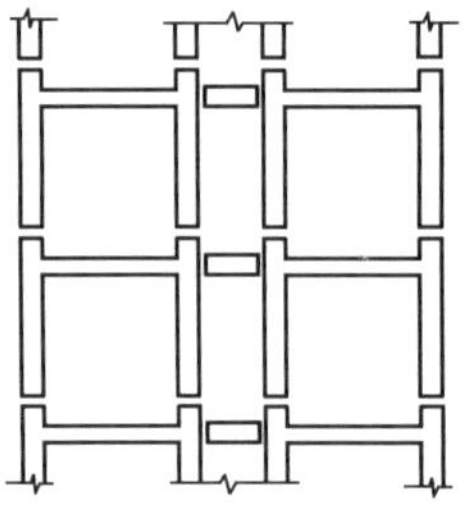

图 10.15　框架式

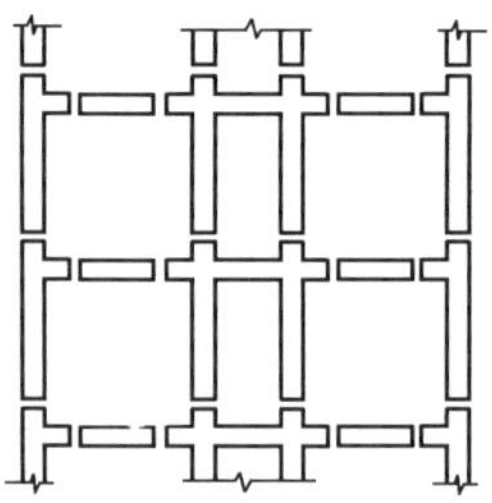

图 10.16　混合式

10.4.3　装配式构件的连接

1.柱与柱的连接

(1)钢柱帽焊接(图 10.17)

在上、下柱的端部设置钢柱帽,安装时将柱帽焊接起来。钢柱帽用角钢做成,并焊接在柱内的钢筋上。帽头中央设一钢垫板,以使压力传递均匀。安装时用钢夹具将上下柱固定,使轴线对准,焊接完毕后再拆去钢夹具,并在节点四周包钢丝网抹水泥砂浆保护。此法的优点是焊接后就可以承重,立即进行下一步安装工序,但钢材用量较多。

(2)榫式接头(图 10.18)

在柱的下端做一榫头,安装时榫头落在下柱上端,对中后把上下柱伸出的钢筋焊接起来,并绑扎箍筋,支模,在四周浇筑混凝土。这种连接方法焊接量少,节省钢材,节点刚度大,但对焊接要求较高,湿作业多,要有一定的养护时间。

上下柱的连接位置,一般设在楼面以上 400 ~ 600 mm 处,这样柱的节点不会在安装楼板后被遮盖,便于与上层柱子安装时临时固定,方便施工。

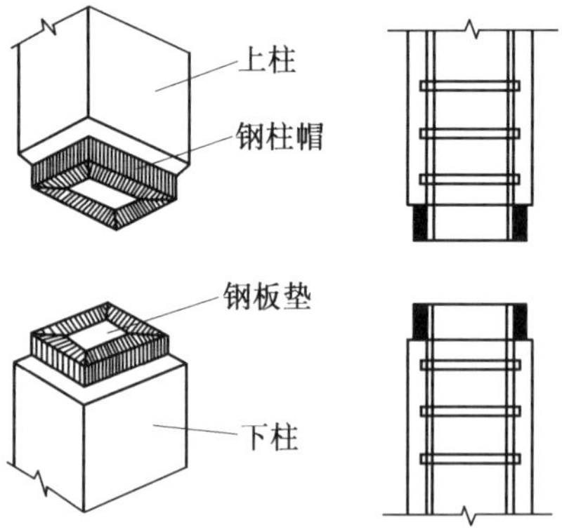

图 10.17　钢帽连接

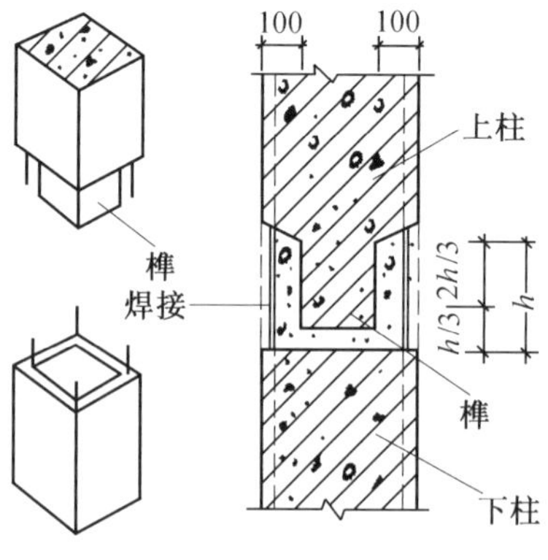

图 10.18　榫式接头

(3)浆锚接头(图 10.19)

在下柱顶端预留孔洞,安装时将上柱下端伸出的钢筋插入预留孔洞中,经定位、校正、临时固定后,在预留孔内浇筑快硬膨胀砂浆。锚固钢筋采用螺纹钢筋,锚固长度≥15d(d为钢筋直径)。此法不需要焊接,省钢材,节点刚度大,但湿作业多,要有一定的养护时间,同时要求制作精确度高。

2.梁与柱的连接

梁与柱的连接位置有两种情况，一种是梁在柱旁连接，另一种是梁在柱顶连接。

(1)梁在柱旁连接

可利用柱上伸出的钢牛腿或钢筋混凝土牛腿支承梁(图 10.20)。钢牛腿体积小，可以在柱预制完以后焊在柱上，故柱的制作比较简单。也可采用两种牛腿结合使用的方法，即柱的两面伸出钢筋混凝土牛腿，另两面用钢牛腿。

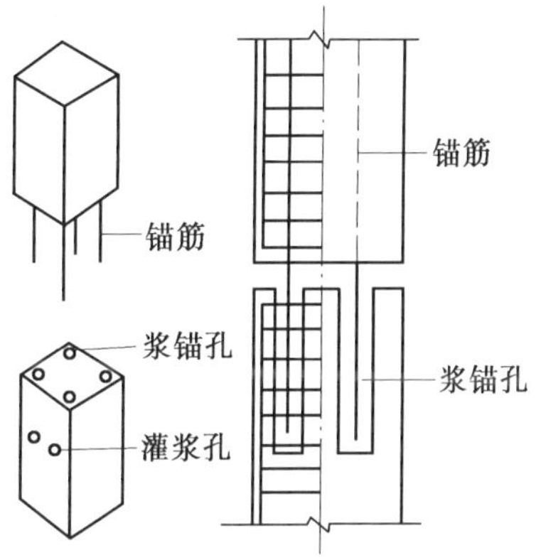

图 10.19　浆锚接头

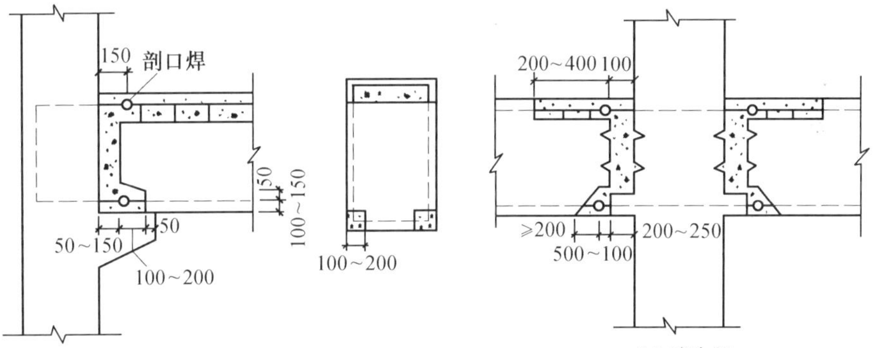

(a) 明牛腿　(b) 暗牛腿

图 10.20　梁在柱旁连接

(2)梁在柱顶连接

常用迭合梁现浇连接。此法是将上下柱和纵横梁的钢筋都伸入节点，用混凝土灌成整体(图 10.21)。在下柱顶端四边预留角钢，主梁和连系梁均搭在下柱边缘，临时焊接，梁端主筋伸出并弯起。在主梁端部预埋由角钢焊成的钢架，以支撑上层柱，俗称钢板凳。迭合梁的负筋全部穿好以后，再配以箍筋，浇筑混凝土形成整体式接头。

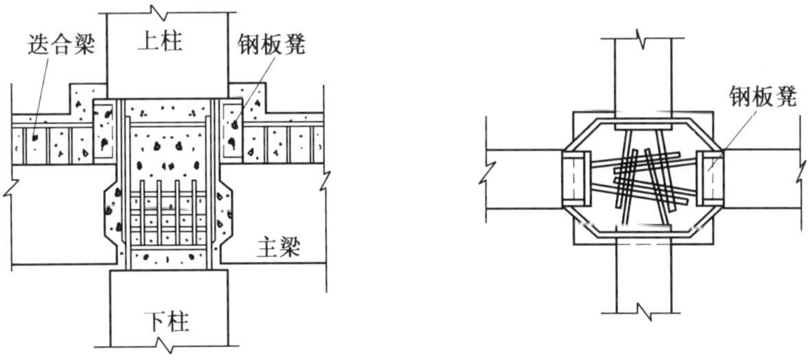

图 10.21　梁在柱顶连接

3.梁与梁的连接

梁与梁的连接有两种情况,一种是主梁与主梁的连接,一种是主梁与次梁的连接。

(1)主梁与主梁的连接

一般应在主梁变形曲线的反弯点处连接,此处弯矩为零,剪力也较小。连接方法是把梁内的预留钢筋和铁件互相焊接,然后二次浇灌混凝土。

(2)主梁与次梁的连接

主梁与次梁一般互相垂直,连接的简单方法是在主梁上坐浆,放置次梁。为减少结构高度,可将主梁断面做成花篮形、十字形、T 形和倒 T 形,在主梁的两侧凸缘上坐浆,搭置次梁。

4.框架与轻质墙板的连接

框架与轻质墙板的连接,主要是轻质墙板与柱或梁的接头。轻质墙板有整间大板和条板。条板可以竖放也可以横放(图 10.22)。

整间大板可以和梁连接,也可以和柱连接。竖放条板只能和梁连接,横放条板只能和柱连接。连接方式可以是预埋件焊接,也可以用螺栓连接(图 10.23)。

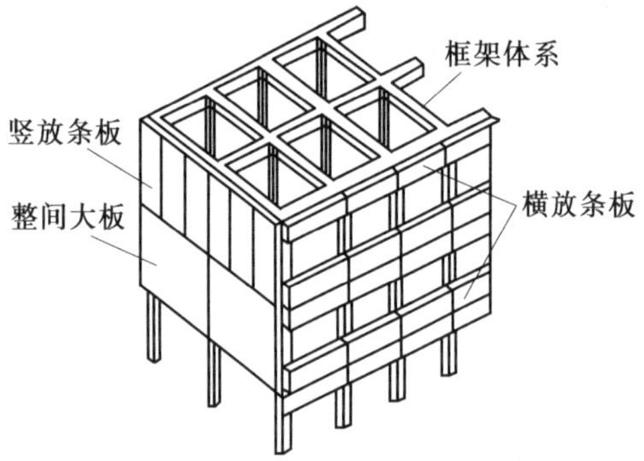

图 10.22 轻板布置方式

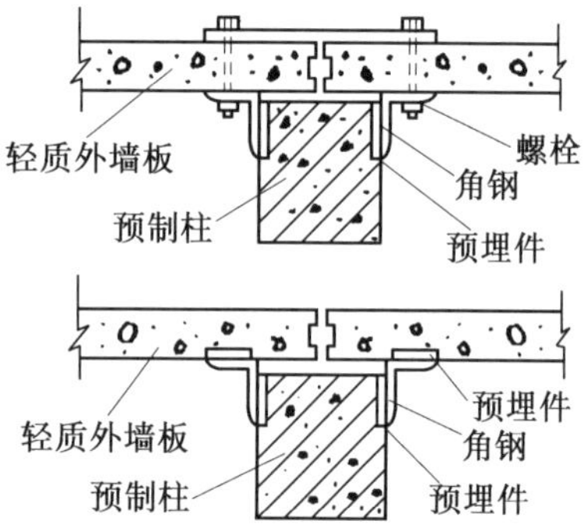

图 10.23 外墙板和预制柱连接

复习思考题

1.建筑工业化包含哪些内容?实现建筑工业化的途径是什么?

2.砌块建筑在砌筑时有哪些构造要求?

3.大板建筑由哪些构件组成?有何缺点?

4.框架轻板建筑按构件组成分有几种类型?

5.框架轻板建筑柱与柱的连接有几种方法?各有何优缺点?

第11章　工业建筑概述

11.1　工业建筑的分类与特点

工业建筑是指为各类工业生产使用而建造的建筑物和构筑物。工业建筑既要为生产服务，也要为从事生产的广大劳动者服务。工业建筑应满足坚固适用、经济合理和技术先进的建设方针。

11.1.1　工业建筑的分类

1.按厂房层数分

(1)单层工业厂房

单层工业厂房是指层数仅为一层的工业厂房，它主要用于重工业类的生产车间，如冶金类的钢铁厂、冶炼厂，机械类的汽车厂、拖拉机厂、电机厂、机械制造厂，建筑材料工业类的水泥厂、建筑制品厂等。这类厂房的特点是设备体积大、重量重、车间内以水平运输为主。生产过程中的联系靠厂房中的起重运输设备和各种车辆进行。

(2)多层工业厂房

多层工业厂房是指层数在二层及以上的厂房，常用的层数为2~6层。它主要用于轻工业类的生产车间，如电子类的电子元件、电视仪表，印刷行业中的印刷厂、装订厂，食品行业中的食品加工厂，轻工类的皮革厂、服装厂等。这类厂房的设备轻、体积小，工厂的大型机床一般安装在底层，小型设备一般安装在楼层。车间运输分垂直和水平两大部分。垂直运输靠电梯，水平运输则通过小型运输工具，如电瓶车等。

(3)层次混合工业厂房

层次混合工业厂房是指单层与多层混合在一起的厂房。它主要用于化工类的生产车间。

2.按厂房跨度的数量和方向分

(1)单跨工业厂房

单跨工业厂房是指只有一个跨度的厂房。

(2)多跨工业厂房

多跨工业厂房是指由两个或两个以上跨度组合而成的厂房，车间内部彼此相通。

(3)纵横相交工业厂房

纵横相交工业厂房是指由两个方向的跨度组合而成的厂房，车间内部彼此相通。

3.按厂房跨度尺寸分

(1)小跨度工业厂房

小跨度工业厂房是指跨度小于或等于 12 m 的单层工业厂房。这类厂房的结构类型以砌体结构为主。

(2)大跨度工业厂房

大跨度工业厂房是指跨度从 15 ~ 36 m 的单层工业厂房,其中跨度 15 ~ 30 m 的厂房以钢筋混凝土结构为主,跨度在 36 m 以上时,一般以钢结构为主。

4.按厂房内部生产状况分

(1)冷加工车间

冷加工车间是指在常温状态下,加工非燃烧物质和材料的生产车间,如机械制造类的金工车间、修理车间等。

(2)热加工车间

热加工车间是指在高温和熔化状态下,加工非燃烧的物质和材料的生产车间,如机械制造类中的铸工、锻压、热处理车间等。

(3)恒湿恒温车间

恒湿恒温车间是指车间内要求有恒湿恒温条件,以满足生产的要求,如纺织车间、精密仪器车间等。

(4)洁净车间

洁净车间是指在生产过程中,产品对室内空气的洁净度要求很高,除经过净化处理,厂房围护结构应保证严密,以免大气灰尘的侵入。如集成电路车间、精密仪器的微型零件加工车间等。

11.1.2 有关单层工业厂房的专业术语

1.跨度

指单层工业厂房中两条纵向轴线之间的距离。《厂房建筑模数协调标准》(GBJ 6—86)中规定,工业厂房的跨度在 18 m 及 18 m 以下时取 3 m 的倍数;18 m 以上时取 6 m 的倍数。如果工艺要求必须采用 21 m、27 m、33 m 时,也可采用。

2.柱距

指单层工业厂房中两条横向轴线之间的距离。《标准》中规定,柱距一般为 6 m 或6 m 的倍数。

3.厂房高度

指单层工业厂房中的柱顶高度和牛腿面高度。一般均为 300 mm 的倍数。

4.柱网

指单层工业厂房中纵向轴线与横向轴线共同决定的轴线网;其交点处设置承重柱。这种平面称为柱网平面(图 11.1)。

11.1.3 工业建筑的特点

工业建筑与民用建筑相比,在设计原则、建筑用料和建筑技术等方面,有许多共同之点,但在设计配合、使用要求方面,工业建筑又有如下特点:

①厂房要满足生产工艺的要求。根据生产工艺的特点,厂房的平面面积及柱网的尺

寸较大,可设计成多跨连片的厂房。

②厂房内一般都有较笨重的机器和起重运输设备,要求有较大的敞通空间。厂房结构要能承受较大的静、动荷载。

③厂房在生产过程中会散发大量的余热、烟尘、有害气体,并且噪音较大,故要求有良好的通风和采光。

④厂房屋面面积较大,并常为多跨连片屋面,因此,常在屋盖部分开设天窗,并使屋面防水、排水等构造处理较复杂。

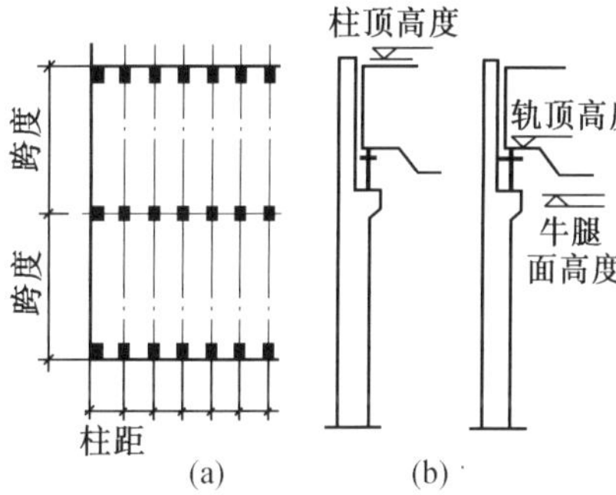

图 11.1　常用技术名词图解

⑤厂房生产过程中常有大量的原料、加工零件、半成品、成品等需搬进运出,因此,在设计时应考虑汽车、火车等运输工具的运行问题。

11.2　单层工业厂房的结构组成

11.2.1　单层工业厂房的荷载

单层工业厂房中的荷载有静荷载和动荷载两大类。静荷载主要有建筑物的自重和吊车的自重等;动荷载主要有吊车运行时的启动和刹车力,此外还有地震荷载、风荷载、雪荷载和积灰荷载等。根据荷载的传递路线单层工业厂房中的荷载又可分为:竖向荷载、横向水平荷载、纵向水平荷载三部分。

11.2.2　单层工业厂房的结构组成

单层工业厂房主要由以下结构组成(图 11.2):

1.屋盖结构

包括有屋面板、屋架(或屋面梁)、天窗架及托架等。

(1)屋面板

屋面板是铺在屋架(或屋面梁)上,直接承受屋面荷载,并传给屋架(或屋面梁)。

(2)屋架(屋面梁)

屋架(屋面梁)是屋盖结构部分的主要承重构件。屋面板及天窗上的荷载都是由屋架(屋面梁)承受。屋架(屋面梁)一般支承在柱上。

2.吊车梁

吊车梁支承在柱子牛腿上,承受吊车自重、吊车最大起重量以及吊车刹车时产生的冲切力,并将这些荷载传给柱子。

3.柱子

柱子是单层工业厂房的主要承重构件,承受屋架(或屋面梁)、吊车梁、支撑以及墙体上的荷载,并传给基础。

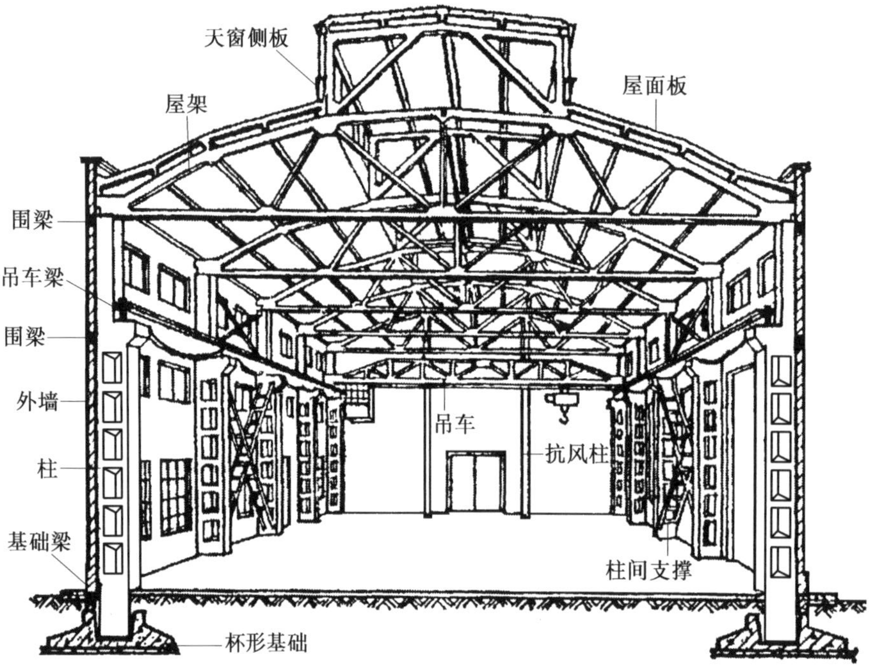

图 11.2　单层厂房骨架结构组成

4.基础

承受柱和基础梁传来的荷载,并传给地基。单层工业厂房柱下基础一般为独立基础。

5.围护结构

包括有单层工业厂房四周的外墙、抗风柱、连系梁和基础梁等。

6.支撑

包括有柱间支撑和屋盖支撑。支撑的作用是加强单层工业厂房结构的空间刚度和整体稳定性,并传递风荷载以及吊车水平荷载。

11.3　厂房内部起重运输设备

起重吊车是单层工业厂房中使用最广泛的起重运输设备,它包括单轨悬挂吊车、梁式吊车和桥式吊车等。

11.3.1　单轨悬挂吊车

由电动葫芦和工字钢轨道两部分组成。工字钢轨可以悬挂在屋架(或屋面梁)下皮,起重量一般在 3 t 以下(图 11.3)。

11.3.2　梁式吊车

由梁架和电动葫芦组成。梁架可以悬挂在屋架(或屋面梁)下皮或支承在吊车梁上。运送物品时,梁架沿厂房纵向移动,电动葫芦沿厂房横向移动,起重量一般不超过 5 t

(图 11.4)。

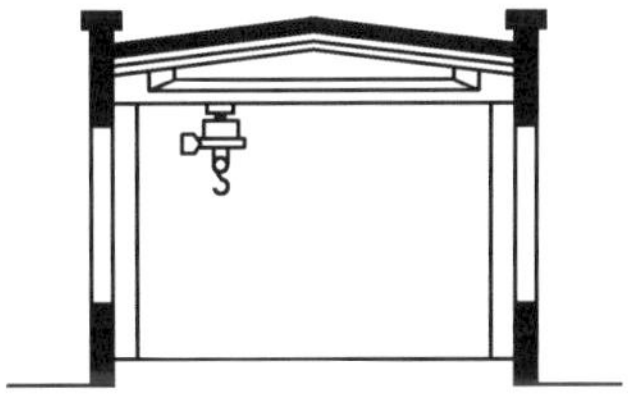

图 11.3　单轨悬挂式吊车

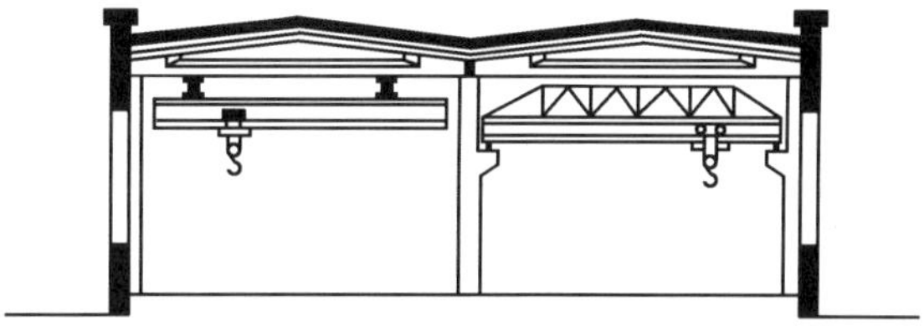

图 11.4　梁式吊车

11.3.3　桥式吊车

由桥架和起重小车组成。桥架支承在吊车梁上。运送物品时，桥架沿厂房纵向运行，起重小车沿厂房横向运行。桥式吊车的起重量为 5 ~ 350 t，适用于 12 ~ 36 m 跨度的厂房(图 11.5)。

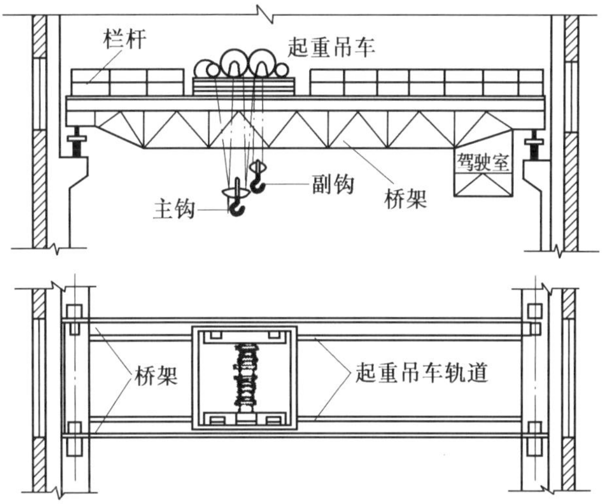

图 11.5　桥式吊车

桥式吊车按工作的重要性及繁忙程度分为轻级、中级、重级工作制，用 Jc 来代表。Jc 表示吊车的开动时间占全部生产时间的比率。轻级工作制 Jc = 15%；中级工作制 Jc = 25%，主要用于机械加工和装配车间等；重级工作制 Jc = 40%，主要用于冶金车间和工作繁忙的其他车间。工作制对结构强度影响较大。桥式吊车的支撑轮子，沿吊车梁上的轨道纵向往返运行，起重小车则在桥架上往返运行。它们在启动和刹车时都产生较大的冲切力，因而在选用支承桥式吊车的吊车梁时必须考虑这些影响。

11.4　单层工业厂房的定位轴线

为了提高厂房建筑的装配化程度，提高设计标准化、构件工厂化和施工机械化的水平，国家建委于 1974 年颁布了《厂房建筑统一化基本规则》TJ 6—74，1986 年国家计委对上述规则进行了修订,重新颁布了《厂房建筑模数协调标准》GBJ 6—86;作为单层厂房和多层厂房的设计依据。本节仅简单介绍单层工业厂房的有关内容。

11.4.1 尺寸规定

1.跨度

厂房的跨度在 18 m 及 18 m 以下时,取 30 M 数列;18 m 以上时,取 60 M 数列。常用的跨度有 9 m、12 m、15 m、18 m、24 m、30 m、36 m。若工艺有特殊要求时,亦可采用 21 m、27 m、33 m 的跨度。

2.柱距

一般取 60 M 数列(图 11.6)。

3.厂房高度

无论厂房是否有吊车,室内地面至柱顶的高度均取 3 M 数列。

有吊车的厂房,室内地面至柱牛腿面的高度取 3 M 数列(图 11.7)。

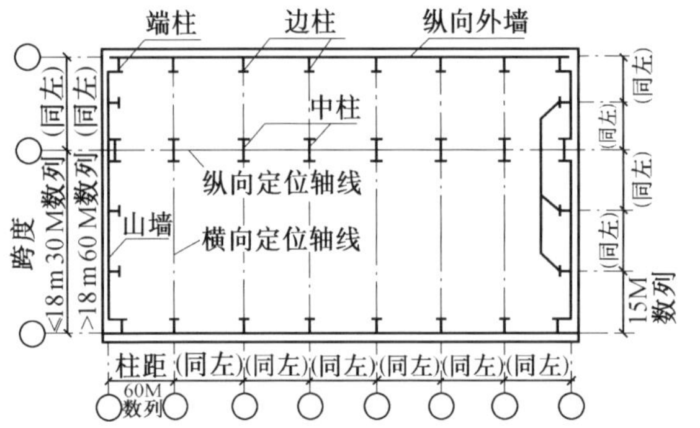

图 11.6 厂房的柱距与跨度

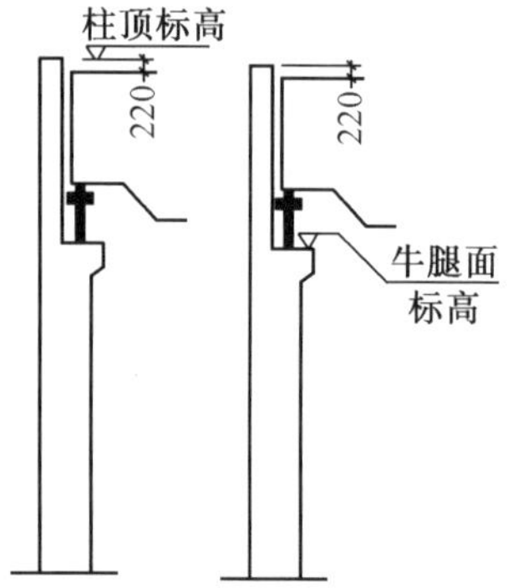

图 11.7 厂房的高度表示

11.4.2 厂房定位轴线的确定

定位轴线是确定厂房主要承重构件相互关系及其标志尺寸的基础。正确确定定位轴线对控制各种构件的准确位置,为施工放线、设备安装提供准确的依据。

单层工业厂房的定位轴线有横向和纵向定位轴线两种。与厂房宽度方向平行的轴线为横向定位轴线;与厂房长度方向平行的轴线为纵向定位轴线。

1.横向定位轴线的设置

横向定位轴线,除伸缩缝处的柱子和端柱外,均通过柱截面的几何中心。横向定位轴线间的距离即是屋面板、吊车梁等一些构件的标志长度。

在伸缩缝处,左柱与右柱的中心线均规定与横向定位轴线的距离为 600 mm。伸缩缝的中心线与横向定位轴线相重合。

在山墙处,横向定位轴线与山墙的内缘重合。端柱的中心线应自横向定位轴线内移 600 mm。

2.纵向定位轴线的设置

(1)封闭结合的做法

外纵墙处的纵向定位轴线应通过边柱外缘、屋架外缘、屋面板的外缘和外墙的内缘，这时屋架用屋面板封顶，使墙、柱、屋架等紧密结合成完整而简单的构造做法。这种做法习惯称为“封闭结合”。一般适用于吊车起重量不大于 30 t 的厂房中。

中柱的纵向定位轴线通过柱截面的几何中心。

高低跨柱处的纵向定位轴线应通过高跨柱子封墙的里皮，即封墙处柱子的外皮。

(2)非封闭结合的做法

非封闭结合的做法适用于吊车起重量大于 30 t 的厂房中。在构造做法上，由于边柱和外墙外移，屋面板、屋架端头和女儿墙之间出现了空隙，这时必须用非标准构件来填充这段空隙。这种采用标准构件不能封闭上部屋面节点的做法叫“非封闭结合”。空隙常用 300 mm 或其倍数。

3.定位轴线的应用

(1)吊车梁中心线与纵向定位轴线

吊车在厂房内运行，故其跨度应小于厂房跨度。

当吊车起重量 $Q=1\sim5$ t 时，$L-L_k=1.0$ m；

当吊车起重量 $Q=5\sim50$ t 时，$L-L_k=1.5$ m；

当吊车起重量 Q 在 50 t 以上时，$L-L_k=2.0$ m；

厂房的定位轴线至两侧吊车梁的中心线应分别保持 500 mm、750 mm。1 000 mm 的相等距离。

(2)高低跨柱定位轴线

若不等高跨间设纵向伸缩缝时，应设置双柱。高跨处封墙附于高跨柱上柱牛腿上，这时高跨依外纵墙的定位轴线进行处理，即封闭结合的处理方法。低跨部分则另沿低跨柱外缘设一轴线，这样两个定位轴线之间应加入一段尺寸，这个尺寸叫“插入距”(图 11.8)。

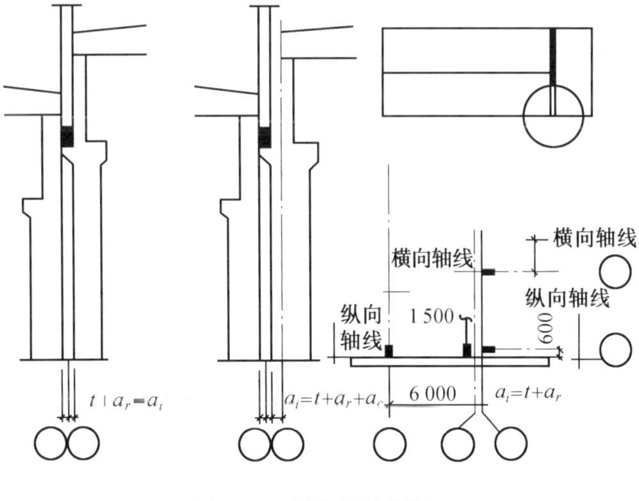

图 11.8　厂房的插入距

a_i—插入距；t—墙厚；a_r—缝隙；a_c—联系尺

高低跨处亦可采用单柱处理。其纵向伸缩缝一般采用滚动支座。滚动支座又称“滚轴支座”。它的上端通过钢板与屋架(屋面梁)进行焊接，下端通过钢板与柱头预埋铁件焊牢。其间滚轴可以在允许的范围内滚动，起着伸缩变形的作用。

高低跨不设伸缩缝时，做法同前述。

4.纵横跨相交处的定位轴线

纵横跨相交处的定位轴线，可以看作两个分别为纵向跨间的端柱与横向跨间的边柱。纵跨部分属于横向定位轴线，横跨部分属于纵向定位轴线，轴线间应设插入距。插入距的宽度为墙厚加缝隙(用于封闭结合时)或墙厚加缝隙，再加联系尺寸(用于非封闭结合时)。

图 11.9、图 11.10 为一具有纵横跨、低高跨的单层工业厂房，其节点为一般常见节点，具体做法如图示。

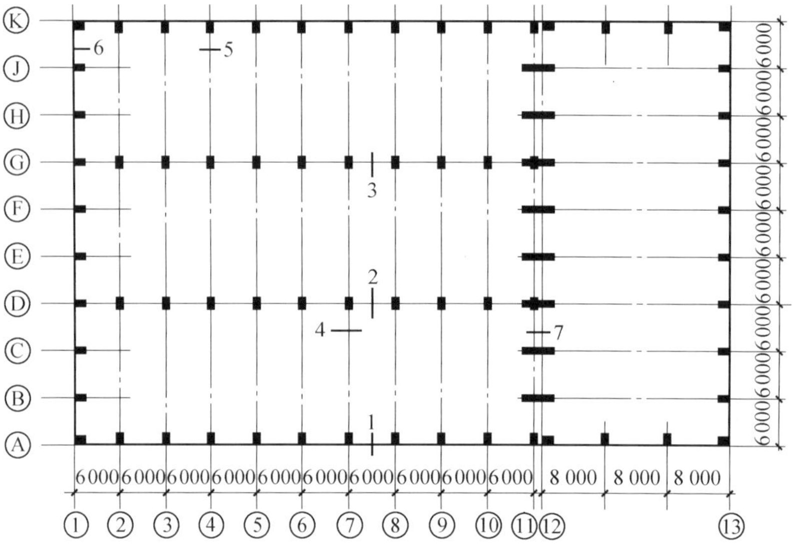

图 11.9

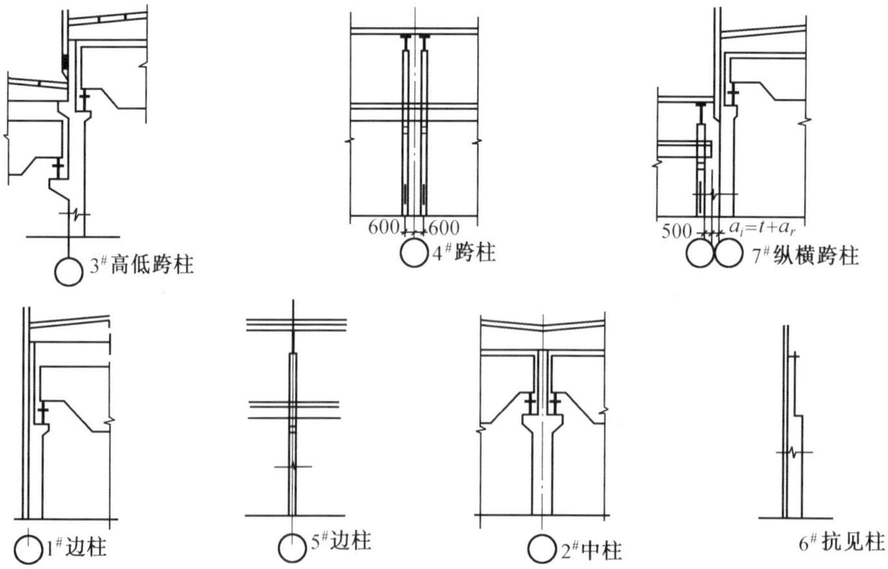

图 11.10　厂房节点图

11.5　单层工业厂房主要结构构件

11.5.1　柱

柱是单层工业厂房的主要承重构件，它承受垂直荷载和水平荷载，并与外墙相连接，因此在选型上十分重要。

单层工业厂房中的柱，大部分采用钢筋混凝土柱；而对跨度大。振动多的厂房，一般采用钢柱；跨度小，起重量轻的厂房，一般采用砖柱。

单层工业厂房中的柱从位置上区分，有边列柱、中列柱、高低跨柱和抗风柱（图 11.11）。

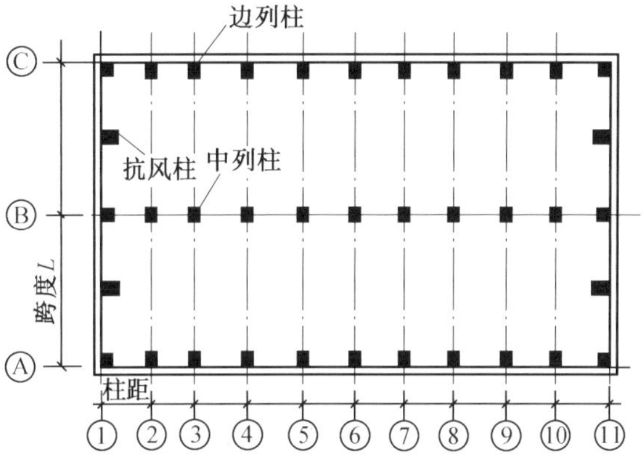

图 11.11　柱子的位置

砖柱的截面类型一般为矩形。钢柱的截面类型一般采用格构形。钢筋混凝土柱的截面类型有矩形、工字形、空心管柱和双肢柱。

11.5.2　基础与基础梁

单层工业厂房的基础一般采用杯口基础，做成锥形或阶梯形（图 11.12）。

单层工业厂房外墙通常砌筑在基础梁上，基础梁两端支承在杯口基础顶面。当基础埋深较深时，可将基础梁放在基础顶面加的垫块或柱的小牛腿上，以减少墙身的用砖量（图11.13）。

寒冷地区，基础梁下部应采取防止冻胀的措施。一般做法是把梁下冻土挖除，换以干砂，矿渣或松散土，以防止基础梁受冻土挤压而开裂（图 11.14）。

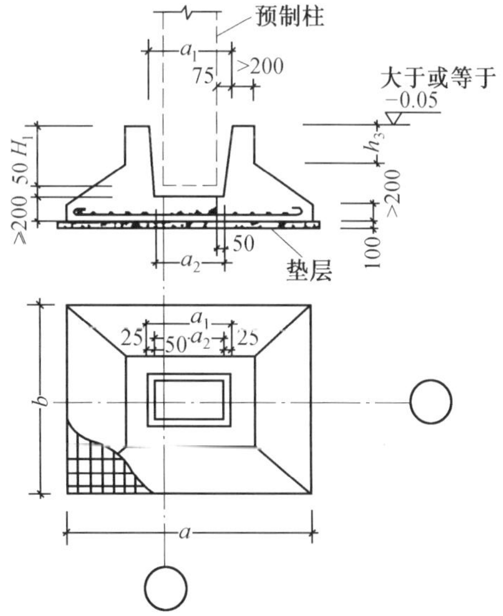

图 11.12　杯形基础

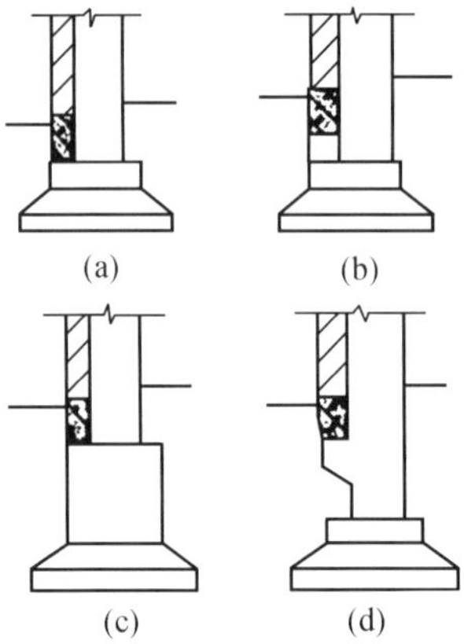

图 11.13　基础梁的放置

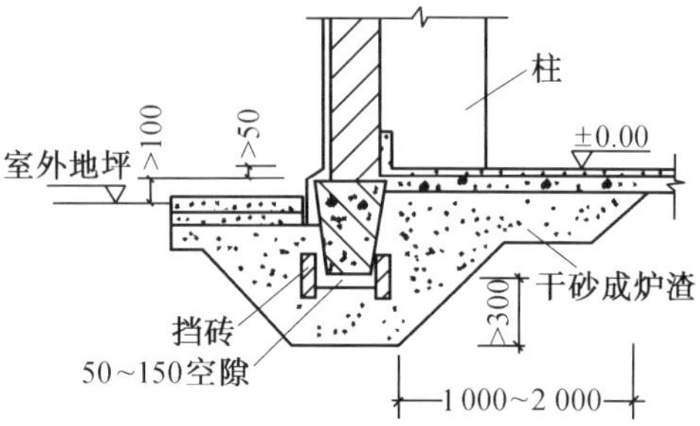

图 11.14　基础梁防冻措施

11.5.3　屋面梁

屋面梁又称薄腹梁,其断面呈 T 形和工字形,有单坡和双坡之分。

单坡屋面梁适用于 6 m、9 m、12 m 的跨度,双坡屋面梁适用于 9 m、12 m、15 m、18 m 的跨度。

屋面梁的坡度比较平缓,一般统一定为 1/10 ~ 1/12,适用于卷材屋面和非卷材屋面。屋面梁可以悬挂 5 t 以下的电动葫芦和梁式吊车。屋面梁的特点是形状简单,制作安装方便,稳定性好,可以不加支撑,但自重较大。

11.5.4　屋架

屋架的类型很多,这里介绍几种常用的钢筋混凝土屋架。

1.预应力混凝土折线形屋架

折线形屋架的上弦杆件是由若干段折线形杆件组成,坡度分别为 1/5 和 1/15。屋架跨度为 18 m、21 m、24 m、27 m、30 m。

2.钢筋混凝土梯形屋架

梯形屋架的上弦杆件坡度一致,坡度常采用 1/10 ~ 1/12,屋架跨度为 18 m、21 m。24 m、30 m。

3.三角形组合式屋架

屋架的上弦采用钢筋混凝土杆件,下弦采用型钢或钢筋。上弦坡度为 1/3.5 ~ 1/5,适用于有檩屋面体系,其跨度为 9 m、12 m、15 m。在小型工业厂房中均可采用这种屋架。

4.两铰拱和三铰拱屋架

两铰拱屋架的支座节点为铰接,顶部节点为刚接。三铰拱层架的支座节点和顶部节点均为铰接。屋架上弦采用钢筋混凝土或预应力钢筋混凝土杆件,下弦采用角钢或钢筋。上弦坡度为 1/4,这种屋架不适合于振动大的厂房。其跨度为 12 m、15 m。

11.5.5　屋面板

单层工业厂房的屋面板类型很多,常用的有以下几种:

1.预应力混凝土大型屋面板

广泛采用的一种屋面板,它的标志尺寸为 1.5 m×6.0 m,适用于屋架间距 6 m 的一般工业厂房。与大型屋面板配合使用的还有一种檐口板,主要用于单层工业厂房的外檐处。檐口板的标志尺寸也是 1.5 m×6.0 m,板的一侧有挑出尺寸为 300 mm 和 500 mm 的挑檐。

2.预应力混凝土 F 形屋面板

F 形板包括 F 形板、脊瓦、盖瓦三部分,常用坡度为 1/4。属于构件自防水屋面。

3.预应力混凝土单肋板

属于构件自防水屋面,其做法与 F 形屋面板相似。

4.钢丝网水泥单槽板

属于搭盖式自防水屋面,适用于 1/3 ~ 1/5 坡度的有檩屋面。

5.预应力混凝土 V 形折板

是一种轻型屋盖,属于板架合一体系。

11.5.6　托架

因工艺要求或设备安装的需要,柱距须 12 m,而屋架(屋面梁)的间距和大型屋面板长度仍为 6 m 时,应加设托架,通过托架将屋架上的荷载传给柱子。

11.5.7　吊车梁

当单层工业厂房设有桥式吊车(梁式吊车)时,需要在柱牛腿处设置吊车梁。吊车梁直接承受吊车的自重和起吊物件的重量,以及刹车时产生的水平荷载。吊车梁由于安装在两柱之间,同时起到传递纵向荷载,保证厂房纵向刚度和稳定的作用。吊车梁的种类有:

1.T 形吊车梁

T 形吊车梁的上部翼缘较宽,扩大了梁的受压面积,安装轨道也方便。适用于 6 m 柱距,5 ~ 75 t 的重级工作制,3 ~ 30 t 的中级工作制,2 ~ 20 t 的轻级工作制。T 形吊车梁的自重轻、省材料、施工方便。

2.工字形吊车梁

工字形吊车梁为预应力钢筋混凝土构件,适用于 6 m 柱距,12 ~ 30 m 跨度的厂房,起重量为 5 ~ 75 t 的重级、中级、轻级工作制。

3.鱼腹式吊车梁

鱼腹式吊车梁受力合理,腹板较薄,节省材料,能较好地发挥材料的强度。适用于柱距为 6 m、跨度为 12 ~ 30 m 的厂房,起重量可达 100 t。

11.5.8　连系梁与圈梁

1.连系梁

连系梁是厂房纵向柱列的水平连系构件，常做在窗口上皮，并代替窗过梁。连系梁可增强厂房纵向刚度，传递风荷载。当墙体高度超过 15 m 时，则应设置连系梁，以承受上部墙体重量。

连系梁与柱的连接，可以采用焊接或螺栓连接(图 11.15)。

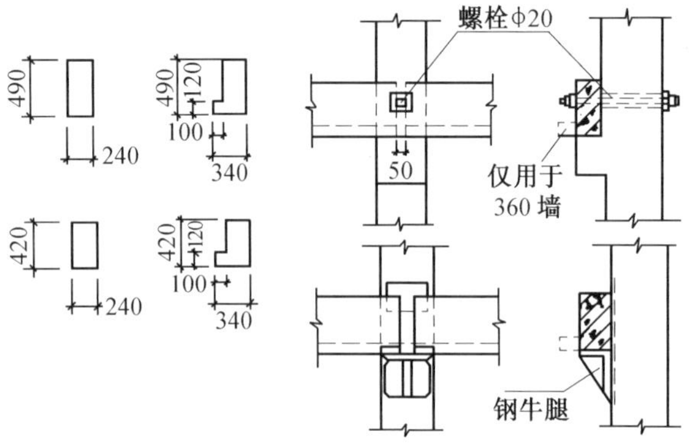

图 11.15　连系梁

2.圈梁

圈梁的作用是将墙体同厂房的排架柱、抗风柱连在一起，以加强厂房的整体刚度和稳定性。圈梁应按照上密下疏的原则每 5 m 左右设一道。其截面高度应不小于 180 mm，主筋为 4ϕ12，箍筋为 ϕ6～250。圈梁应与柱子伸出的预埋筋进行连接。

11.5.9　支撑系统

单层工业厂房的支撑系统包括屋盖支撑和柱间支撑两大部分。

1.屋盖支撑

屋盖支撑主要是为了保证上下弦杆件在受力后的稳定，并传递风荷载。

(1)水平支撑

水平支撑布置在屋架上弦或下弦之间，沿柱距横向或跨度纵向布置。水平支撑有上弦横向水平支撑、下弦横向水平支撑、纵向水平支撑、纵向水平系杆等(图 11.16)。

(2)垂直支撑

垂直支撑主要是保证屋架(屋面梁)在使用和安装阶段的侧向稳定，并能提高厂房的整体刚度(图 11.17)。

2.柱间支撑

柱间支撑一般设在厂房变形缝的区段中部，其作用是承受山墙抗风柱传来的水平荷载及传递吊车的纵向刹车力，并加强纵向柱列的刚度和稳定性，是厂房必须设置的支撑系统(图 11.18)。

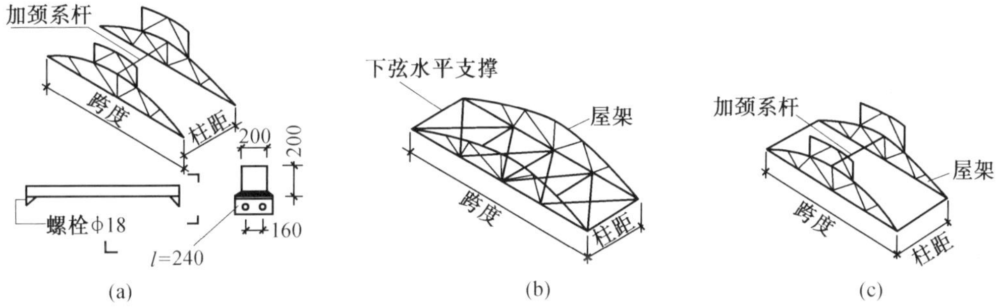

图 11.16　水平支撑

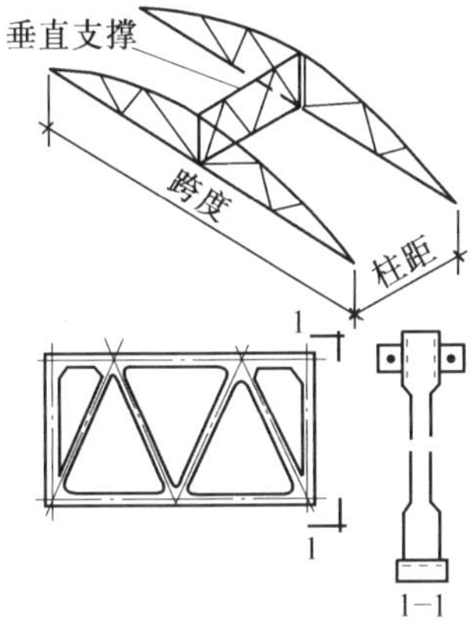

图 11.17　垂直支撑

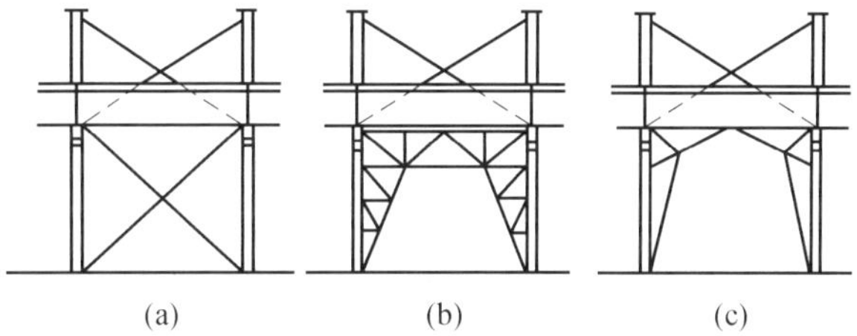

图 11.18　柱间支撑

11.5.10　抗风柱

抗风柱承受山墙上的风荷载。一部分风荷载由抗风柱上端通过屋盖系统传到纵向柱列上去,一部分由抗风柱直接传给基础。厂房高度或跨度较大时,一般都设置钢筋混凝土抗风柱。为了减少抗风柱的截面尺寸,可在山墙内侧设置水平抗风梁,作为抗风柱的支点。

抗风柱的间距,在不影响山墙开门的情况下,取 4.5 m 或 6 m。抗风柱上端应通过特制的弹簧板与屋架(屋面梁)作构造连接(图 11.19)。

11.6　天　　窗

在大跨度和多跨的单层工业厂房中,为了满足天然采光和自然通风的要求,常在厂房的屋顶设置各种类型的天窗。

天窗的类型很多,一般根据其在屋顶的位置分为:上凸式天窗,常见的有矩形天窗、三角形天窗和 M 形天窗等;下沉式天窗,常见的有横向下沉式、纵向下沉式和井式天窗等;平天窗,常见的有采光罩和采光屋面板等(图 11.20)。

一般天窗都具有采光和通风双重作用。但采光兼通风的天窗,一般很难保证排气的

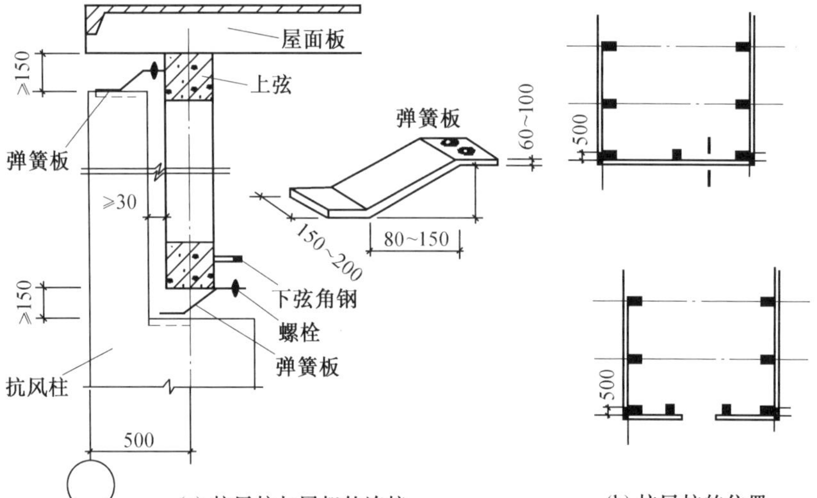

(a) 抗风柱与屋架的连接　(b) 抗风柱的位置

图 11.19　抗风柱

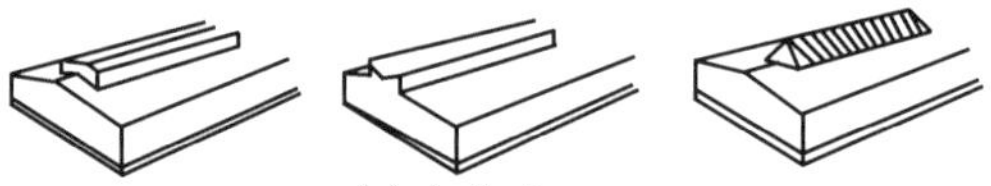

(a) 上凸式

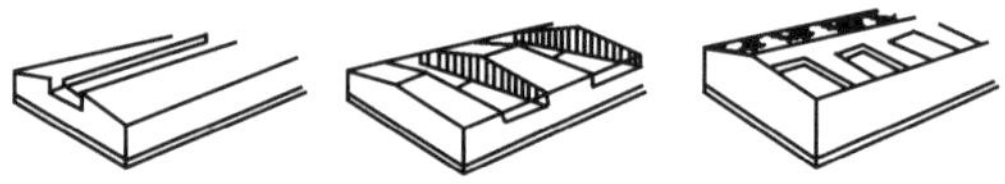

(b) 下沉式

(c) 平天窗

图 11.20　天窗的类型

效果,故这种做法只用于冷加工车间;而通风天窗排气稳定,故只应用于热加工车间。

11.6.1　上凸式天窗

上凸式天窗是我国单层工业厂房中应用最多的一种。它沿厂房纵向布置,采光、通风效果均较好。下面以矩形天窗为例,介绍上凸式天窗的构造。

矩形天窗由天窗架、天窗屋面、天窗端壁、天窗侧板和天窗扇等组成(图 11.21)。

1.天窗架

大窗架是天窗的承重结构,直接支承在屋架上。天窗架的材料一般与屋架(屋面梁)的材料一致。天窗架的宽度约占屋架(屋面梁)跨度的 1/2 ~ 1/3,同时也要照顾屋面板的尺寸。天窗扇的高度为天窗架宽度的 0.3 ~ 0.5 倍。

矩形天窗的天窗架通常用 2 ~ 3 个三角形支架拼装而成(图 11.22)。

2.天窗端壁

天窗端壁又叫天窗山墙,它不仅使天窗尽端封闭起来,同时也支承天窗上部的屋面

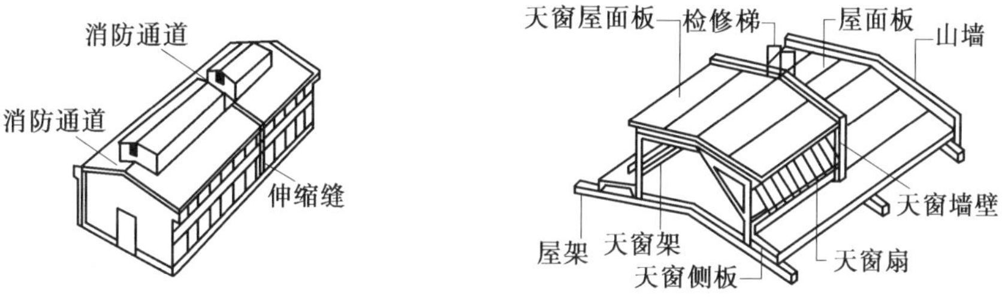

图 11.21　矩形天窗的组成

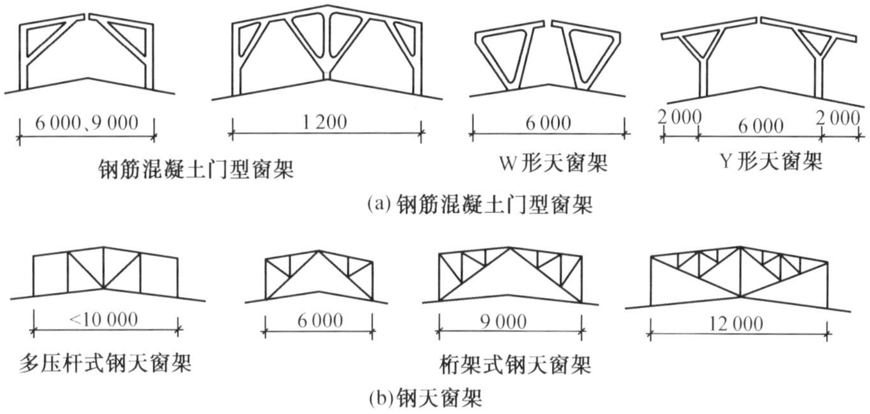

图 11.22　矩形天窗的天窗架

板。

天窗端壁是由预制的钢筋混凝土肋形板组成，当天窗宽度为 6 m 时，用两个端壁板拼接而成；宽度为 9 m 时，用三个端壁板拼接而成(图 11.23)。

3.天窗侧板

天窗侧板是天窗扇下的围护结构，相当于侧窗的窗台部分，其作用是防止雨水溅入室内。

天窗侧板一般用钢筋混凝土槽形板或平板制作，其高度由天窗架的尺寸确定，一般为 400 ~ 600 mm，但应注意高出屋面为 300 mm，板长为 6 m(图 11.24)。

4.天窗窗扇

天窗窗扇可以采用钢窗扇或木窗扇。钢窗扇一般为上悬式；木窗扇一般为中悬式(图 11.25)。

5.天窗屋面

天窗屋面与厂房屋面相同，檐口部分采用无组织排水，把雨水直接排在厂房屋面上。檐口挑出尺寸为 300 ~ 500 mm。

11.6.2　下沉式天窗

下面以天井式天窗为例，介绍下沉式天窗的构造。

1.布置方法

天井式天窗布置比较灵活，可以沿屋面的一侧、两侧或居中布置。热加工车间可以采

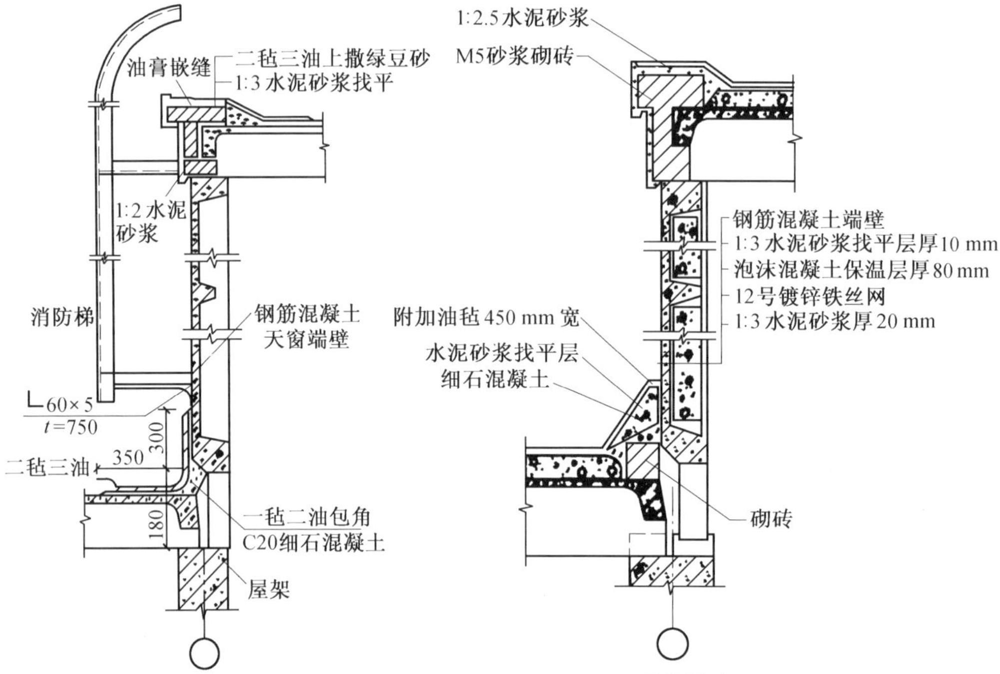

(a) 不保温屋面　　(b) 保温屋面

图 11.23　天窗端壁

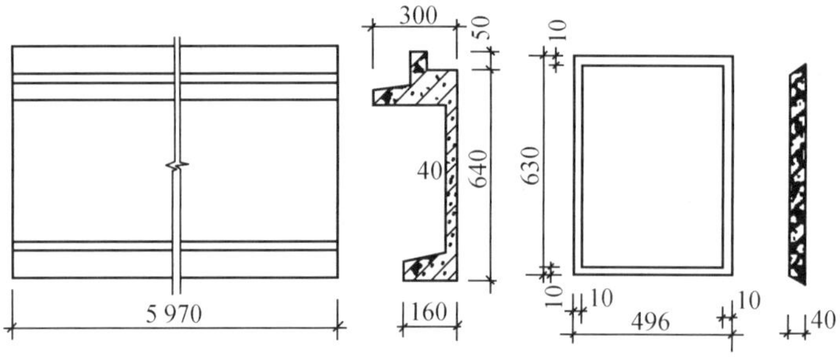

图 11.24　天窗侧板

用两侧布置，这种做法容易解决排水问题。在冷加工车间对上述几种布置方式均可采用(图 11.26)。

2. 井底板的铺设

天井式天窗的井底板位于屋架上弦，搁置方法有横向铺放与纵向铺放两种，横向铺放是井底板平行于屋架摆放，铺板前应先在屋架下弦上搁置檩条，并应有一定的排水坡度。若采用标准屋面板时，其最大长度为 6 m。纵向铺板是把井底板直接放在屋架下弦上，可省去檩条，增加天窗垂直口净空高度。但屋面有时受到屋架下弦节点的影响，故采用非标准板较好(图 11.27)。

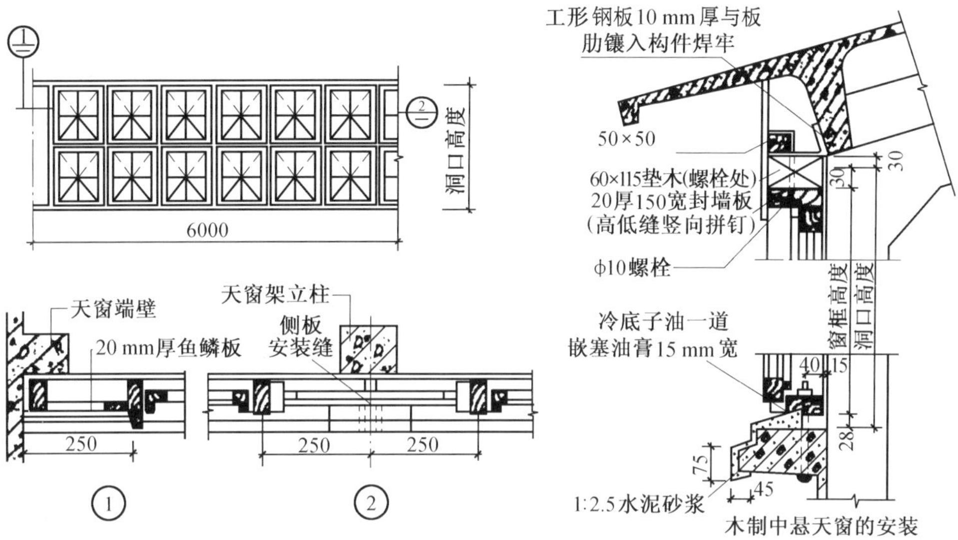

图 11.25　中悬式木窗扇

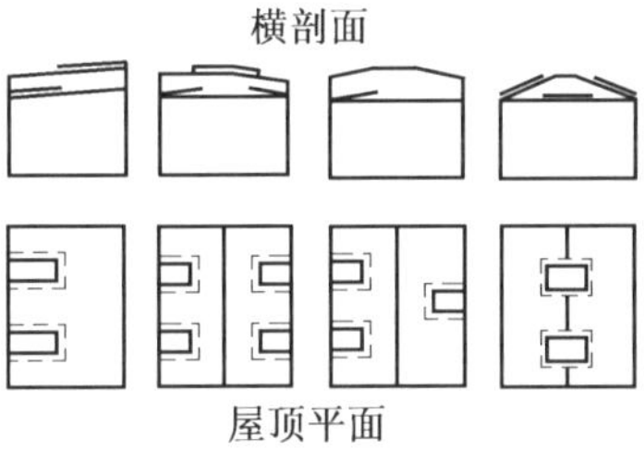

图 11.26　井式天窗的布置

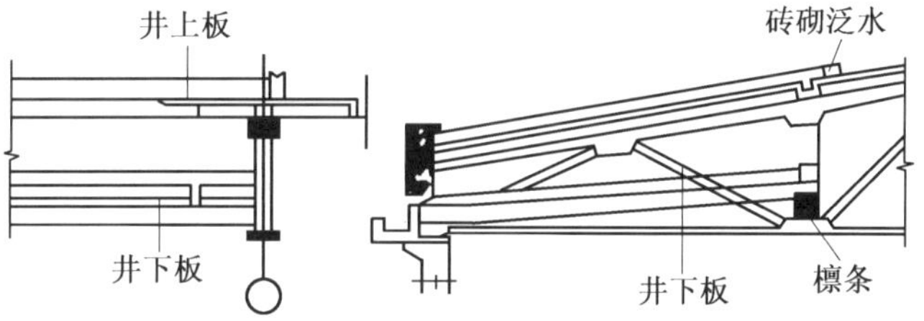

图 11.27　下沉式天窗铺板

3.挡雨措施

井式天窗通风口常不设窗扇,做成开敞式。为防止屋面雨水落入天窗内,敞开的口部应设挑檐。并设挡雨板,以防雨水飘落室内。

井上口挑檐,由相邻屋面直接挑出悬臂板,挑檐板的长度不宜过大。井上口应设挡雨片,在井上口先铺设空格板,挡雨片固定在空格板上。挡雨片的角度采用 30°～60°,材料可用石棉瓦、钢丝网水泥板、钢板等(图 11.28)。

4.窗扇

窗扇可以设在井口处或垂直口外,垂直口一般设在厂房的垂直方向,可以安装上悬或中悬窗扇,但窗扇的形式不是矩形,而应随屋架的坡度而变,一般呈平行四边形。井上口窗扇的做法:可以在井口做导轨,在平窗扇下面安装滑轮,窗扇沿导轨而移动;另一种做法是在口上设中悬窗扇,窗扇支承在上口空格板上,可根据需要而调整窗扇角度(图11.29)。

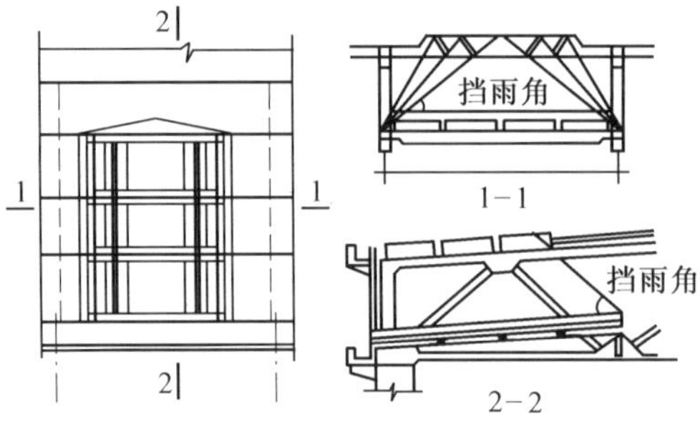

图 11.28　挡雨片

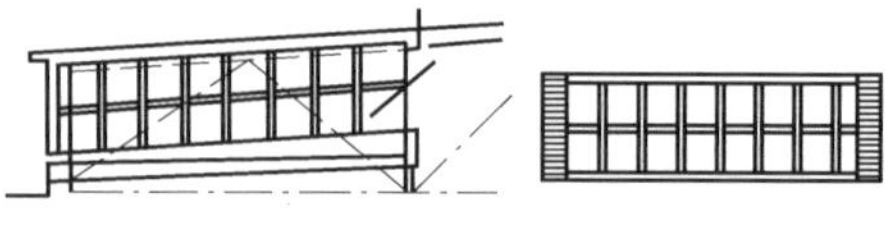

(a)平行四边形窗扇　(b) 矩形窗扇

图 11.29　窗扇做法

5.排水设施

天井式天窗有上下两层屋面,排水比较复杂。其具体做法可以采用无组织排水(在边跨时)、上层通长天沟排水。下层通长天沟排水和双层天沟排水等(图 11.30)。

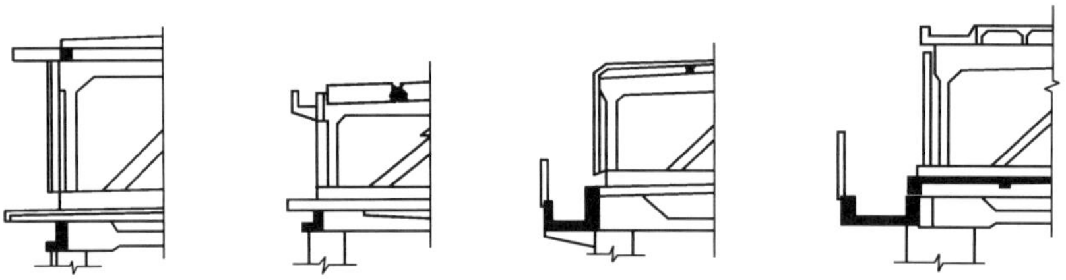

图 11.30　下沉式天窗的排水设施

11.6.3　平天窗

平天窗是与屋面基本相平的一种天窗。平天窗有采光屋面板、采光罩、采光带等做法。下面介绍一种采光屋面板的构造实例。

采光屋面板的长度为 6 m,宽度为 1.5 mm,它可以取代一块屋面板,采光屋面板应比屋面稍高,常做成 450 mm,上面用 5 mm 的玻璃,固定在支承角钢上,下面铺有铅丝网作为保护措施,以防玻璃破碎堕落伤人。在支承角钢的接缝处应该用铁皮泛水遮挡(图 11.31)。

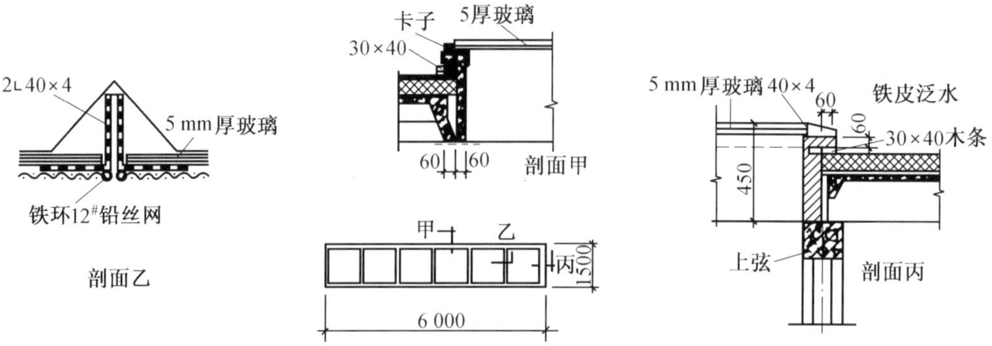

图 11.31　采光屋面板

11.7　地面及其他构造

11.7.1　地面

厂房地面应能满足生产使用要求。厂房内工段多,生产要求不同,使得厂房的地面构造复杂化。此外,厂房地面面积大,荷载大,材料用量多。故应正确选择地面材料及其构造形式。

1.地面的组成

地面一般由面层、垫层和基层组成。为满足使用或构造要求时,可增设如结合层、找平层、隔离层等构造层(图 11.32)。

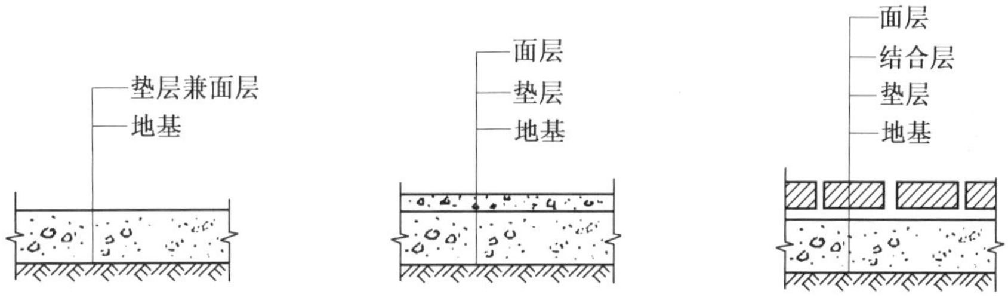

图 11.32　地面组成

(1)面层

地面面层是直接承受各种物理和化学作用的表面层。面层有整体式(包括单层整体式和多层整体式)和板、块材两类。面层应根据生产特征、使用要求和技术经济条件来选择。

地面面层分隔应符合下列条件:

①细石混凝土面层的分隔缝,应与垫层的伸缩变形缝对齐。但设有隔离层的水玻璃混凝土、耐碱混凝土面层的分隔缝可不对齐;

②水磨石、水泥砂浆等面层的分隔缝,除应与垫层的伸缩变形缝对齐外,尚可根据具体设计要求缩小间距,但涂刷防腐蚀涂料的水泥砂浆面层不宜设缝;

③沥青类材料和块材面层可不设缝。

(2)垫层

垫层是承受并传递地面荷载至基层的构造层。按材料性质和构造不同,可分为刚性垫层、半刚性垫层和柔性垫层。

①刚性垫层是指用混凝土、沥青混凝土和钢筋混凝土等材料做成的垫层。它整体性好,强度大,不透水。适用于直接安装中小型设备,受较大集中荷载且要求变形小的地面,以及有大量水、中性溶液作用或面层构造要求为刚性垫层的地面。

②半刚性垫层是指灰土、三合土、四合土等材料做成的垫层。它受力后有一定的塑性变形,它可用工业废料和建筑废料制作,造价较刚性垫层低。

③柔性垫层是用砂、碎(卵)石、矿渣、碎煤渣、沥青碎石等材料做成的垫层。它受力后

可产生塑性变形。可用于有集中荷载或冲击荷载,有较大振动的地面,它发生局部沉陷或破坏后,易修复也易更换。其材料来源广,造价低,施工较方便。故对无特殊要求的厂房应优先选用。

垫层材料的选择还应与面层用材相适应。现浇整体面层和以胶泥或砂浆结合的板、块材面层,宜用混凝土垫层;以砂、炉渣结合的块材面层,宜用碎石、矿渣、灰土或三合土垫层。

垫层的厚度,主要以作用在地面上的荷载情况来确定,其所需厚度应按有关规定计算确定。

混凝土垫层应设接缝,接缝有伸缝和缩缝两种。厂房内只设缩缝,缩缝有纵向和横向之分,平行于施工方向的缝称纵向缩缝,垂直于施工方向的缝称横向缩缝。纵向缩缝间距3~6 m,横向缩缝间距6~12 m。纵向缩缝一般用平头缝;当混凝土垫层厚大于150 mm时宜为企口缝。横向缩缝采用假缝形式,用以引导垫层的收缩裂缝集中于该处(图11.33)。

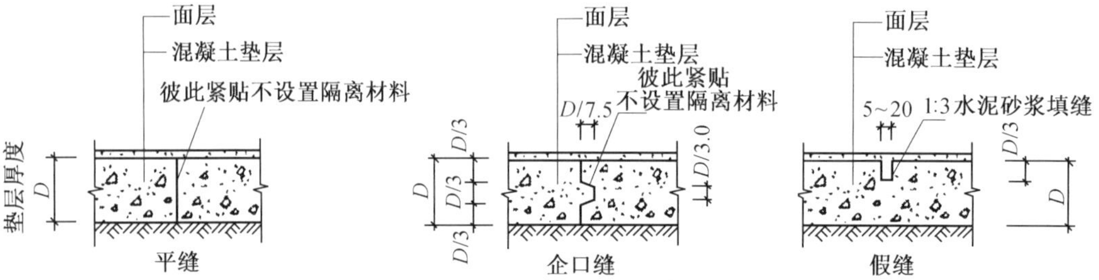

图 11.33 混凝土垫层接缝

(3)基层

基层是承受上部荷载的土壤层,是经过处理后的地基土层。最常见的是素土夯实。地基处理质量直接影响地面的承载力。地基上不得用湿土、淤泥、腐殖土、冻土以及有机物含量大于8%的土作填料。若地基土松软,可加入碎石、碎砖等夯实,以提高强度。

(4)结合层、隔离层和找平层

①结合层是连接块材面层、板材或卷材与垫层的中间层,主要起上下结合作用。用材应根据面层和垫层的条件来选择,水泥砂浆或沥青砂浆结合层适用于有防水、防潮要求或要求稳固无变形的地面;当地面需防酸碱时,结合层应采用耐酸砂浆或树脂胶泥等。此外,对板、块材之间的拼缝应填以与结合层相同的材料,有冲击荷载或高温作用的地面常用砂作结合层。

②隔离层起防止地面腐蚀性液体由上往下或地下水由下向上渗透扩散的作用。隔离层可采用再生油毡(一毡二油)或石油沥青油毡(两毡三油)来防渗。地面处于地下水位毛细管作用上升范围内,而生产上又需要有较高防潮要求时,则在垫层下铺设一层30 mm厚沥青混凝土或灌沥青碎石厚40 mm作隔离层(图11.34)。

③找平层起找平或找坡作用。当面层较薄而要求其平整或有坡度时,则需在垫层上设找平层。在刚性垫层上用1:2或1:3水泥砂浆厚20 mm作找平层;在柔性垫层上,找平层宜用厚度不小于30 mm的细石混凝土制作。找坡层常用1:1:8水泥石灰炉渣做成,最低处厚30 mm。

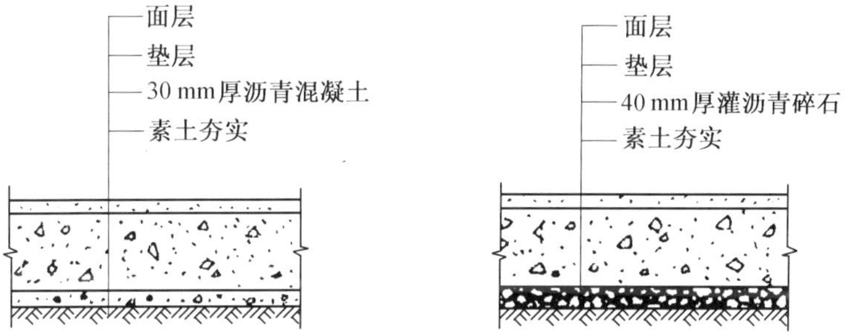

图 11.34　防止地下水影响的隔离层设置

2.地面的类型

地面一般是按面层材料的不同而分类,有素土夯实、石灰三合土、水泥砂浆、细石混凝土、木板、陶土板等各种地面。根据使用性质可分为一般地面和特殊地面(如防腐、防爆等)两种。按构造不同也可分为整体面层和板、块材面层两类。

11.7.2　其他构造

1.金属梯

厂房中常需设置作业平台钢梯、吊车钢梯、屋面检修及消防钢梯等金属梯。

(1)作业平台钢梯

作业平台钢梯是工人上下生产操作平台或跨越生产设备联动线的交通道。设计多选用定型构件,它有 45°、59°、73°、90°四种。45°型高度可达 4.2 m,梯宽为 0.8 m;59°型高度可达 5.4 m,梯宽有 0.6 m 和 0.8 m 两种;73°型高度可达 5.4 m,梯宽 0.6 m;90°型高度不超过 4.8 m,梯宽 0.6 m。钢梯的形式,见图 11.35。

钢梯边梁的下端和地面垫层中的预埋铁件连接,边梁的上端固定在作业或休息平台钢梁或钢筋混凝土梁的预埋铁件上。

(2)吊车钢梯

如有驾驶室的吊车,吊车梯设于靠驾驶室一侧;为避免吊车停靠时碰撞端部车挡,吊车梯一般设于厂房端部第二柱距内;当多跨车间相邻跨有吊车时,吊车梯可设在中柱上,使一梯为两台吊车服务;若同跨内有两台以上吊车时,应每台吊车设专用钢梯。

吊车梯由梯段和平台组成。当梯段高度≤4 200 mm 时,可不设平台,梯为直梯。吊车梯的斜度一般为 63°(即 1/2),梯宽为 600 mm(图 11.36)。

设计时可根据轨顶标高选用定型图集中相应的梯段和平台型号。梯段上端与安装在柱上(或固在墙上)的平台连接,下端固定在刚性地面上。若为非刚性地面时,则需在墙上加设混凝土基础将梯段下端固定起来。

(3)屋面检修及消防钢梯

厂房均应设置屋面检修兼作消防用的钢梯。一般多采用直钢梯,但当厂房很高用直梯不方便也不安全时,采用有平台的斜梯。

屋面检修梯设在实墙或窗间墙上,但梯不得面对窗口。厂房有高、低跨时,应使梯经低跨屋面再至高跨屋面;设有天窗的,屋面检修梯应设于天窗的间断处附近,便于人上屋

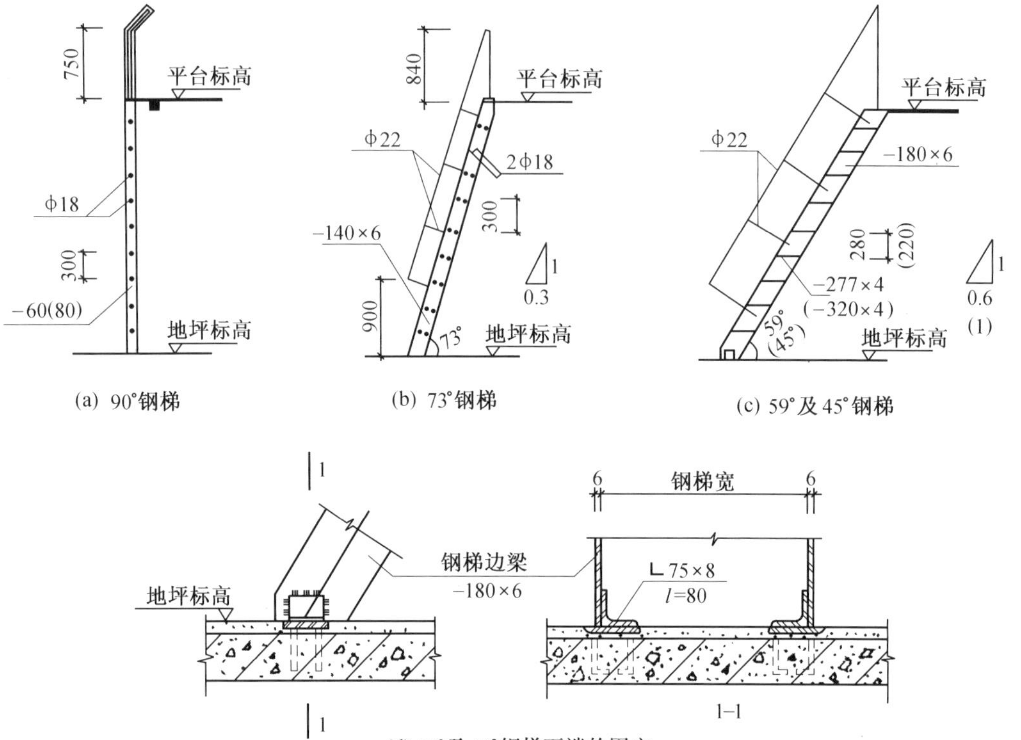

(a) 90°钢梯　(b) 73°钢梯　(c) 59°及45°钢梯

(d) 59°及45°钢梯下端的固定

图 11.35　作业平台钢梯

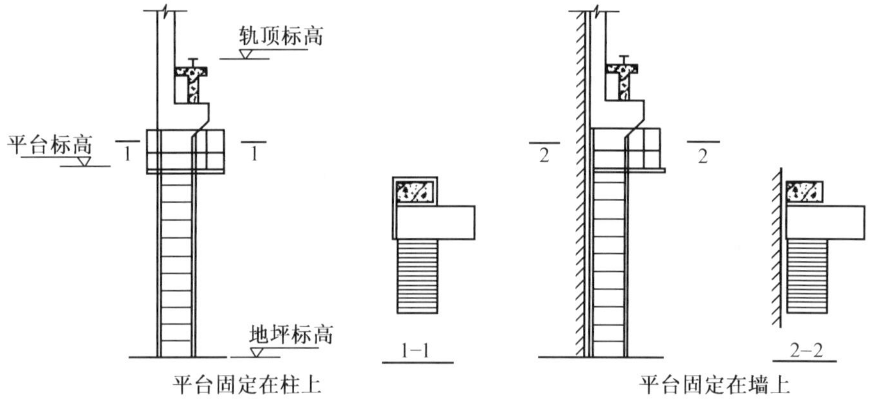

图 11.36　吊车钢梯及平台安装示意图

面后横向穿越;天窗端壁亦应设梯供人上天窗屋面。

设计时,应根据屋面标高值和檐口(或山墙顶)构造情况等选用定型图集中相应钢梯型号(图 11.37)。

2.吊车走道板

吊车走道板是为维修吊车轨道与吊车而设置的,它沿吊车梁顶面铺设。当吊车为中级工作制,轨顶高度小于 8 m 时,只在吊车操纵室一侧的吊车梁上通铺;轨顶高度大于 8 m

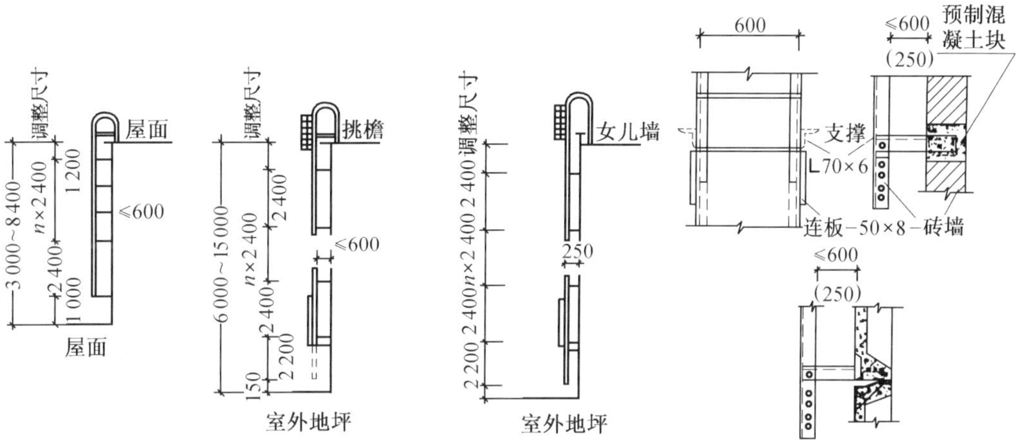

(a)两屋面间检修梯　(b)室外地坪至檐口直钢梯　(c)室外地坪至女儿墙直钢梯　(d)梯与墙的连接构造

图 11.37　屋面检修消防直钢梯

时,则应在两侧吊车梁上都通铺;当为高温车间,吊车为重级工作制时,不论轨顶高度、吊车台数如何,两侧吊车梁上均通铺设。

走道板常用预制钢筋混凝土板制作,有定型图集供选择。预制钢筋混凝土走道板宽度有 400 mm、600 mm、800 mm 三种,板长系与柱子净距相配套,板截面为槽形或 T 形。走道板的两端搁置在柱侧面的钢牛腿上,并焊牢固。走道板一侧或两侧设置钢栏杆(图 11.38)。

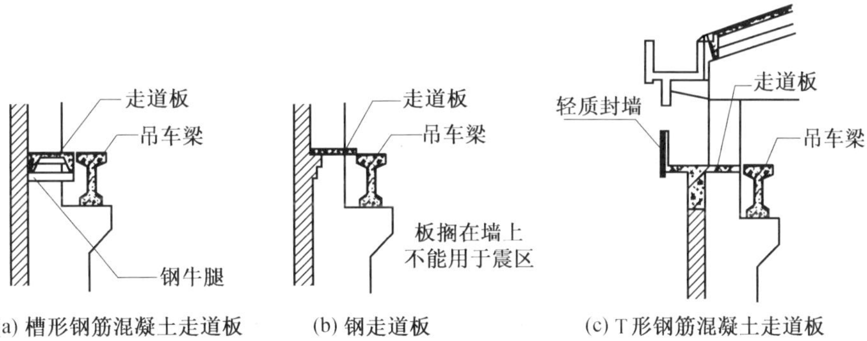

(a) 槽形钢筋混凝土走道板　(b) 钢走道板　(c) T 形钢筋混凝土走道板

图 11.38　连柱走道板布置

3. 隔断

根据生产、管理、安全卫生等要求,厂房内有些生产或辅助工段、辅助用房需用隔断来隔开。一般所隔地段的上部无顶盖,与车间是连通的,只在需要防止车间内有害介质的侵蚀时,才加顶盖构成为封闭的空间。不设顶盖的隔断一般高 2 m 左右,设顶盖的隔断高一般为 3.0 ~ 3.6 m。

隔断可用多种材料制成。

(1)混合隔断

混合隔断是指用不同材料混合组成的隔断。通常是在厂房的地面上砌 240 mm ×

240 mm 的砖柱,一般柱距≤3 m,并砌高 1 m 左右的半砖墙,上部安设木门窗或钢门窗,有的装金属网隔扇等。

(2)装配式钢筋混凝土隔断

装配式钢筋混凝土隔断一般由拼板、立柱和上槛组成。拼板为钢筋混凝土镶边板,板宽度有 500 mm、850 mm、1 000 mm 种,高度为 2 045 mm,拼板下部为 25 mm 实心板,上部装玻璃或金属网。多用于火灾危险性大和湿度较大的车间内。

(3)金属网隔断

金属网隔断由金属网与边框构成的拼扇组成。金属网有钢板网或镀锌铁丝网,边框由型钢、钢管柱等制作。多用于分隔车间内的工段。

11.8 多层厂房简介

11.8.1 多层厂房的特点

和单层厂房相比,多层厂房具有以下特点:

(1)占地面积小,节约用地,缩短室外各种管网的长度,降低了建设投资和维修费用。

(2)厂房宽度较小,可不设天窗,而利用侧窗采光。

(3)屋面面积小,防水、排水构造处理简单,利于室内保温、隔热。

(4)增加了垂直交通运输设施,且人、货流组织较复杂。

(5)若楼层上有振动荷载,使结构计算和构造处理复杂。

11.8.2 多层厂房的平面形式

多层厂房的平面形式,首先应满足生产工艺的要求,并综合考虑与生产相关的各项技术要求,以及运输设备、交通枢纽和生活辅助用房的关系。

根据工程的具体情况,常见的多层厂房平面布置的形式有:

1.内廊式

适宜于面积不大,相互生产上又需紧密联系,但又不希望干扰的工段。这时就可将各工段按工艺流程的要求布置在各个房间内,并用内廊(内走道)联系起来(图 11.39)。

2.统间式

由于生产工段面积较大,各工序又紧密联系,不宜分隔小间布置,这时常采用统间式的平面布置。这种布置对自动化流水线的操作更是有利,在生产过程中如有少数特殊的工段需要单独布置时,亦可将它们加以集中,分别布置在某一区段或车间的一端或一隅(图 11.40)。

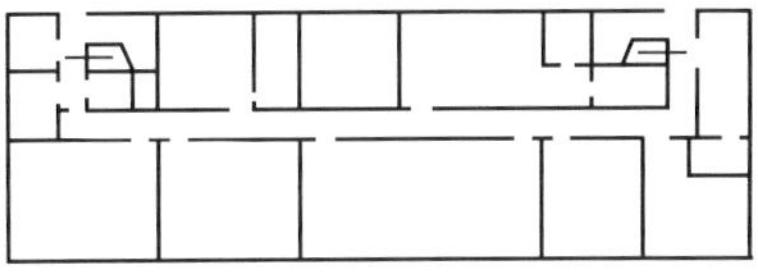

图 11.39　内廊式平面布置

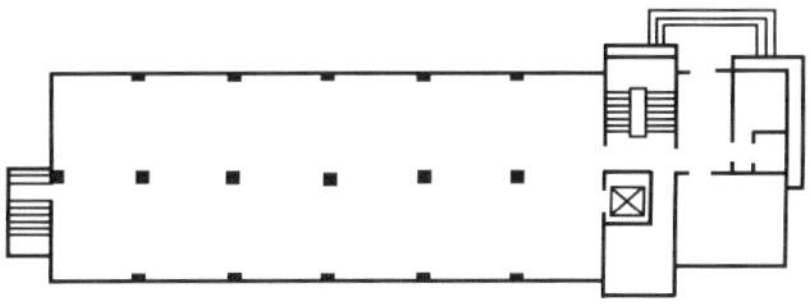

图 11.40　统间式平面布置

3.大宽度式

为了满足某些工段的高精度、超净化等的特殊要求,使厂房平面布置更为经济合理,可采用加大厂房宽度,形成较大宽度的平面布置。这时可把交通运输枢纽及生活辅助用房布置在厂房中部采光条件较差的地区,以保证生产工段所需的采光与通风要求(图 11.41)。

4.混合式

根据不同生产要求,采用上述多种平面形式的混合布置,称为混合式平面布置。它的优点是能满足不同生产工艺流程的要求,灵活性较大。缺点是平面及剖面形式复杂,结构类型不易统一,施工较麻烦,对抗震亦不利(图 11.42)。

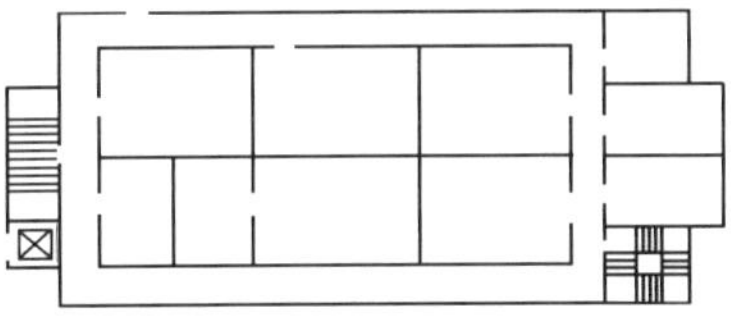

图 11.41　大宽度式平面布置

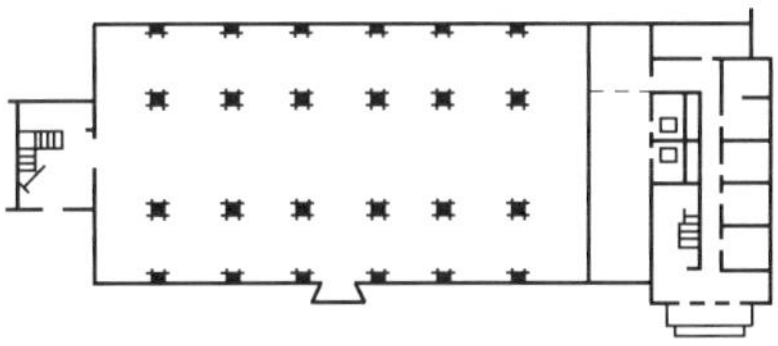

图 11.42　混合式平面布置

11.8.3　多层厂房的柱网布置

柱网的选择首先应满足生产工艺的需要,其尺寸的确定应符合《建筑模数协调统一标准》GBJ 2—86 和《厂房建筑模数协调标准》GBJ 6—86 的要求。同时还应考虑厂房的结构形式、采用的建筑材料和其在经济上的合理性以及施工上的可能性。在工程实践中结合上述平面布置的形式,多层厂房的柱网一般可概括为以下几种主要类型(图 11.43)。

1.内廊式柱网

适用于内廊式的平面布置。组成的平面一般都是对称的,在两跨中间布置走廊,具体尺寸不统一,常见的柱距 d 为 6.0 m,进深 a 有 6.0 m,6.6 m 及 6.9 m 数种;而走廊宽 b 则为 2.4 ~ 3.0 m 居多。

2.等跨式柱网

主要适用于需要大面积布置生产工艺的厂房,底层一般布置机加工、仓库或总装配车间等,有的还配有起重运输设备。这类柱网可以是两个以上连续等跨的形式。用轻质隔墙分隔后,亦可作内廊式的平面布置。目前采用的柱距 d 为 6.0 m,跨度 a 有 6.0 m、6.9 m、7.5 m、9.0 m、10.5 m 及 12.0 m 等数种。

3.对称不等跨柱网

特点及适用范围基本和等跨式柱网类似。目前常用的柱网尺寸有(5.8 + 6.2 + 6.2 +

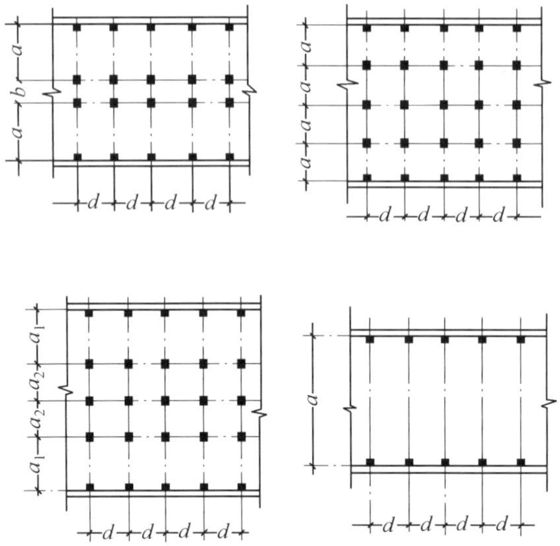

图 11.43 柱网布置类型

5.8) m×6.0 m(仪表类),(1.4+6.0+6.0+1.4) m×6.0 m(轻工类),(7.5+12.0+12.0+7.5) m×6.0 m及(8.0+12.0+12.0+8.0) m×6.0 m(机械类)等。

4.大跨度式柱网

由于取消了中间柱子,为生产工艺的变革提供更大的适应性。由于跨度较大,楼层常采用桁架结构,这样楼层结构的空间(桁架空间)可作为技术层,用以布置各种管道及生活辅助用房。

除上述主要柱网类型外,在实践中根据生产工艺及平面布置等各方面的要求,也可采用其他一些类型的柱网,如(9.0+6.0) m×6.0 m,(6.0~9.0+3.0+6.0~9.0+3.0+6.0~9.0) m×6.0 m等。

11.8.4 多层厂房的剖面设计

多层厂房的剖面设计应结合平面设计和立面处理同时考虑。主要研究和确定厂房的剖面形式、层数、层高和内部设计等的有关问题。

1.多层厂房的剖面形式

由于厂房平面柱网的不同,多层厂房的剖面形式亦是多种多样的。不同的结构形式和生产工艺的平面布置都对剖面形式有着直接的影响。目前我国多层厂房设计中,结合经常采用的柱网布置有图 11.44 所示的几种剖面形式。

2.多层厂房层数的确定

多层厂房层数的确定与生产工艺、楼层使用荷载、垂直运输设施以及地质条件、基建投资等因素均有密切关系。为节约用地,在满足生产工艺要求的前提下,可增加厂房的层数,向竖向空间发展。目前建造的多层厂房还是以 3~5 层的居多。今后,由于城市用地紧张及规划要求,很有可能向高层发展。

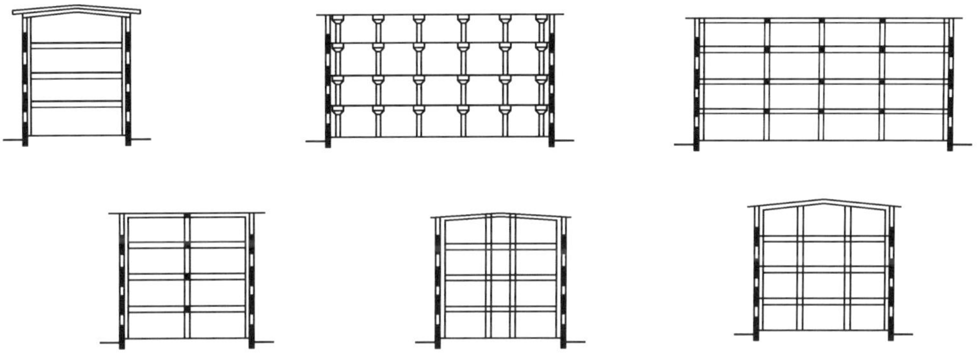

图 11.44　多层厂房的剖面形式

11.8.5　多层厂房定位轴线的标定

同单层厂房一样,多层厂房的平面定位轴线有纵向和横向两种定位轴线。与厂房长度方向平行的轴线称为纵向定位轴线,与其垂直的轴线称为横向定位轴线。

多层厂房定位轴线的标志方法,随厂房结构形式而有所不同。下面介绍砌块墙承重和装配式钢筋混凝土框架承重的多层厂房定位轴线的标定方法。

1.砌块墙承重

厂房采用砌块墙承重时,其内墙的中心线一般与定位轴线相重合。外墙的定位轴线和墙内缘的距离应为半块块材或其倍数;或定位轴线与外墙中心线相重合,带有壁柱的外墙,定位轴线也可与墙内缘相重合(图 11.45)。

2.钢筋混凝土框架承重

框架承重时,定位轴线的定位不仅涉及框架柱,而且也与梁板等构件有关。下面主要介绍定位轴线和墙柱的关系。

(1)墙、柱与横向定位轴线的定位

横向定位轴线一般与柱中心线相重合。在山墙处定位轴线仍通过柱中心,这样可以减少构件规格品种,使山墙处横梁与其他部分一致,虽然屋面板与山墙间出现空隙,但构造上是易于处理的(图 11.46)。

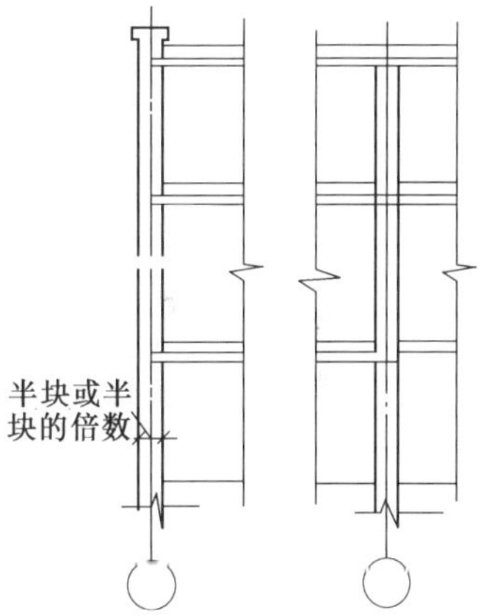

图 11.45　承重外墙、内墙与定位轴线的关系

横向伸缩缝或防震缝处应采用加设插入距的双柱并设两条横向定位轴线,柱的中心线与横向定位轴线相重合。插入距一般取 900 mm。此处节点可采用加长板的方法处理(图 11.46)。

(2)墙、柱与纵向定位轴线的定位

纵向定位轴线在中柱处应与柱中心线相重合。在边柱处,纵向定位轴线在边柱下柱截面高度(h_1)范围内浮动定位。浮动幅度 a_n 最好为 50 mm 的整倍数,这与厂房柱截面的尺寸应是 50 mm 的整倍数是一致的。a_n 值可以是零,也可以是 h_1,当 a_n 为零时,纵向定位轴线即定于边柱的外缘(图 11.47)。

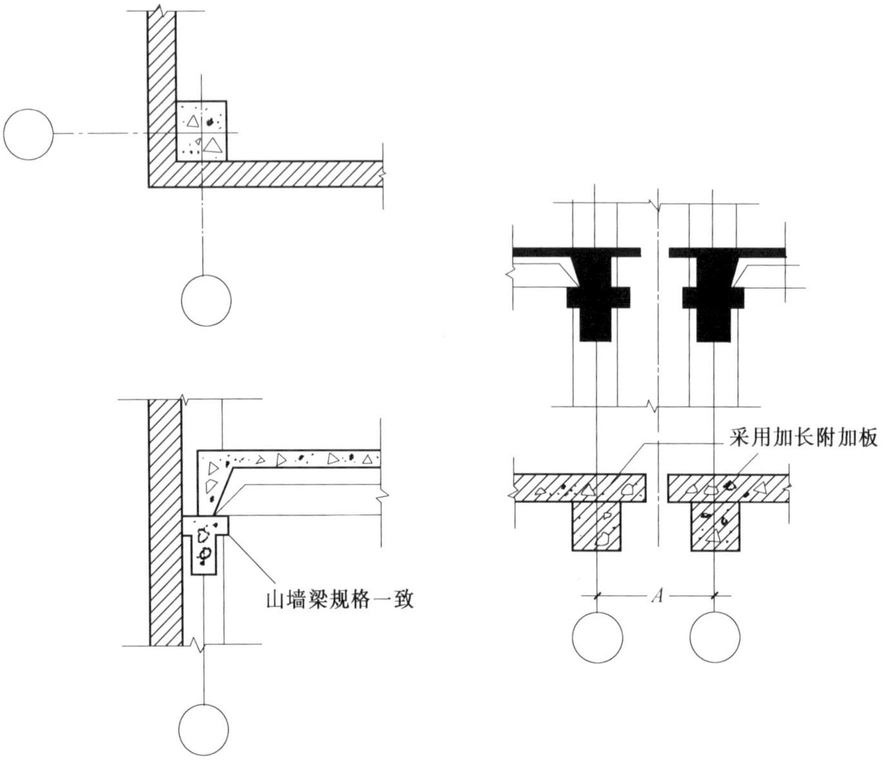

图 11.46　框架承重时横向定位轴线定位

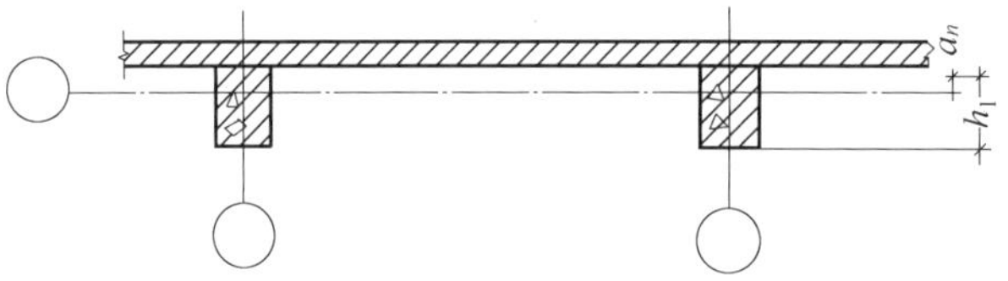

图 11.47　边柱与纵向定位轴线的定位

复习思考题

1.常用的屋架有几种?
2.吊车梁的种类有哪些?
3.单层厂房的支承系统有几种?
4.天窗的类型有几种?
5.厂房地面有哪些类型?
6.简述钢梯的种类及连接作法。
7.多层厂房的特点是什么?
8.多层厂房常见的平面布置形式有哪些?

第 12 章　建筑材料概述

12.1　无机胶凝材料

建筑工程中，凡通过自身的物理化学作用从浆体变成坚硬的石状体(即硬化过程)，并能将松散矿质材料(如砂、石等)胶结为一个整体的材料，统称为胶凝材料。胶凝材料的分类、特性及应用见表 12.1。

表 12.1　胶凝材料的分类、特性及应用

按化学成分分类	按硬化特点分类	特　　性	典型材料	适　用　性
无机胶凝材料	气硬性胶凝材料	只能在空气中完成硬化过程	石灰，石膏	地上或干燥环境
	水硬性胶凝材料	既可在空气中又可在水中完成其硬化过程	水泥	地上地下及水中建筑工程
有机胶凝材料	——	硬化过程无须加水	沥青，树脂	配置各类混凝土

12.1.1　石灰

石灰多以块状石灰岩(主要成分为 $CaCO_3$)经 900 ~ 1 300 ℃高温煅烧而得。它原料来源广泛，生产工艺简便，造价低廉，在工程中应用广泛。

1.*石灰的熟化*

石灰烧成后多为白色或浅黄色多孔块状体，即生石灰(主要成分为 CaO)。工程中多用生石灰加水充分熟化为熟石灰。熟化原理如下

$$CaO + H_2O = Ca(OH)_2 + 64.9\ kJ$$

石灰的熟化过程伴有明显的放热及体积膨胀现象，熟化时应注意充分搅拌。

控制石灰熟化加水量，可以得到不同形态的石灰：加水量较少(占生石灰质量约 60% ~ 80%)时，可制得生石灰粉，用于配制灰土及三合土；加水量较多(为生石灰质量的 2 ~ 3 倍)时，经充分搅拌熟化，并用筛网过滤后在贮灰池中静置至少两周，可制得具有较好塑性及一定黏结力的石灰膏，用于拌制各类砂浆，以上工艺过程有助于消除不易熟化的过火石灰颗粒的潜在危害，称为“陈伏”。

2.*石灰的硬化*

熟石灰在空气中会逐渐蒸发水分并与空气中的 CO_2 发生化学反应，最终形成坚硬的固体。但纯石灰膏此过程缓慢且伴有明显收缩，为提高石灰膏熟化速度、抑制收缩，工程中石灰膏常与砂、纸筋、麻刀等材料按比例掺配使用。

3.石灰的应用及贮存

石灰可与黏土、砂等材料按一定比例拌和夯实配制灰土及三合土;亦常用于配制砌筑及抹面砂浆。石灰还可用于墙面涂刷及制作硅酸盐制品。

新鲜块灰(生石灰)应封闭贮存,防潮防水,存放期不宜过长。灰膏陈伏后表面覆土或砂,使其与空气隔绝,能保存较长时间而不变质。

12.1.2　水泥

水泥是建筑工程中应用最为广泛的一类基本建筑材料,在水利、道桥、冶金、国防等领域亦有广泛应用。水泥基本分类及用途见表 12.2。

表 12.2　水泥分类及用途

按照用途分类	特　　点	用　　途	典型品种举例
通用水泥	性能具有较好的适用性,广泛应用于各类普通工业及民用建筑用混凝土及水泥制品中。	地上、地下及水中建筑工程 用混凝土	硅酸盐系列通用水泥(如普通水泥、矿渣水泥、粉煤灰水泥)
特性水泥	具有一种或几种特别突出的性质	对水泥某一种或几种性能要求较高的特定场合(如耐高温基础)	耐火水泥、抗硫酸盐水泥
专用水泥	性能适合某一专用场合	大体积工程、油井等	大坝水泥、油井水泥

1.硅酸盐系列通用水泥

硅酸盐系列水泥是应用最广泛的通用水泥。它包括:硅酸盐水泥、普通水泥、矿渣水泥、火山灰水泥、粉煤灰水泥及复合硅酸盐水泥,它们从原料、生产到特性及应用,有许多相似乃至相同之处,其中硅酸盐水泥的性质具有代表性。

(1)硅酸盐水泥的生产及构成

硅酸盐水泥的原料主要包括以 $CaCO_3$ 为主要成分的石灰质原料(如石灰石、白垩等)和以 SiO_2、Al_2O_3、Fe_2O_3 为主要成分的黏土质原料(如黏土、页岩等)。其生产过程可划分为生料制备(原料按比例混合磨细制得生料),熟料烧成(生料高温煅烧制得熟料),磨细制成(熟料与适量石膏及一定量混合材料共同磨细制得水泥)三个阶段,简称“两磨一烧”。硅酸盐水泥系一定成分的硅酸盐水泥熟料与 0% ~ 5% 的混合材料(矿渣或石灰石)掺配后再加入适量石膏而得。

(2)硅酸盐水泥的凝结硬化过程

硅酸盐水泥的熟料是水泥关键性的组成部分。它主要由硅酸三钙、硅酸二钙等矿物组分构成,各组分遇水后均能产生强烈水化反应,但表现出的水化特性有所不同,如:有的组分水化速度快,有的组分水化放热量大,有的组分水化后产物强度高等等,因而水泥熟料各组分比例关系的较小改变,会导致水泥凝结硬化及硬化后性能的较大变化。

水泥与一定量的水调和后,形成具有一定流动性的水泥浆,水泥浆很快会失去可塑性，由流动态转化为固体态，但尚不具备强度，此过程称为凝结。随后水泥产生明显的强度，并逐渐发展成为坚硬的水泥石，此过程称为硬化。水泥的凝结硬化是一个连续而复杂的物理化学变化过程，它由快到慢，持续时间相当长（28 d 可完成其基本过程），主要是水泥熟料矿物和水相互作用的结果，因而水泥的矿物组成对此过程影响最大。另外，凝结硬化过程中的温湿度条件、水泥的细度等都对此过程有一定影响。

水泥的凝结硬化过程对其硬化后所形成水泥石的强度及长期性能起着决定性的作用。施工中应加强水泥及混凝土制品的现场养护工作（尤其是低温季节施工等恶劣条件下的养护），以保证水泥凝结硬化过程的连续性及稳定性。

(3)硅酸盐水泥的主要性质

①细度。指水泥颗粒的粗细程度。颗粒越细与水接触的表面积越多，水泥水化越快，因而凝结硬化越迅速，早期强度越高。但颗粒太细，生产成本较高，且硬化后易产生收缩裂缝，所以水泥的细度要适当。

细度以比表面积（m^2/kg）或筛余百分数（%）表示。国标《硅酸盐水泥、普通硅酸盐水泥》GB 175—1999 规定硅酸盐水泥的细度应大于 300 m^2/kg。

②标准稠度用水量。指水泥净浆达到标准稠度时的用水量。检测水泥的凝结时间及体积安定性，加水量的多少对试验结果影响很大，为使水泥的检验结果与国标相应规定具有可比性，必须规定一个标准稠度。

国标规定，水泥的标准稠度用水量以所加水的质量占水泥质量的百分数表示，用标准稠度凝结时间测定仪测定。硅酸盐水泥的标准稠度用水量约为 21% ~ 30%。

③凝结时间。水泥的凝结时间分为初凝及终凝。初凝指从水泥加水拌和到水泥浆开始失去流动性的时间，终凝指从水泥加水拌和到水泥浆完全失去流动性并开始产生强度的时间。

为使混凝土和砂浆有充分的时间搅拌、运输、浇捣或砌筑，水泥初凝不能过早，若初凝后进行以上工艺操作，会对水泥强度造成严重损害；施工完毕后，则要求尽快硬化产生强度，故终凝又不能太迟。为此，GB 175—1999 规定：硅酸盐水泥初凝不得早于 45 min，终凝不得迟于 390 min。

④体积安定性。体积安定性简称安定性，指水泥硬化过程中体积变化的均匀性。水泥硬化后，产生不均匀的体积变化，称为体积安定性不良。安定性不良在工程中会使构件产生膨胀性裂缝，甚至引起严重事故。安定性不良的原因，是由于水泥熟料中所含游离 CaO、MgO 或用于缓凝的石膏掺入量过大造成的。

检验水泥安定性采用沸煮法（包括试饼法及雷氏法）或蒸压法。为保证水泥的安定性，GB175—1999 规定：水泥中 MgO 含量不得超过 5%，SO_3 含量不得超过 3.5%。

⑤强度及强度等级。水泥的强度是水泥胶砂硬化一定龄期后，破坏时单位面积上所能承受的力。强度是水泥的重要技术指标，也是确定水泥强度等级的依据。

国标规定，水泥的强度用软练法测定。将水泥与标准砂、水按规定比例及方法拌和后制成 4 cm × 4 cm × 16 cm 的标准试件，在标准条件下养护，测定其 3 d、28 d 龄期的抗压及抗折强度，以 28 d 的抗压强度值将水泥划分为 42.5、42.5R、52.5、52.5R、62.5、62.5R 等六个强度等级（带 R 为早强型）。硅酸盐水泥强度指标见表 12.3。

表 12.3 硅酸盐系列水泥强度等级规定值

品 种	强度等级	抗压强度/MPa		抗折强度/MPa	
		3 d	28 d	3 d	28 d
硅酸盐水泥	42.5	17.0	42.5	3.5	6.5
	42.5R	22.0	42.5	4.0	6.5
	52.5	23.0	52.5	4.0	7.0
	52.5R	27.0	52.5	5.0	7.0
	62.5	28.0	62.5	5.0	8.0
	62.5R	32.0	62.5	6.5	8.0
普通水泥、矿渣、火山灰、粉煤灰水泥	32.5	11.0/10.0	32.5/32.5	2.5/2.5	5.5/5.5
	32.5R	16.0/15.0	32.5/32.5	3.5/3.5	5.5/5.5
	42.5	16.0/15.0	42.5/42.5	3.5/3.5	6.5/6.5
	42.5R	21.0/19.0	42.5/42.5	4.0/4.0	6.5/6.5
	52.5	22.0/21.0	52.5/52.5	4.0/4.0	7.0/7.0
	52.5R	26.0/23.0	52.5/52.5	5.0/4.5	7.0/7.0

⑥水化热。水泥水化时放出的热量称为水化热。水泥的大部分水化热在水化初期7 d内释放,以后则逐渐减少。水化热主要与熟料的矿物成分和细度有关。水泥的强度等级越高,颗粒越细,水化热越大。水化热对于水泥的使用有利有弊:对于大体积混凝土工程,由于水化热积聚在内部不易散发,致使内外产生较大温差,引起混凝土的温度应力,可能使混凝土产生裂缝甚至破坏;而对于低温季节施工混凝土,水化热对于保证混凝土的养护条件是有利的。

(4)普通硅酸盐水泥及掺混合材料的其他硅酸盐水泥

在磨制水泥时,除掺加3%～5%的石膏外,还允许掺加一定数量的矿质材料与熟料共同磨细,能起到改善水泥的性能、调节标号、增加水泥品种、提高产量和降低成本等作用,并能综合利用工业废料和地方材料。这些矿质材料称为水泥的混合材料。常用矿质混合材料包括粒化高炉矿渣、火山灰、粉煤灰等。

1)普通硅酸盐水泥。普通水泥由硅酸盐水泥熟料、6%～15%混合材料、适量石膏共同磨细制成。普通水泥中掺混合材料较少,其组成与基本特性与硅酸盐水泥类似,与同等级硅酸盐水泥相比,早期硬化速度略慢,3 d强度亦低,水化热较小,其他性能差别不大。因此,普通水泥对各种工程均有较好的适用性,是当前最常用,应用最广泛的一种水泥。该水泥具体技术指标见表12.3及表12.4。

2)矿渣、粉煤灰、火山灰质硅酸盐水泥。这三类水泥由硅酸盐水泥熟料、20%～70%混合材料、适量石膏共同磨细制成,不同类型的混合材料分别配制出不同类型的水泥。这三种水泥由于混合材料掺量较大,与硅酸盐及普通水泥的性能有一定差异,主要包括:

①初期强度增长慢,后期强度增长快,其强度指标见表12.3;

②抗腐蚀(尤其是抗硫酸盐)性能强;

③水化放热量较小;

④干燥收缩大，抗冻性差。

硅酸盐系列五种水泥的部分技术指标及性能比较见表 12.4。

表 12.4　硅酸盐系列水泥特性及适用范围

名　称	硅酸盐水泥(P.C)	普通水泥(P.O)	矿渣水泥(P.S)	火山灰水泥(P.P)	粉煤灰水泥(P.F)
细度/%	≥300 m^2/kg	≤10%	≤10%	≤10%	≤10%
凝结时间/min	初凝≥45 终凝≤390	初凝≥45 终凝≤600	初凝≥45 终凝≤600	初凝≥45 终凝≤600	初凝≥45 终凝≤600
特性	1.快硬、早强 2.水化热大 3.抗冻性好 4.耐热、耐腐蚀差	1.早强 2.水化热较大 3.抗冻性较好 4.耐热、耐腐蚀差	1.早强低，后期强度增长快 2.水化热较小 3.耐硫酸盐侵蚀性较好 4.耐热性好 5.抗冻较差，干缩大	1.抗渗性较好 2.耐热性较差 3.其他同矿渣水泥	1.干缩较小 2.耐热性差 3.其他同矿渣水泥
适用范围	1.普通混凝土、钢筋混凝土及预应力钢筋混凝土 2.有抗冻要求工程及快硬早强工程 3.配制建筑砂浆	与硅酸盐水泥基本相同	1.普通混凝土工程 2.耐热工程 3.大体积工程 4.蒸汽养护构件 5.抗硫酸盐工程 6.配制建筑砂浆	1.抗渗工程 2.其他同矿渣水泥(耐热工程除外)	1.抗裂要求构件 2.其他同矿渣水泥(耐热工程除外)
不适用范围	1.大体积工程 2.受化学及海水侵蚀的工程	与硅酸盐水泥基本相同	1.早强要求较高工程 2.有抗冻要求工程	1.干燥环境及有耐磨要求工程 2.其他同矿渣水泥	1.有抗碳化要求的工程 2.其他同矿渣水泥

2.其他品种硅酸盐水泥

(1)快硬硅酸盐水泥

该水泥最主要的特点是硬化速度快，早期强度(3 d)较高，但成本亦高，主要用于紧急抢修工程。

(2)硅酸盐膨胀水泥

该水泥在硬化过程中体积有一定的膨胀，常用于混凝土构件接缝及管道接头、浇注地脚螺栓、修补工程及整体现浇工程。

(3)白色硅酸盐水泥

该水泥加入无机颜料后，可制得彩色硅酸盐水泥，主要用于装饰混凝土及装饰砂浆。

3.水泥的腐蚀及防止措施

硬化后的水泥石含有相当数量的 $Ca(OH)_2$ 晶体，呈较强碱性(pH 值 = 12 ~ 13)。当水泥处于侵蚀性气体或液体中时，$Ca(OH)_2$ 晶体易被溶出，或与侵蚀性气、液体发生反应生成膨胀性产物导致水泥石开裂。常见的侵蚀性物质包括：水(尤其是软水及压力水)、游离的酸(如 HCl、H_2SO_4)、硫酸盐(如海水及某些工业废水,对水泥石有严重破坏作用)等。

为防止水泥的腐蚀,常用措施包括:根据环境侵蚀特点,合理选择水泥品种;采用工艺措施提高水泥的密实度;在水泥及混凝土制品外制作保护层等。

4.水泥的保管

水泥有袋装(一般每袋净重 50 kg)、散装两种供应方式,在条件允许的情况下应优先选用散装水泥。水泥在运输及储存时不得受潮和混入杂物,不同品种和等级的水泥应分别堆放,不得混杂。常用水泥的保管期限为三个月,超期为过期水泥,必须经检验合格后方可使用。

12.2 普通混凝土及砂浆

普通混凝土是指由胶凝材料、粗细骨料和水按一定比例配合拌制成混合料,再经硬化而形成的表观密度在 1 950 ~ 2 500 kg/m^3 之间的人造石材。它原材料来源广泛,成本较低,具有适应性强,强度高,耐久性好,施工方便等优点,广泛应用于各类工业与民用建筑道桥、水工、军事等工程,是当代用量最大的工程材料。

12.2.1 普通混凝土组成材料

在混凝土中,粗细骨料(即砂、石)组成骨架,水泥浆包裹骨架并填充其空隙,赋予混凝土拌和物流动性,硬化后起黏结骨架的作用。硬化后混凝土的集料(骨料)约占混凝土体积的 70%,其余是水泥浆和少量气泡。

1.水泥

水泥的品种应根据不同水泥特性结合工程特点、环境条件选用,亦可参考《混凝土结构工程施工质量验收规范》GB 50204—2002 中的相应规定选用。

水泥的强度等级必须与混凝土的设计强度等级相适应,应遵循“高配高,低配低”的原则,一般情况下,水泥的强度等级可取混凝土强度等级的 1.5 ~ 2 倍。

2.砂

粒径在 4.75 mm 以下的集料称为砂,砂分为天然砂和人工砂,天然砂按来源又分为河沙、海沙和山砂。目前工程中多用较洁净的河沙配制混凝土,但由于河砂属天然资源,储量有限,人工机制砂的使用前景很广阔。

(1)砂的主要技术指标

砂的主要技术指标——颗粒级配和粗细程度,按《建筑用砂》GB/T 14684—2001 的规定,评价砂的品质须对砂进行筛分析:取烘干砂样 500 g(G)用一套孔径分别为 9.5 mm、4.75 mm、2.63 mm、0.6 mm、0.3 mm、0.15 mm 的六个方孔标准筛由大到小顺次过筛,然后称出各筛残余砂的质量(g),再分别计算出筛余百分数(a)和累计筛余百分数(A)公式如下

$$a_n = g_n / G \quad (n = 1 \sim 6) \tag{12.1}$$

$$A_n = a_1 + a_2 + \cdots + a_n \quad (n = 1 \sim 6) \tag{12.2}$$

计算所得的 A 值,即六个筛所对应的累计筛余百分数就反映了砂的颗粒级配。

颗粒级配指砂中大小颗粒的搭配关系。级配良好的砂大小颗粒比例恰当，搭配合适，砂的空隙较小，配制混凝土时可使骨料骨架密实，并节约水泥。将各筛的累计筛余百分数与《建筑用砂》GB/T 14684—2001 规定的相应允许范围对照，即可判断出该砂是否具有符合国标规定的良好级配。

砂的粗细程度指砂总体上的粗细状况。可用细度模数（Mx）表示

$$Mx = (A_2 + A_3 + A_4 + A_5 + A_6 - 5A_1)/(100 - A_1) \tag{12.3}$$

细度模数越大，砂粒越粗。按《建筑用砂》GB/T 14684—2001 的规定，Mx 在 3.7～3.1 之间为粗砂，3.0～2.3 之间为中砂，2.2～1.6 之间为细砂。配制混凝土应优先采用级配合格的中砂。

(2)砂的有害杂质含量与含泥量

砂中的过细颗粒及有害杂质包括黏土、淤泥、云母、硫化物、硫酸盐及有机物质等，对混凝土的质量均有一定的影响。其含量应控制在《建筑用砂》GB/T 14684—2001 规定的允许范围。

3.石子

粒径大于 4.75 mm 的骨料称为石子。石子分为天然卵石和人工碎石，碎石表面杂质少，棱角多，与水泥黏结力强，在当前工程中应用较多。

(1)石子的主要技术指标

石子的主要技术指标颗粒级配和最大料径，石子级配与砂级配原理基本相同，好的级配使骨料空隙及总表面积达到最低程度。石子级配分为连续级配和间断级配，工程中多用连续级配石子，即石子粒径由小到大，在各个粒级（指粒径范围）均有分布，无缺失粒级。按《建筑用卵石、碎石》GB/T 14685—2001 的规定，常用连续配有 5～100 mm、16 mm、20 mm、25 mm、31.5 mm、40 mm 等六个公称粒级。

石子公称粒级的上限为该粒级的最大粒径。石子粒径越大，总表面积越小，骨架越密实，越省水泥（混凝土收缩亦越小），因此，当配制中、低强度等级混凝土时，粗骨料的最大粒径就可能选得大些。但最大粒径还受到混凝土构件断面尺寸、钢筋间距和施工条件的限制，《混凝土结构工程施工质量验收规范》GB 50204—2002 中规定，混凝土用粗骨料的最大粒径不得大于结构截面最小尺寸的 1/4，同时不得大于钢筋间最小净距的 3/4。对混凝土实心板，粗骨料最大粒径不宜超过板厚的 1/2，同时不得超过 50 mm。

(2)强度

碎石和卵石的强度，可用岩石抗压强度或压碎指标值表示。普通混凝土用粗骨料的极限抗压强度与混凝土强度的比值不应小于 1.5（对于高强混凝土此值不应小于 2.0）；压碎指标表示粒径 10～20 mm 的石子在 200 kN 荷载作用下被压碎（指压后粒径小于 2.5 mm）的百分比，可间接推测石子强度。石子的压碎指标值应符合《建筑用卵石、碎石》GB 14685—2001的相应规定。

(3)针片状颗粒及有害杂质含量

石子（碎石）的颗粒形状应棱角分明且易于建立骨架，其针状、片状颗粒不应过多。石子的针片状颗含量、有害杂质含量、泥及泥块含量均应控制在《建筑用卵石、碎石》GB/T 14685—2001规定的范围内。

4.拌和用水

凡有害物质及杂质含量符合《混凝土拌和用水标准》JGJ 63—89 规定的水，均可用于拌制和养护混凝土。海水不得用于拌制钢筋混凝土和预应力钢筋混凝土。

12.2.2　混凝土的技术性质

1.混凝土拌和物的和易性

混凝土拌和物(指凝结之前的混凝土混合物)必须易于施工操作，如拌和、运输、浇注、捣实，且在此过程中保持其均匀性和稳定性(不能出现泌水、离析等现象)，这就要求拌和物具有良好的和易性，具体而言，混凝土应具有合格的流动性(即拌和物易于流动成型，均匀密实填满模板)和良好的粘聚性(即拌和物各组分均匀混合、不离析、不分层)、保水性(即拌和物保持内部水分不失去、不泌水)。

(1)和易性的评定方法——坍落度法

将拌和物按规定方法装入坍落度筒后捣实，垂直向上起筒后量测因自重而坍落的拌和物最高点与筒高之间的高差，即坍落度(mm)。以此评定拌和物的流动性，并辅以经验评定拌和物的粘聚性、保水性，见图 12.1。

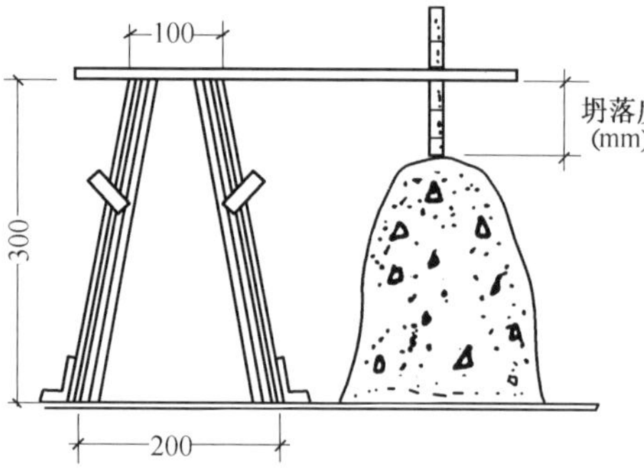

图 12.1　混凝土拌和物坍落度测定图

(2)坍落度的选择

混凝土施工中，拌和物坍落度的大小应根据构件种类、钢筋疏密程度及振捣方法，参照《混凝土结构工程施工质量验收规范》GB 50204—2002的相应规定选择。如混凝土浇筑普通板、梁和大、中型截面时，坍落度宜取 30 ~ 50 mm，而浇注配筋密列的混凝土结构(如薄壁、筒仓、细柱等)时，坍落度则宜取 50 ~ 70 mm。

(3)影响和易性的因素

①水泥浆的数量和水灰比。水灰比指混凝土中水与水泥的质量比，是混凝土的一个重要技术指标。混凝土拌和物的流动性主要来自填充骨料空隙并包裹骨料形成润滑层的水泥浆，因而水泥浆的数量和水泥浆的稀稠程度对拌和物的流动性影响很大。增加拌和物中水泥的数量(可同时加入适量水和水泥)，或增大水灰比(可增大混凝土的用水量)，都可以改善拌和物的流动性。但单纯增大水灰比，水泥浆体变稀，拌和物粘聚性、保水性变差，施工中易出现泌水、离析等不良现象。因此，调整拌和物流动性的原则是：保持拌和物水灰比不变，适当增加(减少)水泥浆的数量。

②砂率。砂率指混凝土中砂的质量占砂石总质量的百分率。在水泥浆数量一定的情况下，砂率过大，骨料总表面积增大，包裹骨料的水泥浆变薄，润滑效果变差，拌和物流动性减小；砂率过小，砂可能不足以填充石子空隙，水泥浆填塞空隙后，用于包裹骨料的水泥浆数量会减少，浆层厚度亦变薄，拌和物流动性减小。因此，对混凝土而言，存在一个不大不小的最优砂率。在水泥浆数量一定的情况下，采用最优砂率，能使拌和物获得最大的流动性，且不易出现泌水、离析等现象。

③影响和易性的因素还有很多,如骨料级配及表面状况,水泥需水性,拌和环境温度,搅拌时间,外加剂使用情况等。

2.混凝土的强度

普通混凝土及钢筋混凝土结构中多采用混凝土的立方体抗压强度作为设计依据,它也是施工中控制、评定混凝土质量的主要技术指标。

(1)混凝土立方抗压强度标准值与混凝土强度等级

施工中评定混凝土的强度等级以及进行部分工艺操作(如拆模、预应力筋放张等)的监控,都需测定混凝土的立方体抗压强度。在混凝土浇筑时,制作规定组数(每组 3 块)的边长为 150 mm(必要时亦可选用 100 mm 及 200 mm)的立方体试件,标准养护或同条件养护至28 d龄期,测得的抗压强度值即为混凝土立方体抗压强度值,以 f_{cu}表示。

混凝土的强度等级按立方体抗压强度标准值($f_{cu,k}$表示)划分为 C7.5、C10、C15、C20、C25、C30、C40、C45、C50、C55、C60 等 12 个级别。例如:C20 表示混凝土立方体抗压强度标准值 $f_{cu,k}=20$ MPa。立方体抗压强度标准值系指按标准方法(即上述采用标准养护测定混凝土抗压强度的方法)测得的立方体抗压强度总体分布中的一个值,强度低于该值的百分率不超过 5%。这里,$f_{cu,k}$不是实测的抗压强度,而是利用数学统计概率方法得出的一个抗压强度的统计平均数值。即对某种强度等级的混凝土,在所有被统计的试件中,至少有 95%的试件的立方体抗压强度将高于这批试件的立方体抗压强度标准值,只有至多 5%的试件的立方体抗压强度低于标准值。

(2)影响混凝土强度的因素

强度的影响因素很多,主要包括:

①水泥的强度等级及水灰比(W/C)。I 混凝土的强度主要取决于水泥石的强度及其与骨料骨架间的黏结力,二者又分别取决于水泥的强度等级和水灰比的大小。混凝土28 d的立方体抗压强度与水泥强度等级和水灰比的关系符合经验公式

$$f_{cu}=Af_{fe}(C/W-B) \tag{12.4}$$

式中　f_{cu}——混凝土 28 d 的立方体抗压强度,MPa;

f_{ce}——水泥的实际强度,MPa;

C/W——灰水比(质量比);

A,B——经验系数,当粗骨料为卵石时,A 宜取 0.46,B 宜取 0.07,粗骨料为碎石时,A 宜取 0.48,B 宜取 0.33。

由此公式知,混凝土的强度与水泥的强度等级成正比,与水灰比成反比。

②骨料。级配良好,表面洁净且粗糙多棱角的骨料,与水泥的黏结力大,所配制的混凝土强度高。高强混凝土(> C45)宜采用较小粒径(最大粒径不超过 31.5 mm),质地坚硬的碎石。

③养护条件与龄期。混凝土的硬化过程受水泥影响,温度越高,强度增长越快,温度太低,强度增长减缓甚至停止(如负温条件);湿度适宜,强度增长稳定,湿度太小,强度增长缓慢,且容易干缩开裂。因此,混凝土在养护期(至少 28 d)必须保持一定的温湿度条件,以保证混凝土强度的正常发展。《混凝土结构工程施工质量验收规范》GB 50204—2002中规定,在混凝土浇筑完毕后的 12 h 内应对混凝土加以覆盖和浇水,浇水

养护时间,对硅酸盐水泥、普通水泥和矿渣水泥拌制的混凝土不得少于 7 d。

混凝土强度随龄期增长而提高,最初 7 d 增长较快,以后逐渐减慢,28 d 达到标准强度。

(3)提高混凝土强度的措施

①采用高强度等级水泥或快硬早强类水泥。

②如有必要,采用干硬性混凝土。干硬性混凝土水灰比较小,流动性低,须强力振捣,振后密实度大,强度高。

③合理掺用外加剂和外掺料。拌和物中加入外加剂(如减水剂、早强剂)和磨细矿物外掺料(如磨细粉煤灰、硅灰、超细矿渣等),可改善混凝土亚微观构造,减少用水量,促进水泥硬化,从而提高混凝土的强度,尤其适合配制高强度及超高强度混凝土(C60 ~ C100)。

④采用蒸汽和蒸压养护。早强较低水泥(如火山灰水泥)所配混凝土构件适合采用蒸汽养护,对提高其早期强度有明显效果;外掺料用量较大的混凝土构件适合蒸压养护。

3.混凝土的耐久性

混凝土不仅应具有较高的强度,还应兼具较好的承受各种自然环境的影响、侵蚀而不破坏的能力,即良好的耐久性。

(1)混凝土耐久性指标

混凝土抵抗压力水渗透的能力称为抗渗性。表征指标是抗渗等级,常见等级有 P4 ~ P12。抗渗等级越大,抗渗性越好。

混凝土在水饱和状态下,能经受多次冻融循环不破坏,强度也不严重降低的性质称为抗冻性。表征指标是抗冻等级,常见等级有 F25 ~ F300。抗冻等级越大,抗冻性越好。

此外,混凝土耐久指标还包括抗蚀性、抗碳化能力、抗碱集料反应能力等。

(2)提高混凝土耐久性的措施

混凝土被压力水渗透,被冻坏,被化学介质侵蚀,被空气中的 CO_2 碳化,其根本原因在于混凝土存在内外相连的微孔隙,即混凝土不够密实。因而,提高混凝土的密实度是改善其耐久性的根本途径,有效措施包括:控制水灰比(规定其上限)和水泥用量(规定其下限);合理掺用引气剂、减水剂等明显改善混凝土抗冻、抗渗性的外加剂;根据环境合理选择水泥品种;采用先进的施工工艺和加强施工管理,降低混凝土的孔隙率,改善其孔隙构造等。

12.2.3 普通混凝土的配合比设计

混凝土的性能不仅与各组成材料的性质有关,还与各组成材料在混凝土中的比例关系,即配合比有关。混凝土配合比通常以 1 m^3 混凝土所使用材料的质量或其比例关系表示。例如,某混凝土配合比为:$C_0 = 320$ kg, $S_0 = 640$ kg, $G_0 = 1\ 280$ kg, $W_0 = 160$ kg 或 $C:S:G = 1:2:4$, $W/C = 0.5$(注:C_0, S_0, G_0, W_0 分别指 1 m^3 混凝土中水泥、砂、石、水的用量)。配合比设计的任务,就是将各组成材料合理配合,使拌制出的混凝土能满足强度、和易性和耐久性三方面的要求,并尽量节约水泥。

按照《普通混凝土配合比设计规程》JGJ 55—2000 的规定,首先应根据理论计算得出初步配合比,然后据此配合比进行试配,检验试配混凝土的和易性和强度是否满足设计要求，若不满足，则需对配合比进行一定的调整，最后按照拌和物的实测表观密度和砂、石实际含水状况再对配合比作最后的调整，得到施工配合比，此配合比即可在工程中直接用于水泥、砂、石等材料的称量。

12.2.4　混凝土外加剂

混凝土外加剂指在混凝土拌制过程中加入的有机或无机化学物质，其掺量不超过水泥质量的 5%，掺入后可使混凝土的多种性能得到改善。不同种类的外加剂可起到提高拌和物流动性能、调节混凝土凝结时间、改善混凝土的耐久性、提高混凝土强度等多方面的作用。在发达国家，外加剂在混凝土中的应用极为普遍，被称作混凝土的“第五种组成材料”。国内外加剂的使用也越来越广泛，常用外加剂有以下几类。

1.减水剂

减水剂可在不影响混凝土和易性的前提下，起到减水及增强作用，在不同情况下，减水剂还具有改善拌和物流动性、节约水泥、提高耐久性等多方面的作用，是当前应用最广泛的一类外加剂，用于配制各类普通混凝土及高强、高性能混凝土。国内常用的减水剂有木质素磺酸钙（俗称木钙、M 型减水剂）、NNO、FDN 高效减水剂等。

2.早强剂

早强剂能加速混凝土硬化过程，提高混凝土的早期强度，而对后期强度无明显损害。多用于冬季施工、紧急抢修、需要加速模板周转的混凝土工程。常用早强剂有 $CaCl_2$、$NaCl_2$、Na_2SO_4 和三乙醇胺等（注：使用氯盐型外加剂应注意其对钢筋锈蚀的加速作用）。

3.引气剂

引气剂的使用会引入混凝土内大量分布均匀的微小的（单孔直径 0.05 ~ 1.25 mm）独立气泡。大量气泡的存在对骨料起润滑作用，改善了拌和物的和易性；微小气泡还能缓冲因水的冻结而产生的膨胀压力，从而改善混凝土的抗冻性。有抗冻及较高耐久性要求的混凝土必须掺用引气剂。常用引气剂有松香酸钠和松香热聚物等。

4.缓凝剂

缓凝剂能延缓混凝土凝结时间，并对其后其强度发展无不利影响。它使拌和物在较长时间内保持其塑性，以利浇注成型或降低水化热。缓凝剂主要适用于高温季节（或环境）施工工程、大体积工程、滑模施工、泵送混凝土及长时间或长距离输送的混凝土。常用缓凝剂有糖蜜、柠檬酸等。

12.2.5　预拌混凝土

预拌混凝土又称商品混凝土，指混凝土拌和物以商品形式出售给施工单位并运送到浇注地点。分为集中搅拌供应混凝土和车拌供应混凝土。采用预拌混凝土有利于保证混凝土质量、节约原材料、实现现场文明施工和改善环境，是当前大力推广的混凝土拌制、供应新方式。

12.2.6 其他混凝土

1.抗渗混凝土

抗渗混凝土具有较好的防水抗渗性能,其抗渗等级不小于 S6。主要用于基础、地下建筑、水工构筑物、给排水构筑物等。其配制途径有:通过改进施工工艺来提高混凝土的密实度,从而达到防水抗渗的效果;使用膨胀水泥或掺用防水型外加剂(如 $FeCl_3$)达到防水抗渗的效果。

2.轻集料混凝土

凡用轻质粗、细骨料,水泥和水配制的表观密度小于 1 950 kg/m^3 的混凝土称为轻集料混凝土。轻集料混凝土具有质轻、保温、隔热、吸音等特点,适用于高层及大跨度建筑中的隔墙、楼板、屋面板等。

轻骨料包括天然多孔岩石(如浮石),经加工而得的多孔工业废料(如粉煤灰陶粒),人造轻骨料(如页岩陶粒、黏土陶粒、膨胀珍珠岩陶粒等)。

轻骨料混凝土的强度等级与普通混凝土相似,按立方体抗压强度标准值划分为 CL5.0、CL7.5、CL10、CL15、CL20、CL30、CL35、CL40、CL45、CL50 等 11 级。其中 CL5.0 级的混凝土($\rho_0 \leqslant 800$ kg/m^3),主要用作保温材料;CL7.5 ~ CL15 级($\rho_0 \leqslant 800 \sim 1\ 400$ kg/m^3),主要用于承重不大的保温围护结构;CL20 ~ CL50 级($\rho_0 \leqslant 1\ 400 \sim 1\ 900$ kg/m^3),主要用于承重构件。

12.2.7 建筑砂浆

建筑砂浆是由胶凝材料、细骨料和水按适当比例配制而成。其组成与混凝土类似,可看作砂率为 100%的混凝土,又称细骨料混凝土。砂浆按胶凝材料可分为水泥砂浆、石灰砂浆和混合砂浆。按用途又可分为砌筑砂浆、抹面砂浆和防水砂浆。

1.砌筑砂浆

(1)砌筑砂浆组成材料水泥多用普通水泥,强度一般取砂浆强度等级的 2 ~ 4 倍,且宜选较低等级的水泥(如 32.5)或砌筑水泥;石灰膏及磨细生石灰粉均可用于石灰砂浆的拌制;细骨料一般采用天然中砂,砌筑砖墙和砌块砌体时,砂的粒径不应大于 2.5 mm,且使用前必须过筛;砂浆拌制时也可适量掺配外加剂(如微沫剂)和外掺混合料(如粉煤灰)。

(2)砌筑砂浆技术性质

①新拌砂浆的性质。新拌砂浆必须有良好的和易性,这样,砂浆才容易在砖石底面摊铺成均匀的薄层,并与砌体材料紧密黏结。

砂浆的和易性包括流动性和保水性,其含义与混凝土基本相同。施工中常以加水量的多少来控制流动性。保水性不良的砂浆可掺入适量石灰膏、粉煤灰等材料,因而,多数情况下混合砂浆的和易性较水泥砂浆要好。

②硬化后砂浆的性质。硬化后砂浆的抗压强度是其主要技术指标。将砂浆按规定方法制作成边长为 70.7 mm 的立方体试块,在规定条件下养护至 28 d,测定其抗压强度,以平均极限抗压强度来评定砂浆的强度等级。

砌筑砂浆的强度等级分为 M15、M10、M7.5、M5、M2.5 等五个级别。M15 强度等级,表示砂浆 28 d 的平均极限立方体抗压强度大于或等于 15 MPa。

砌筑砂浆的强度与砌筑底面材料的吸水性有关。用于不吸水底面(如密实的石材)的砂浆的强度与混凝土相似,主要取决于水泥强度和水灰比;用于吸水底面(如砖和其他多孔砌体材料)的砂浆的强度主要取决于水泥强度和水泥用量。

2.普通抹面砂浆

普通抹面砂浆多用于地面和墙面的涂抹,起装饰和保护作用。抹面砂浆通常分两层或三层施工。底层主要起与基层黏结和初步找平作用,其水分被底面吸收,因此必须有较好的保水性和黏结力;中层主要起找平作用,材料与底层相同,多用石灰砂浆和混合砂浆。面层主要起装饰作用,多用混合砂浆、麻刀、纸筋石灰浆。而在容易碰撞或潮湿的部位,应采用水泥砂浆,如墙裙、踢脚板、地面、雨篷及水池等处。

3.防水砂浆

防水砂浆是依靠特定的施工工艺(人工抹压或高压喷涂)或在砂浆中掺入防水剂(如防水浆、避水浆)来提高砂浆密实度,使硬化后的砂浆具有一定的防水、抗渗性能。多用于给排水工程(如水池、水塔)和地下室、地下建筑的防水抹面

12.3　墙体材料

12.3.1　普通黏土

目前,普通砖混结构工程中使用的墙体材料主要是普通黏土砖。它原材料来源广泛,生产工艺简单,成本低廉,具有一定的强度、耐久性和保温隔热性能,常用于砌筑墙、柱、基础、拱、烟囱等。

1.普通黏土砖的生产及规格

普通黏土砖系黏土经调制、制坯、干燥、焙烧后制得。按烧制工艺可分为内燃砖和外燃砖,内燃砖烧制效率高,强度也较高,但易变形。普通黏土砖如焙烧火候不当,会形成品质不良的欠火砖或过火砖。

普通黏土砖的标准尺寸是 240 mm × 115 mm × 53 mm,每 1 m^3 砖砌体理论需砖 512 块。砖的表观密度为 1 500 ~ 1 800 kg/m^3,吸水率较大,为 8% ~ 27%,因此,在砌筑砌体前为避免砖从砂浆中过多吸收水分,影响砂浆硬化后的强度及黏结力,常将砖浇水润湿至适宜含水率(10% ~ 15%)。

2.普通黏土砖的强度等级

普通黏土砖按其抗压强度的平均值和标准值划分为 MU7.5、MU10、MU15、MU20、MU25 及 MU30 共六个等级。如 MU7.5 级砖的平均抗压强度不低于 7.5 MPa。

12.3.2　新型墙体材料

普通黏土砖虽有一定优点,但也存在着毁田严重,生产能耗高,块体小,砌筑不便,与各类新型墙材相比保温隔热性较差等缺点。为适应建筑节能的要求,积极发展混凝土小型空心砌块等新型墙材建筑体系和框架轻墙建筑体系,采用各种新型墙材替代普通黏土

砖势在必行。当前常见新型墙材有：

1.烧结多孔砖和烧结空心砖

多孔砖和空心砖均为黏土焙烧而得。二者砖面均匀分布着一定尺寸和数量的规则小洞，因此均具有较低的表观密度（800 ~ 1 500 kg/m^3）和较好的保温隔热性，多孔砖孔洞纵向排列，孔洞率较低，强度可达 30 MPa 以上，用于多层砖混结构的承重砌体；空心砖孔洞横向排列，孔洞率较高，具有良好的热绝缘性能，用于砖混结构的非承重墙和框架结构的填充墙。

2.砌块

砌块生产工艺简单，可充分利用工业废料和地方材料，块体尺寸大，砌筑灵活，与混凝土和普通黏土砖相比，多具有较小的表观密度和较好的保温隔热性，是目前大力推广的一种新型墙材。工程中常用的砌块包括粉煤灰砌块、蒸压加气混凝砌块、中型及小型混凝土砌块等。

3.预制整体墙板

用于装配式大板建筑的预制整体墙板常见类型有：用于承重墙的玻纤水泥增强平板、预应力混凝土空心墙板、轻骨料混凝土预制墙板等，用作外墙板时多与保温材料制成复合墙壁板；用于非承重墙壁及隔墙的加气混凝土板、碳化石灰板、石膏板等。

12.4 建筑钢材

钢材与水泥、玻璃并称三大基本建设材料，是工程中一种十分重要的建筑材料。钢材是生铁经过冶炼（氧化、除杂质和脱氧）后浇成钢锭，再经轧制、锻压等加工工艺而制得的。工程中大量使用的钢材品种包括钢筋、型钢、钢板及钢管等。

12.4.1 钢的分类及化学成分

（1）按化学成分不同，钢可分为碳素钢和合金钢。碳素钢又称碳钢，是含碳量小于2%的铁碳合金。根据含碳的多少，碳钢又可分为低、中、高碳钢；合金钢是含一定量合金（即人工添加的硅、锰、钛、钒、铬、镍等元素）的钢。根据含合金元素的多少，合金钢也可分为低、中、合金钢。

（2）根据冶炼时的脱氧程度，钢可分为沸腾钢、半镇静钢和镇静钢。相对而言，镇静钢质量最好，沸腾钢质量最差，半镇静钢质量介于二者之间。

12.4.2 钢材的机械性能

1.拉伸性能

在万能试验机上对低碳钢标准试件拉伸，机器可自动绘制出拉力和试件伸长的关系曲线，据此以应力（σ）为横坐标，应变（ε）为纵坐标，可绘出 $\sigma-\varepsilon$ 关系曲线图（如图 12.2）。拉伸过程包括四个阶段：

（1）弹性阶段（OA 段）

此阶段钢材表现出完全弹性，即拉力产生的变形在拉力消除后可完全恢复，A 点对应的应力称为弹性极限，以 σ_p 表示。

(2)屈服阶段（AB 段）

应力超过 A 点后，即开始有残余变形，此时曲线上下波动，应力变化不大，应变却急剧增长，这种现象称为屈服。此阶段的最低应力，即 $B_下$ 点对应的应力称作屈服强度，以 σ_s 表示。钢材屈服后，虽未断裂，但产生了很大的塑性变形，已无法正常使用，因此屈服点是钢材结构设计中强度的取值依据，也是钢材最重要的技术指标之一。

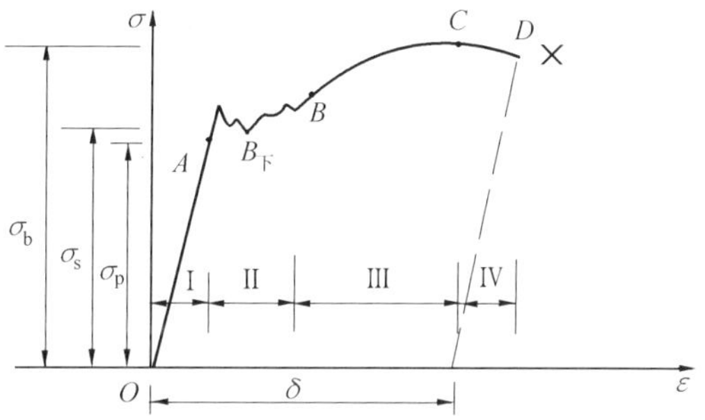

图 12.2　低碳钢拉伸 $\sigma-\varepsilon$ 曲线

(3)强化阶段（BC 段）

钢材屈服后，内部组织结构发生变化，抗变形能力重又提高，曲线上升至 C 点，此点对应的应力称为抗拉强度，以 σ_b 表示。抗拉强度表征钢材的极限抗拉应力。

(4)颈缩阶段（CD 段）

超过 C 点后，试件会出现颈缩现象（试件某部位直径的急剧减缩）。颈缩后，试件应变迅速增大，应力随之下降，很快在颈缩部位断裂。

试件断裂后量测断后标距（拉伸前在试件上标注的规定尺寸的线段称为标距），再依下式可计算出试样的伸长率 δ。δ 值越大，表明钢的塑性（即变形性）越好。

$$\delta = [(L_1 - L_0)/L_0] \times 100\% \tag{12.5}$$

式中　L_0, L_1——分别表示试件标距的原始长度和试件断裂后标距的长度，mm。

2.冷弯性能

冷弯性能指钢材在常温下承受弯曲变形的能力，也是衡量钢材塑性的指标之一。将钢材试件在规定的弯心直径上弯曲到 180°或 90°，若弯曲面外侧不出现裂纹等不合格现象，则冷弯合格。弯心直径越小，冷弯角度越大，钢材冷弯性能越好。

3.冲击韧性

冲击韧性指钢材承受冲击荷载作用而不破坏的能力。重荷载、负温使用且承受冲击荷载作用的结构用钢材，对其冲击韧性要求较高。

12.4.3　碳素结构钢和普通低合金钢

1.碳素结构钢

碳素结构钢属低、中碳钢。它工艺性能好，成本较低，在建筑工程中广泛应用的有：热轧钢筋、钢板、钢带、型钢等。

碳素结构钢按屈服强度分为 Q195、Q215、Q235、Q255 和 Q275 五个牌号。牌号越大，其含碳量越多，强度（包括屈服强度和抗拉强度）、硬度越高，但塑性和韧性越差。牌号 Q235 中的 Q 表示屈服点，235 表示此牌号碳钢屈服强度的最小允许值是 235 MPa。

各牌号中 Q235 钢有较高的强度和良好的塑、韧性，且易于加工，故工程中应用广泛。目前应用最广泛的钢筋之一——热轧光圆筋，即由 Q235 轧制而成。

2.普通低合金钢

普通低合金钢是在碳素钢的基础上,添加少量的一种或多种合金元素以提高其强度、耐磨、耐腐蚀性或低温冲击韧性的钢材。其屈服强度比碳素结构钢高25%~150%。由于强度大大提高,采用普通低合金钢可大量节约钢材,减轻构件自重,并能提高结构的耐久性,热轧带肋钢筋均为普通低合金钢轧制而得。普通低合金钢多用于高层、大跨度建筑和荷载较大的结构。

普通低合金钢的钢号以平均含碳量的万分数和主要合金元素表示。合金元素的角标表示其平均含量,当平均含量为1.5%~2.5%时,角标为2;平均含量为2.5%~3.5%时,角标为3,依此类推。平均含量小于1.5%时,不标数字。如$40Si_2MnV$表示含碳量为0.4%的低合金钢,含硅1.5%~2.5%,含锰、钒均小于1.5%。

12.4.4 常用建筑钢材

1.钢筋和钢丝

(1)热轧钢筋

热轧钢筋是钢锭经热轧加工而成,是建筑工程中用量最大的钢材品种。热轧筋按外形可分为光圆筋和带肋筋,按供应形式可分为盘圆钢筋和直条钢筋。热轧筋的强度分级与机械性能见表12.5。

表12.5 热轧钢筋的机械性能

表面形状	钢筋级别	公称直径 a /mm	牌　号	屈服点 σ_s(或 $\sigma_p0.2$) /MPa	抗拉强度 σ_b /MPa	伸长率 δ_5 /%	冷弯性能
				不小于			180°(d 弯心直径)
光圆 GB 13013—1991	HPB235	8~20	Q235	235	370	25	$d=a$
月牙肋 GB 1499—1998	HRB335	6~25 28~50	20MnSi	335	490	16	$d=3a$ $d=4a$
	HRB400	6~25 28~50	20MnSiV 20MnSiNb 20MnTi	400	570	14	$d=4a$ $d=5a$
	HRB500	6~25 28~50	——	500	630	12	$d=6a$ $d=7a$

(2)冷加工钢筋(丝)

钢锭或钢筋在常温下经过冷加工(如冷轧、冷拔、冷拉)等及时效处理后,屈服点可提高20%~30%,抗拉强度和硬度也有所提高,但塑性和韧性降低,这个过程称为冷加工强化。采用冷加工强化可得到冷加工钢筋(丝),它主要包括冷拉钢筋、冷轧带肋钢筋、冷轧扭钢筋、冷拔低碳钢丝等。

冷拉钢筋由各级热轧筋经冷拉而得,分冷拉Ⅰ、Ⅱ、Ⅲ、Ⅳ四个级别。Ⅰ级多用作受拉钢筋,Ⅱ、Ⅲ、Ⅳ级主要用作预应力筋。

冷轧带肋钢筋由热轧盘圆钢筋冷轧而得,直径为4~12 mm,按抗拉强度分为LL550、

LL650、LL800三个级别，它强度高、延性好，锚固性能优良，主要用作中、小型预制预应力构件及现浇板类构件中的受力主筋、箍筋和构造筋。

冷拔低碳钢丝是由直径6.5～8 mm的Ⅰ级热轧盘圆钢筋经冷拔减径而得。直径有3 mm、4 mm、5 mm三种，按强度分为甲级和乙级，甲级为预应力钢丝，乙级为非预应力钢丝。主要用作预应力筋、箍筋及构造筋等。

2. 型钢

型钢是由钢锭经热轧而成的各种截面的钢材。按截面形状分为圆钢、扁钢、方钢、槽钢、角钢、工字钢等，组成各种形式的钢结构。近年来，薄壁型钢有很大发展，这种型钢重量轻，用钢少，适于作轻型钢结构的承重构件和用于建筑构造上。

3. 钢管

钢管按制造方法可分为无缝钢管和焊接钢管两种。无缝钢管主要用作化工管道、锅炉管道等压力管道，建筑工程中应用较少；焊接钢管按表面处理形式分镀锌和不镀锌两种。适用作采暖系统及输送水、煤气的管道，建筑工程中用作施工脚手架、楼梯扶手，也可用于钢结构。

4. 钢板

钢板有厚、中、薄板。建筑上多用中板，与各种型钢组成钢结构。花纹钢板具有防滑作用，常用作工业建筑中的工作平台板和梯子踏步板；镀锌薄板俗称白铁皮，用于制作水落管，压制成波形后，即成瓦楞铁皮，可用作不保温车间的屋面或围护；薄钢板上涂敷塑料薄层，即成涂塑钢板。涂塑钢板有良好的防锈、防水、耐腐蚀和装饰性能，可用作屋面板、墙板、排气及通风管道等。中夹保温层的复合涂塑钢板，属轻型墙材，可用于组装活动房屋，或作为轻型钢结构房屋的围护材料。

12.5 防水材料

目前工程师中常用的防水材料有沥青及高分子材料的防水卷材、防水涂料和防水密封材料等。

12.5.1 石油沥青

石油沥青是一种有机胶凝材料，由石油经多次提炼后的残渣加工而成，常温下为黑色或黑褐色固体、半固体。具有良好的黏结力、防水防腐性能和绝缘性能。

1. 石油沥青主要技术性质

石油沥青应具有良好的黏滞性(指抗变形能力)，其表征指标是针入度。针入度越小、沥青黏性越大，越接近固态；沥青还应有良好的塑性(指可产生较大变形而不破坏的能力)、较高的温度稳定性(指黏、塑性受温度影响的程度)以及合格的大气稳定性(指抗老化性)。

2. 石油沥青的牌号划分及应用

建筑石油沥青按针入度划分为10号和30号两个牌号。工程中石油沥青较少直接用于防水防潮，多用于制作沥青的各种防水制品。

12.5.2 防水卷材

1.沥青基防水卷材

(1)沥青纸胎油毡

沥青纸胎油毡由浸渍沥青后的纸胎与沥青涂盖层压制而成。按隔离材料分为粉毡(如滑石粉隔离)、片毡(如云母片隔离)。纸胎油毡根据其基胎——原纸的重量划分为200号、350号、和500号三个牌号。200号油毡适用于简易建筑防水和临时性防水及防潮。350号和500号粉毡适用于多层防水的各层,片毡适用于单层防水。由于传统纸胎卷材存在着耐高温不佳,低温柔韧性差,抗撕裂性差,施工不便(多热作施工),易老化(导致卷材脆性增大,甚至开裂)等缺点,目前纸胎油毡的使用已受到限制。

(2)改性沥青防水卷材

指以SBS、APP或其他高分子类聚合物对石油沥青进行改性,用玻纤毡、聚酯毡、等代替原纸为胎体,以砂粒、聚乙烯(PE)膜、金属箔、彩色矿粒等代替滑石粉为覆面材料而制成的沥青基防水卷材。与普通纸胎油毡相比,其主要特点为:耐高温性能显著改善,低温柔韧性优良,卷材抗撕裂性和延伸率均有明显提高,施工方法灵活,可冷作业(多采用胶粘剂粘贴),叠层少,其代表性品种为SBS柔性改性沥青防水卷材。

SBS柔性改性沥青防水卷材厚2~4 mm,幅宽1 m,单卷面积为7.5~15 m^2。按其物理力学性能分为Ⅰ型和Ⅱ型,多用于单层防水。

2.高分子防水片材

以合成橡胶、合成树脂或它们的共混体系为材料,加入适量的化学助剂和填充料,经混炼、压延或挤出成型等工序所制成的无胎或加筋的弹性及塑性片状防水材料,统称为高分子防水片材。与沥青基防水卷材相比,其优点为:单层施工,冷作业;耐腐蚀性、耐候性优良,使用寿命长(可达10~50年);拉伸强度高,断裂伸长率大,抗撕裂性好;高、低温适应性极佳(可在-45~+120 ℃范围内施工和使用);易检漏,易维修。其代表性品种有:三元二丙橡胶卷材(EPDM)、聚氯乙烯卷材(PVC)、氯化聚乙烯卷材(CPE)等。

12.5.3 沥青胶和冷底子油

1.沥青胶

沥胶是沥青和适量的粉状或纤维状的矿质填充料(如滑石粉)掺配而成的胶结材料,俗称玛蹄脂。主要用于黏结防水卷材、涂刷防水层及嵌缝、接头等部位。

沥青胶有热用和冷用两种,热用胶黏结力好,工程中多用。热熔沥青胶根据耐热度可划分为S-60、S-65、S-70、S-75、S-80、S-85六个标号。热熔沥青胶在粘贴卷材、涂刷面层卷材时,其标号应视使用条件、屋面坡度和当地历年极端最高气温,参照《屋面工程技术规范》GB 50345—2004的相应规定选择。

2.冷底子油

冷底子油是沥青与有机溶剂(汽、柴、煤油等)调制而成的沥青溶液。它流动性好,便于喷涂,涂刷在水泥、混凝土、木材等材料的表面,能很快渗透到基层,溶剂挥发后,基层表面形成一层沥青薄膜,能提高沥青胶与基层之间的黏结力。多在常温下用于防水层的底层处理。

12.5.4　防水涂料及防水密封材料

防水涂料在混凝土或砂浆基层涂刷后，会形成一定厚度的防水材料薄层。防水涂料一般用于防水层的多道设防，与其他防水材料共同构成防水层。目前，国内用于屋面的防水涂料多为乳化沥青类厚质涂料，用于地下室的多为聚合物水泥复合防水涂料，用于厕浴间的多为合成高分子类防水涂料。

建筑密封材料指填充于建筑物的接缝、裂缝、门窗四周、玻璃镶嵌部位及防水特殊部位，能起到水密、气密性作用的材料。目前，丙烯酸酯建筑密封膏多用于铝合金门窗周边及封闭阳台的密封，也是当前建筑上应用最多的密封材料；聚硫密封膏多用于中空玻璃和建筑施工缝；聚氨酯密封膏适宜用于大型工程及建筑渗漏的处理，如机场跑道、高速公路、体育场馆等；硅酮密封膏多用于玻璃及各类材质幕墙的安装与接缝处理。

12.6　保温材料

为了防止建筑物和热工设备（如锅炉系统、供热通风管道等）的热量损失或隔绝外界热量的传入（如冷藏库），所使用的导热系数不大于 0.23 W/(m·K)，表观密度不大于 600 kg/m^3的围护材料，称为保温材料。

工程中保温材料主要用于屋面和墙面的保温和热工设备的表面围护，能起到减少围护结构（屋面、墙面）厚度及自重，降低采暖和制冷设施能耗的作用。

12.6.1　保温材料的作用原理

材料的导热性能主要用导热系数（λ）表示，部分常用材料导热系数见表 12.6。导热系数小的材料导热性能差（绝热性好）。材料的导热系数取决于材料成分、构造、表观密度等，也与环境温度、材料含水率、传热热流方向等因素有关。

1.材料构造和表观密度对导热性的影响

固体物质的导热能力要比空气大得多。表观密度小的材料（指非金属材料），孔隙率高则导热系数小。导热系数还与材料孔隙大小及特征有关。材料孔隙率相同条件下，孔隙尺寸大，导热系数一般会增大；孔隙互相连通的材料比孔隙封闭而不相连通的同种材料，导热系数要大。

2.材料湿度对导热性的影响

材料受潮后，其导热系数增大，这对于连通开口孔较多的多孔材料尤其明显。若材料孔隙中的水冻结成冰，导热系数会更大。

3.保温材料的选用

工程中，应根据工程用途、环境特点、围护结构的构造、施工条件和方法以及导热材料的特性及经济等因素，选择保温材料。

12.6.2　常用保温材料

1.石棉及其制品

石棉是蕴藏在岩石中的纤维状天然矿物。它的主要特点是具有绝热、耐火、耐酸碱、隔声等特性,常加工成石棉纸板、石棉毡等制品,因石棉对人体有害,目前已较少采用。

2.矿渣棉、火山岩棉及其制品

矿渣棉是以高炉矿渣为主要原料,经熔化,用喷吹法或离心法制成的纤维材料。矿渣棉具有质轻、导热系数小、不燃、防蛀、耐腐蚀、吸声好等特点。常用沥青或酚醛树脂为胶结剂,制成各种板、毡、管壳等制品。主要技术性能见表 12.6。

火山岩棉生产工艺同矿渣棉,主要原料为玄武岩。应用与矿渣棉相似。

3.玻璃棉及其制品

玻璃棉是玻璃纤维的一种,具有表观密度小,导热系数低,耐温性高等特点。玻璃棉制品的性能见表 12.6。

4.膨胀蛭石及其制品

蛭石是一种天然矿物,高温下煅烧时,体积急剧膨胀(可达 5 ~ 20 倍)。膨胀蛭石保温效果好,可在 1 000 ~ 1 100 ℃温度下使用,不蛀、不腐,但吸水性较大。膨胀蛭石可以是松散状,铺设于墙壁、楼板、屋面等间层中,作为绝热、隔声之用(使用时应注意防潮),也可以与水泥、水玻璃等胶凝材料配合,或现浇,或预制成板,用于墙、楼板和屋面板等构件的绝热。膨胀怪石制品的主要技术性能见表 12.6。

表 12.6 几种典型建筑材料和常用保温材料的保温性能

材料名称		表观密度 /($kg \cdot m^{-3}$)	导热系数 /($W \cdot m^{-1} \cdot K^{-1}$)	抗压强度 /MPa	使用温度 /℃
典型材料	普通黏土砖	1 500 ~ 1 800	约 0.55	7.5 ~ 30	——
	黏土空心砖	800 ~ 1 400	约 0.40	7.5 ~ 30	——
	普通混凝土	1 950 ~ 2 500	约 1.80	10 ~ 60	——
	加气混凝土	400 ~ 800	约 0.10	1 ~ 7.5	——
	花岗岩	2 500 ~ 2 800	约 2.90	100 ~ 200	——
常用保温材料	沥青矿渣棉毡	一级 100	0.044	≥0.012(抗拉)	≤250
		二级 120	0.047	≥0.008(抗拉)	≤250
		130 ~ 160	0.048 0 ~ 0.052	——	——
	沥青玻璃棉毡	100	0.041	——	≤250
	酚醛超细玻璃棉毡	20 ~ 40	0.035	——	≤400
	水泥膨胀珍珠岩制品	300 ~ 400	常温 0.085 ~ 0.087 低温 0.081 ~ 0.120 高温 0.067 ~ 0.150	5 ~ 10	≤600
	沥青膨胀珍珠岩制品	400 ~ 500	常温 0.070 ~ 0.081	7 ~ 10	——
	水泥膨胀蛭石制品	300 ~ 500	0.076 ~ 0.105	0.2 ~ 1.0	≤600
	水玻璃膨胀蛭石制品	300 ~ 400	0.079 ~ 0.084	0.35 ~ 0.65	≤900
	聚苯乙烯泡沫塑料	21 ~ 51	0.03 ~ 0.04	0.14 ~ 0.36	- 80 ~ + 75
	硬质聚氨酯泡沫塑料	30 ~ 40	0.037 ~ 0.048	≥0.2	——

5.膨胀珍珠岩及其制品

珍珠岩是一种天然的火山熔岩,煅烧时体积膨胀,冷却后形成一种白色或灰白色的颗粒，呈蜂窝泡沫状，即膨胀珍珠岩。它具有表观密度小、导热系数低、低温绝热性好、吸声性好、吸湿性小、无味无毒、不燃、耐腐蚀、施工方便等特点。膨胀珍珠岩制品是膨胀珍珠岩配合适量胶凝材料（水泥、水玻璃、磷酸盐、沥青等）经一定工艺制得的一定形状的板、块、管壳等制品，广泛应用于围护结构、低温及超低温保冷设备、热工设备的绝热。膨胀珍珠岩制品的主要技术性能见表 12.6。

6.泡沫塑料

泡沫塑料是以合成树脂经一定工艺发泡而制成的高效能绝热材料。常用品种有聚苯乙烯、聚氨酯、聚氯乙烯等塑料。聚苯乙烯（PS）泡沫塑料吸水性小，耐低温，耐酸碱，且有一定的弹性，多用作管道及冷藏设备的保温；硬质聚氨酯泡沫塑料具有透气、吸尘、吸油等特点，多用于墙板及屋面板。泡沫塑料的主要技术性能见表 12.6。

7.其他常见保温材料

工程中其他常用保温材料有泡沫混凝土、加气混凝土、泡沫玻璃、微孔硅酸钙制品、软木板、木丝板、钙塑绝热板、高膨胀发泡胶、毛毡、保温涂料等。

8.保温复合墙板

将保温材料（如泡沫塑料、岩棉、矿渣棉制品）与配筋水泥砂浆或玻纤水泥墙板、混凝土空心墙板复合加工成保温复合墙板，可降低墙体厚度及自重，提高施工效率，保温层也受到较好保护，其典型品种有轻质隔热夹芯板等。

12.7　塑料建材

塑料建材包括塑料门窗、塑料管材、塑料装饰装修材料等品种。其突出特点是节能效益十分显著，表现在节约生产能耗和使用能耗两个方面。例如，采暖地区采用塑料窗替代普通金属钢窗，可节约建筑采暖能耗 30% ~ 50%。

12.7.1　塑料

塑料是以合成树脂为主要成分，并掺入适量的助剂，在一定温度下加压成型所得的产品。它具有质轻、高强、耐水、耐腐蚀等特点。建筑工程常用塑料包括聚乙烯（PE）、聚氯乙烯（PVC）、聚丙烯（PP）、聚苯乙烯（PS）、酚醛塑料（PF）、脲醛塑料（UF）、ABS 工程塑料等。

12.7.2　主要塑料建材

1.塑料门窗

多用聚氯乙烯（PVC）型材生产。具有热阻大，密封性好，使用及生产能耗低，耐腐蚀，隔声性能好，重量轻，工艺性能好（无需油漆），阻燃等优点。

2.塑料管材

建筑用塑料管材有许多优点，如重量轻，抗冲击及抗拉强度高，弹性模量小，表面光洁度高，摩擦系数小，可降低输送能耗 5%以上（因而同样流量条件下，用塑料管可降低管径 20%），耐蚀性好（寿命长达 30 ~ 50 年），运输安装简便，即节省工时又可大大降低工程造价等。目前已广泛应用于建筑给排水、排污、通讯电线电缆、采暖、燃气等场合。常用品种有：

(1)硬质聚氯乙烯(UPVC)管材

用作建筑给排水管、埋地管、电工套管等，是当前塑料管材的主导产品。

(2)无规共聚聚丙烯(PP－R)管材

与传统的镀锌钢管、不锈钢管、铜管相比，具有不生锈、卫生无毒、耐高温高压、抗老化、耐腐蚀、施工便捷、热熔连接不易渗漏、保温隔热、使用寿命长等特点，被列为国家化学建材产品重点推广品种之一。可用作给水用冷热水管、采暖用管、液体输送用管。

(3)高密度聚乙烯(HDPE)管材

用于建筑给水。

(4)交联聚乙烯(PEX)管材

此管具有比高密度聚乙烯(HDPE)管材更良好的应力－应变性能，可在高温下长期经受水压而不破坏，也被列为国家化学建材产品重点推广品种之一。但目前此管存在热熔施工难；连接密封难的问题，影响其大面积推广使用。

(5)铝塑复合(PE－AL－PE)管材

此管采用金属与塑料复合的形式，中间铝合金层是管道的骨架，内外层是聚乙烯。它具有优良的机械性能，耐压能力高，适合各类气、液体的输送，使用温度范围广(－40～＋110 ℃)。现已广泛用作自来水冷热水管及煤气、天然气、暖气管道，还可用于电线(缆)穿线、工业输送油料、饮料及化工厂输送液体等场合，是我国目前产量及用量最大的新型管材，被誉为“绿色管道”。

复习思考题

1. 下列混凝土工程应优先选用何种通用水泥？

(1)抢修工程；(2)海岸工程；(3)水利堤坝工程；(4)高强工程；(5)高温窑炉基础；(6)地面(路面)工程。

2. 工程中可以采取哪些可行措施来提高现浇混凝土的强度及耐久性能？

3. 为保证砌筑砂浆拌和后的质量，应选择满足何种要求的砂浆原材料？

4. 用于替代烧结黏土实心砖的新型墙体材料及承重体系有哪些？它们各有何特点？

5. 当前工程中用于建筑屋面防水的主要防水材料(制品)有哪几类？它们各使用于哪种情况下的屋面防水？

6. 热轧钢筋按轧制外形分为几类？按其力学性能分为哪几级？各级钢筋有何特点？分别适用于什么场合？

参考文献

[1] 李祯祥.房屋建筑学[M].北京:中国建筑工业出版社,1995.

[2] 霍加禄.建筑概论[M]. 北京:中国建筑工业出版社,1996.

[3] 颜金樵.工程制图[M]. 北京:高等教育出版社,1998.

[4] 陈登鳌.建筑设计资料集[M].2 版. 北京: 中国建筑工业出版社,1994.

[5] GB 50345—2004 房屋工程技术规范[S]. 北京: 中国建筑工业出版社,2004.

[6] GB 50096—1999 住宅设计规范(2003 年版)[S]. 北京: 中国建筑工业出版社,2003.

[7] GB 50352—2005 民用建筑设计通则[S]. 北京: 中国建筑工业出版社,2005.

[8] GB 50016—2006 建筑设计防火规范[S]. 北京:中国计划出版社,2006.

[9] GB 50045—1995 高层民用建筑设计防火规范(2005 年版)[S]. 北京:中国计划出版社,2005.

[10] JGJ 50—88 方便残疾人使用的城市道路和建筑物设计规范[S]. 北京: 中国建筑工业出版社,1988.

[11] JGJ 26—95 民用建筑节能设计标准(采暖居住建筑部分)[S]. 北京: 中国建筑工业出版社,1995.

[12] 姜丽荣,崔艳秋,柳锋.建筑概论[M]. 北京:中国建筑工业出版社,2001.

[13] 杨永祥,赵素芳. 建筑概论[M]. 北京:中国建筑工业出版社,1994.

[14] 舒秋华.房屋建筑学[M].武汉:武汉工业大学出版社,1998.

[15] 李必瑜.建筑构造[M]. 北京:中国建筑工业出版社,1998.

[16] 杨金铎,房志勇.房屋建筑构造[M]. 北京:中国建材工业出版社,2000.

[17] 刘祥顺.建筑材料[M]. 北京:中国建筑工业出版社,1997.

[18] 焦志鹏.建筑概论[M].哈尔滨:哈尔滨工业大学出版社,2002.